现代高分子研究方法

史宝利 温慧颖 编著

科 学 出 版 社

北 京

内 容 简 介

　　本书共分七章，分别介绍了小角中子散射、小角 X 射线散射、正电子湮灭谱、太赫兹时域光谱、和频振动光谱、光学超分辨率显微术、反相气相色谱等技术的基本原理、仪器设备结构以及它们在高分子材料研究方面的应用情况。

　　本书可供从事复合材料、高分子材料开发的科研机构研究人员以及高校相关专业师生阅读和参考。

图书在版编目（CIP）数据

现代高分子研究方法 / 史宝利，温慧颖编著. —北京：科学出版社，2023.2
ISBN 978-7-03-074142-4

Ⅰ. ①现… Ⅱ. ①史… ②温… Ⅲ. ①高分子材料-研究 Ⅳ. ①TB324

中国版本图书馆 CIP 数据核字 (2022) 第 233909 号

责任编辑：刘　冉 / 责任校对：杜子昂
责任印制：吴兆东 / 封面设计：北京图阅盛世

科学出版社出版
北京东黄城根北街 16 号
邮政编码：100717
http://www.sciencep.com
北京中石油彩色印刷有限责任公司印刷
科学出版社发行　各地新华书店经销

＊

2023 年 2 月第　一　版　　开本：720×1000　1/16
2025 年 1 月第三次印刷　　印张：15 1/4
字数：300 000
定价：98.00 元
（如有印装质量问题，我社负责调换）

前　言

影响高分子材料性质的主要因素来自于单链与多链聚集体两方面。对于高分子链及其构成基团性质的分析与表征,通常采用的实验技术有 X 射线光电子能谱、红外光谱、拉曼光谱、核磁共振、原子力显微镜、凝胶渗透色谱与动态光散射等。对于多链聚集体与结晶结构,一般采用 X 射线衍射、偏光显微镜、差示扫描量热等方法进行测定。此外,扫描与透射电镜也是常用的形貌观察和能谱测定的重要工具。目前已有很多学术著作和教材来介绍这些传统技术的原理及其在高分子材料方面的应用状况。

随着世界科技的飞速发展以及近年来我国对大科学装置研发和建设的不断投入,之前在高分子材料表征方面较少采用的一些先进技术正在越来越多地出现在高分子研究领域。就笔者掌握的情况而言,这些先进技术主要包括和频振动光谱、正电子湮灭寿命谱、光学超分辨率显微术、太赫兹时域光谱等。另外,虽然小角中子散射和小角 X 射线散射技术在国外出现得较早,但是国内实验装置的发展历史还是较短的,因此对于很多领域来说小角中子散射和小角 X 射线散射还属于较新的技术。笔者发现目前国内还缺少全面介绍以上这些技术原理及其在高分子领域应用状况的教材与专著。

鉴于这些技术在研究与表征高分子材料方面的重要性,笔者试图通过本书来向读者介绍以上这些技术的基本原理以及它们在高分子材料研究方面的一些实例。此外,本书还介绍了可用于高分子材料表面能测定的反相气相色谱技术。介绍反相气相色谱技术的主要原因是该技术具有测定粉体和纤维状材料性质的独特优势,以及设备成本较低的特点。

由于对单链及聚集态的研究是核心内容,所以我们把小角中子散射、小角 X 射线散射分别作为本书的第 1 章和第 2 章。正电子湮灭寿命谱技术的独特功能是能够测定出聚集态的自由体积性质,因此第 3 章介绍正电子湮灭谱技术。第 4～6 章分别介绍太赫兹时域光谱、和频振动光谱和光学超分辨率显微术,第 7 章介绍反相气相色谱。本书第 2 章由温慧颖撰写完成。伯佳璐绘制了书中的部分插图,并对全书文字和公式进行了校对。

本书引用的参考文献主要是国外期刊论文和著作。我们采用了编著教材图书时对引用文献的一般处理方式,即没有在正文中标注文献出处,仅在每章最后附上按汉语拼音和英文字母顺序排列的所有参考文献。笔者希望本书能起到抛砖引玉的作用，使得这些先进技术能被更多从事高分子材料研究方面的学生和科技人员所了解。但由于这些先进技术涉及物理、数学的多个分支和交叉领域，当然更由于笔者水平有限，在理解与翻译英文文献过程中可能会存在一些专业用词不准确的地方。另外，书中的有些内容对于该领域的专家而言，也难免是浅薄和有疏漏的，希望读者能够理解并提出批评和指正意见。

史宝利

2022 年 12 月

目　录

前言
第 1 章　小角中子散射 ··· 1
1.1　中子散射基本理论 ··· 1
　1.1.1　相干散射长度 ··· 2
　1.1.2　散射截面 ··· 3
　1.1.3　基本散射方程 ··· 4
　1.1.4　散射函数计算方法 ··· 7
　1.1.5　散射强度 ··· 8
1.2　确定高斯链结构的理论 ··· 9
　1.2.1　自由连接链的末端距和回转半径 ···································· 10
　1.2.2　使用小角度中子束的原因 ··· 12
　1.2.3　对比度与氘化处理 ·· 13
　1.2.4　Debye 结构函数与 Guinier 公式 ···································· 15
　1.2.5　高分子溶液的渗透压 ··· 17
　1.2.6　实验数据分析方法 ·· 18
1.3　高含量氘标记法 ··· 20
　1.3.1　浓溶液体系散射理论 ··· 20
　1.3.2　同位素混合体系散射理论 ··· 21
　1.3.3　氘标记引起的扰动 ·· 21
1.4　测定非稀溶液中链结构的实验 ·· 22
　1.4.1　本体体系 ··· 22
　1.4.2　浓溶液体系 ··· 24
　1.4.3　半稀溶液体系 ·· 25
1.5　测定溶液中嵌段共聚物球形胶束的结构 ·································· 26
　1.5.1　胶束散射理论 ·· 26
　1.5.2　核-壳胶束的形状因子 ·· 27
　1.5.3　核-高斯链胶束模型 ··· 28
主要参数 ··· 29
参考文献 ··· 30

第 2 章　小角 X 射线散射 ································· 32

　2.1　小角 X 射线散射基础 ······························· 32

　　2.1.1　散射角度 ···································· 33

　　2.1.2　散射基础理论 ································ 33

　　2.1.3　相关函数与散射强度 ·························· 36

　　2.1.4　散射体和散射现象的倒易关系 ·················· 38

　2.2　理论和模型方法 ································· 41

　　2.2.1　Debye-Bueche 统计理论 ······················ 41

　　2.2.2　傅里叶变换法 ································ 43

　　2.2.3　一维相关函数 ································ 44

　　2.2.4　散射统计 ···································· 47

　2.3　实验条件和数据处理 ······························· 51

　　2.3.1　实验条件 ···································· 52

　　2.3.2　数据处理 ···································· 53

　2.4　小角 X 射线散射的应用 ··························· 57

　　2.4.1　微观结构参数的分析 ·························· 57

　　2.4.2　聚合物取向与形变 ···························· 62

　　2.4.3　聚合空洞化 ·································· 64

　　2.4.4　分形维数 ···································· 66

　主要参数 ·· 67

　参考文献 ·· 68

第 3 章　正电子湮灭谱 ································· 71

　3.1　正电子及其与材料的作用 ························· 71

　　3.1.1　正电子 ······································ 71

　　3.1.2　正电子与材料的作用 ·························· 72

　3.2　正电子源及探测 γ 光子的方法 ··················· 73

　　3.2.1　正电子源 ···································· 73

　　3.2.2　探测 γ 光子的方法 ···························· 74

　3.3　正电子湮灭寿命谱仪的原理 ······················· 74

　　3.3.1　基本原理 ···································· 74

　　3.3.2　快-快符合 PALS ······························ 75

　　3.3.3　快-慢符合 PALS ······························ 76

　3.4　湮灭寿命组成与连续谱 ··························· 77

　　3.4.1　离散湮灭寿命组成 ···························· 77

　　3.4.2　连续湮灭谱 ·································· 79

3.5　PALS 表征高分子材料的自由体积 ··79
　　3.5.1　o-Ps 寿命和自由体积空洞尺寸关系 ························79
　　3.5.2　自由体积分布函数 ···81
　　3.5.3　高分子材料的 PALS 实验 ···82
3.6　正电子湮灭多普勒展宽能谱和角关联谱 ·······························84
　　3.6.1　正电子湮灭多普勒展宽能谱 ······································84
　　3.6.2　正电子湮灭角关联谱 ···90
参考文献 ···91

第 4 章　太赫兹时域光谱 ··92
4.1　太赫兹光波的特点 ···92
4.2　透射式太赫兹时域光谱仪 ···93
　　4.2.1　光谱仪的主要部件 ··93
　　4.2.2　光谱仪工作原理 ··100
4.3　样品的太赫兹光谱参数 ···101
　　4.3.1　光谱参数 ··101
　　4.3.2　样品中的回波 ··103
　　4.3.3　水的太赫兹吸收光谱 ···105
4.4　透射式 THz-TDS 在高分子方面的应用 ·····························107
　　4.4.1　高分子材料的太赫兹光谱特征 ··································107
　　4.4.2　超宽带透射式 THz-TDS ··110
4.5　反射式 THz-TDS 及在高分子方面的应用 ···························112
　　4.5.1　反射式 THz-TDS 谱仪的结构 ···································112
　　4.5.2　高分子溶胀的实时测量 ···113
　　4.5.3　太赫兹时域衰减全反射光谱 ······································116
4.6　太赫兹椭偏仪 ··117
　　4.6.1　THz-SE 的结构与原理 ··118
　　4.6.2　THz-SE 的应用 ··119
4.7　太赫兹成像 ··119
　　4.7.1　太赫兹时域光谱成像技术 ···120
　　4.7.2　连续波成像技术 ··120
　　4.7.3　太赫兹衍射成像方法 ···121
　　4.7.4　太赫兹成像的应用 ···122
参考文献 ··123

第 5 章　和频振动光谱 ··125
5.1　和频光产生的原理 ···125

5.1.1 和频振动光谱原理简介 ………………………………………… 125

5.1.2 非线性光学及和频光的产生原理 ………………………… 126

5.2 光束与界面间的作用 ……………………………………………… 127

5.3 和频公式 ……………………………………………………………… 130

5.3.1 和频光的几何路线公式 ……………………………………… 130

5.3.2 表面约束坐标系下的诱导极化 …………………………… 131

5.3.3 入射电场产生的表面电场 …………………………………… 132

5.3.4 诱导极化产生的和频光电场 ……………………………… 133

5.3.5 二阶非线性极化率 …………………………………………… 134

5.4 和频公式的实验意义 …………………………………………… 137

5.4.1 表面特异性 ………………………………………………………… 137

5.4.2 共振和非共振极化率 ………………………………………… 138

5.5 和频光谱的解释 …………………………………………………… 143

5.5.1 振动共振 …………………………………………………………… 143

5.5.2 界面构象 …………………………………………………………… 145

5.5.3 极性取向 …………………………………………………………… 146

5.5.4 分子倾斜角 ………………………………………………………… 148

5.6 和频光谱建模 ……………………………………………………… 149

5.6.1 建模原因 …………………………………………………………… 149

5.6.2 简单洛伦兹模型 ………………………………………………… 150

5.7 反射和频光谱 ……………………………………………………… 151

5.7.1 主要原理 …………………………………………………………… 151

5.7.2 仪器结构 …………………………………………………………… 153

5.7.3 棱镜类型和基体材料 ………………………………………… 156

5.7.4 光谱中的噪声 …………………………………………………… 157

5.8 和频光谱用于高分子界面研究 ……………………………… 158

5.8.1 高分子与水的界面 …………………………………………… 158

5.8.2 高分子与金属的界面 ………………………………………… 161

主要参数 ………………………………………………………………………… 163

参考文献 ………………………………………………………………………… 164

第6章 光学超分辨率显微术 ……………………………………………… 166

6.1 阿贝衍射极限 ……………………………………………………… 166

6.1.1 衍射极限产生的原因 ………………………………………… 166

6.1.2 突破衍射极限的方法 ………………………………………… 167

6.2 坐标定向显微术 …………………………………………………… 171

　　　6.2.1　STED 原理 ··· 171
　　　6.2.2　STED 结构 ··· 172
　6.3　坐标随机显微术 ··· 173
　　　6.3.1　坐标随机显微术与 STED 的差别 ······························· 173
　　　6.3.2　坐标随机显微术的成像原理 ······································· 174
　　　6.3.3　PALM 技术 ··· 174
　　　6.3.4　STORM 技术 ··· 175
　　　6.3.5　其他技术 ··· 176
　6.4　三维成像 OSRM 技术 ·· 177
　　　6.4.1　衍射限制的 3D 成像技术 ··· 177
　　　6.4.2　坐标定向 3D 成像技术 ·· 178
　　　6.4.3　坐标随机 3D 成像技术 ·· 179
　6.5　用于高分子研究的 OSRM 荧光探针 ·· 180
　　　6.5.1　表征探针的参数 ·· 180
　　　6.5.2　各种 OSRM 技术中的探针性质 ···································· 184
　　　6.5.3　探针成分类型 ··· 185
　6.6　OSRM 在高分子研究中的应用 ·· 191
　　　6.6.1　聚合领域 ··· 191
　　　6.6.2　溶液中的行为 ··· 193
　　　6.6.3　本体中的行为 ··· 194
　　　6.6.4　结晶领域 ··· 196
　　　6.6.5　凝胶中的行为 ··· 196
　　　6.6.6　相变领域 ··· 197
　参考文献 ·· 198
第7章　反相气相色谱 ·· 201
　7.1　基本原理与基本参数 ·· 201
　　　7.1.1　基本原理与方法 ·· 201
　　　7.1.2　基本参数 ··· 202
　7.2　表面色散自由能 ·· 204
　　　7.2.1　探针 ··· 204
　　　7.2.2　Dorris-Gray 方法 ·· 205
　　　7.2.3　Schultz 方法 ·· 206
　　　7.2.4　Dorris-Gray 和 Schultz 方法的关系 ······························ 208
　7.3　路易斯酸碱常数 ·· 210
　　　7.3.1　有机液体的路易斯酸碱性 ·· 210

7.3.2 测量与计算方法 …………………………………………… 211
7.4 溶剂与高分子间的作用参数 ………………………………… 216
7.4.1 溶剂分子的无限稀释扩散系数 …………………………… 216
7.4.2 溶剂的无限稀释质量分数活度系数 ……………………… 219
7.4.3 Flory 相互作用参数 ……………………………………… 222
7.5 高分子的溶解度参数 ………………………………………… 223
7.5.1 Hilderbrand 溶解度参数 ………………………………… 223
7.5.2 Hansen 溶解度参数 ……………………………………… 224
7.6 高分子间的相互作用参数 …………………………………… 226
主要参数 …………………………………………………………… 228
参考文献 …………………………………………………………… 230

第 1 章

小角中子散射

高分子科学领域对分子链构象的研究一直处于中心地位。中子散射技术是利用反应堆或散裂中子源产生的热、冷中子束照射到样品上，通过中子与样品的原子核或原子磁矩相互作用并发生散射得到样品分子的结构信息。在将小角中子散射（small-angle neutron scattering，SANS）用于研究高分子链结构之前，由于难以分离链间和链内对散射的贡献，研究体系仅限于用光和小角 X 射线散射（SAXS）技术对稀溶液中链构象的分析。中子散射在软凝聚态物质中的独特作用来自于氘和氢之间相干散射长度的差异，这导致了由正常含氢单体单元和氘化单体单元合成的分子之间散射能力的显著差异。因此，氘标记技术可用于"染色"分子，并使其在凝聚态或浓溶液的致密环境中可见。

与光散射或 SAXS 技术相比，SANS 对稀溶液中分子构象的测量并没有什么优势。SANS 技术的主要优势是对半稀和浓溶液体系的测量，因为在这类体系中分子链间的干扰限制了光散射和 SAXS 的应用。在高分子浓度较高的情况下，可以通过同位素标记的方法用 SANS 来克服分子链间相互作用的影响。与对分子链末端标记不同，氘化整个高分子链能将实验的信噪比提高几个数量级，使得对凝聚态或浓溶液高分子链构象的分析成为可能。SANS 能够提取出有关高分子链大小、形状、构象变化以及与分子链结构有关联的其他信息。

1.1　中子散射基本理论

中子质量为 $1.6749286 \times 10^{-27}$ kg，比质子的质量稍大。中子不带电荷，与物质相互作用时不受原子核外电子的影响，被散射主要取决于原子核的性质。中子的典型波长为几埃，对应于一般原子、分子间的距离。中子-原子核之间的相互作用范围约为 1.5×10^{-5} Å，比中子波长和核半径小得多，散射可以近似为各向同性。由于不带电荷，中子可以穿透样品并提供有关样品本体性质的信息。因此，中子是研究高分子结构和分子链动力学性质的合适探针。

1.1.1　相干散射长度

相干散射是指入射的中子与原子核发生弹性碰撞作用，仅运动方向发生改变而没有能量改变的散射，相干散射又称弹性散射。若发生非弹性碰撞并引起中子能量损失，则称为非相干散射。

相干散射长度 b_{coh} 是给定原子核的常数。它具有长度的量纲，单位为 fermi（10^{-15} m）。对于整个周期表中的元素，b_{coh} 值没有总的变化趋势，并且 b_{coh} 值随着同位素的不同而变化。对于元素的同位素，如果核自旋不为零，则同一同位素的核也会体现出不同的 b_{coh} 值。表 1.1 列出了高分子中典型元素的相干散射长度值。从表 1.1 可以看到氘和氢之间的散射长度差别很大，氢的负值是由散射波的相位变化引起的。氘和氢的散射长度差异会导致用氘化与正常含氢单体合成的高分子之间对中子散射能力产生显著差异，也就是它们之间具有高的散射对比度。

表 1.1　高分子中典型元素的散射长度和截面

原子	符号	b_{coh}（fermi）	σ_{coh}（barn）	σ_{inc}（barn）	σ_{abs}（barn）
氢	H	−3.742	1.758	80.27	0.3326
氘	D	6.674	5.592	2.050	0.0005
碳	C	6.648	5.551	0.001	0.0035
氮	N	9.360	11.01	0.500	1.9000
氧	O	5.805	4.232	0.000	0.0002
硫	S	2.847	1.019	0.007	0.5300
磷	P	5.130	3.307	0.005	0.1720

注：1 barn = 10^{-24}cm^2

对于由原子构成的分子，分子的相干散射长度定义为：

$$b = \sum_k b_{coh,k} \tag{1.1}$$

公式（1.1）的加和是指一个单体单元或溶剂分子中所有原子的散射长度的总和。与之相关的一个常用参数是散射长度密度（SLD），ρ_{coh}。SLD 定义为相干散射长度之和除以进行求和的分子体积。本体高分子的 SLD 可由分子相干散射长度除以单体体积 v_m 得出：

$$\rho_{coh} = \frac{b}{v_m} \tag{1.2}$$

表 1.2 列出了一些常见的氢和氘标记的高分子和溶剂分子的散射长度与

SLD 值。两种不同分子或者同种分子的氢和氘化物之间的 ρ_{coh} 差值，$\Delta\rho_{coh}$，称为中子散射衬度或者对比度。

表 1.2　一些高分子和溶剂的相干散射长度、单体或分子的体积和散射长度密度

高分子或溶剂	分子式	b（10^{-12} cm）	v_m（10^{-24} cm^3）	ρ_{coh}（10^{10} cm^{-2}）
聚苯乙烯	C_8H_8	2.328	165	1.44
聚苯乙烯-D$_8$	C_8D_8	10.656	165	6.46
聚乙烯	C_2H_4	−0.166	60	−0.28
聚乙烯-D$_4$	C_2D_4	3.999	60	6.78
聚二甲基硅氧烷	C_2H_6SiO	0.086	121	0.07
聚二甲基硅氧烷-D$_6$	C_2D_6SiO	6.33	121	5.2
聚乙基甲基硅氧烷	C_3H_8SiO	0.003	147	0.002
聚乙基甲基硅氧烷-D$_8$	C_3D_8SiO	8.331	147	5.67
聚甲基丙烯酸甲酯	$C_5O_2H_8$	1.493	139	1.07
聚甲基丙烯酸甲酯-D$_8$	$C_5O_2D_8$	9.821	139	7.07
聚苯基甲基硅氧烷	C_7H_8SiO	2.663	198	1.34
聚乙烯基甲醚	C_3H_6O	0.331	92	0.36
水	H_2O	−0.168	30	−0.56
重水	D_2O	1.914	30	6.4
甲苯	C_7H_8	1.663	177	0.94
甲苯-D$_8$	C_7D_8	9.991	177	5.64
环己烷	C_6H_{12}	−0.498	180	−0.277
环己烷-D$_{12}$	C_6D_{12}	11.994	180	6.67
溴苯	C_6H_5Br	2.8	175	1.6
溴苯-D$_5$	C_6D_5Br	8.005	175	4.57
丙酮	C_3H_6O	0.331	122	0.27
丙酮-D$_6$	C_3D_6O	6.577	122	5.39
正己烷	C_6H_{14}	−1.246	217	0.574
正己烷-D$_{14}$	C_6D_{14}	13.328	217	6.14

1.1.2　散射截面

散射截面 σ，是描述中子散射概率的物理量，即中子与原子核相互作用被散射的概率。σ 正比于散射长度的平方，单位为 barn（10^{-24} cm^2）。如果原子核

有非零自旋，它可以与中子自旋作用使得总散射截面（σ_{tot}）分裂成相干（σ_{coh}）和非相干（σ_{inc}）两个截面分量，计算公式分别为：

$$\sigma_{coh} = 4\pi\langle b\rangle^2 \tag{1.3}$$

$$\sigma_{inc} = \sigma_{tot} - \sigma_{coh} = 4\pi[\langle b^2\rangle - \langle b\rangle^2] \tag{1.4}$$

式中，$\langle\rangle$ 括号表示自旋态布居的热平均。如果原子核没有自旋，那么有 $\langle b^2\rangle = \langle b\rangle^2$ 以及 $\langle b\rangle = b$，因此没有非相干散射发生，此时相干散射截面的计算公式为：

$$\sigma_{coh} = 4\pi b_{coh}^2 \tag{1.5}$$

只有相干散射才包含样品分子构象的信息。除了被原子核散射外，中子与原子核的相互作用中还包含一定概率的被吸收情况。表 1.1 中列出了高分子中典型元素的散射截面和吸收截面 σ_{abs}。

1.1.3　基本散射方程

图 1.1 为中子散射示意图。对于高分子样品，其单个分子链或者由多个分子链构成的聚集体都可称为散射体。高分子的链节相当于单体，由于其尺寸与中子波长相当，可视为中子散射的基本单元。SANS 所能测定的基本散射单元尺寸要不小于 1 nm。

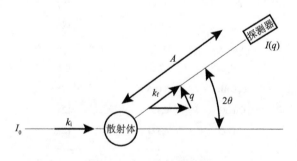

图 1.1　中子散射示意图

对于波长为 λ、强度为 I_0 的一束入射中子，在距离散射体 A 处的散射中子强度为 I，散射矢量 q 定义为：

$$q = k_f - k_i \tag{1.6}$$

式中，k_i 和 k_f 分别指入射和散射平面波矢量。散射实验通常是给出 q 的空间散射

强度分布 $I(q)$。对于高分子样品，散射过程为弹性散射，中子的波长不变，波矢量与波长之间有以下关系：

$$|k_f| \approx |k_i| = \frac{2\pi}{\lambda} \tag{1.7}$$

$|q|$ 与布拉格散射角 θ_B 之间存在以下关系：

$$|q| = \frac{4\pi}{\lambda}\sin\theta_B \tag{1.8}$$

θ_B 等于 k_i 和 k_f 包围角度的一半。

有两个不同的函数可用于表示样品中与分子结构有关的散射数据。第一个为 $\sum(q)$，即单位体积微分散射截面：

$$\sum(q) = \frac{1}{V}\frac{d\sigma}{d\Omega} = \frac{1}{V}\frac{I(q)A^2}{I_0} \tag{1.9}$$

式中，V 为样品体积；$d\sigma/d\Omega$ 为微分散射截面，$d\Omega$ 为散射空间角度的微分。在光散射实验中 $\sum(q)$ 被称为瑞利比。$d\sigma/d\Omega$ 可表示为散射振幅加权相移的总和或散射长度密度分布 $\rho_{coh}(r)$ 的积分，因此有：

$$\frac{d\sigma}{d\Omega} = \left\langle\left|\sum_j b_j \exp\left(iqr_j\right)\right|^2\right\rangle = N\left\langle\left|\int_V \rho_{coh}(r)\exp(iqr)dr\right|^2\right\rangle \tag{1.10}$$

式中，i 为虚数单位；N 为散射体数量，即高分子链的链节数；r 为散射单元位置。对于稀溶液中或者固体中的单分散散射体，$d\sigma/d\Omega$ 可表示为：

$$\frac{d\sigma}{d\Omega} = N\left\langle F^2(q)\right\rangle \tag{1.11}$$

式中，$F(q)$ 为散射体形状因子的散射振幅，它包含了散射体的尺寸和形状信息，计算公式为：

$$F(q) = \int_V (\rho_{coh}(r) - \rho_s)\exp(iqr)dr \tag{1.12}$$

散射性质也可以用相干函数 $S(q)$（散射函数）来描述：

$$S(q) = \frac{I(q)}{I_m N_m} \tag{1.13}$$

式中，N_m 为高分子样品中单体总数；I_m 为一个单体产生的散射强度。这样 $\sum(q)$ 和 $S(q)$ 之间存在以下关系：

$$\sum(q) = \langle c_m \rangle \left(\frac{d\sigma}{d\Omega}\right)_m S(q) \tag{1.14}$$

式中，$(d\sigma/d\Omega)_m$ 为每个单体的微分散射截面；$\langle c_m \rangle$ 为单体的平均数量密度：

$$\langle c_m \rangle = \frac{N_m}{V} \tag{1.15}$$

中子散射装置测得的散射图通常是由样品中所有单元发出的散射波的叠加和干涉产生的。如果用归一化的形式来描述单个散射波在探测器处的振幅，则总散射幅度为：

$$C = \sum_{i=1}^{N_m} \exp(i\varphi_i) \tag{1.16}$$

式中，φ 为相位，其与散射单元位置 r 和散射矢量 q 之间存在以下关系：

$$\varphi_i = -qr_i \tag{1.17}$$

这样一组散射单元在某个位置 r_i 产生的散射幅度就是依赖 q 的函数：

$$C(q) = \sum_{i=1}^{N_m} \exp(-iqr_i) \tag{1.18}$$

由于散射强度正比于 C 的平方模，并且散射强度是一定测量时间内的平均值，因此有以下关系式：

$$I(q) \propto \langle |C(q)|^2 \rangle \tag{1.19}$$

式中，$\langle\rangle$ 括号表示集合的平均值。中子探测器的测量时间平均值等于理论系综的平均值。由于在相干函数的公式（1.13）中已经暗示了单个散射波振幅的归一化，因此公式（1.19）可以写成如下形式：

$$S(q) = \frac{1}{N_m} \langle |C(q)|^2 \rangle \tag{1.20}$$

这是一个具有普遍有效性的基本方程，可以作为推导其他形式散射方程的出发点。

1.1.4 散射函数计算方法

有三个等价的公式可用于计算散射函数 $S(q)$。第一个计算公式是直接使用公式（1.18）得出的：

$$S(q) = \frac{1}{N_m} \sum_{i,j=1}^{N_m} \langle \exp[-iq(r_i - r_j)] \rangle \tag{1.21}$$

第二个计算公式可基于以下观点推导得出，即不必确定所有散射单元的离散位置 r，而使用连续描述方式来引入散射单元的密度分布 $c_m(r)$。首先，单个微观态的散射幅度可用相关的密度分布表示为：

$$C(q) = \int_v \exp(-iqr)(c_m(r) - \langle c_m \rangle) d^3r \tag{1.22}$$

由于散射只发生于 c_m 在样品中有变化的情况下，这样通过减去平均值 $\langle c_m \rangle$ 就能将散射直接与散射单元的密度波动联系起来。$C(q)$ 等于散射单元密度波动的傅里叶变换。将公式（1.22）插入公式（1.20）中并进行总体平均得到：

$$S = \frac{1}{N_m} \iint_{v\ v} \exp[-iq(r' - r'')] \langle [c_m(r') - \langle c_m \rangle][c_m(r'') - \langle c_m \rangle] \rangle d^3r' d^3r'' \tag{1.23}$$

对于所有宏观均匀的样品，也就是：

$$\langle c_m(r')c_m(r'') \rangle = \langle c_m(r' - r'')c_m(0) \rangle \tag{1.24}$$

公式（1.23）可简化为一个积分。通过用 r 替换 $r' - r''$ 得到：

$$S(q) = \frac{1}{\langle c_m \rangle} \int_v \exp(-iqr)(\langle c_m(r)c_m(0) \rangle - \langle c_m \rangle^2) d^3r \tag{1.25}$$

公式（1.25）将 $S(q)$ 表示为散射单元密度的空间相关函数的傅里叶变换。

借助对分布函数 $g(r)$ 对结构进行表征，可以得到散射函数的第三种形式。根据对分布函数的定义，$g(r)d^3r$ 的乘积给出了从给定散射单元开始，散射单元本身或其他散射单元在距离 r 处的体积元 d^3r 内找到散射单元的概率。对分布函数 $g(r)$ 由两部分组成：

$$g(r) = \delta(r) + g'(r) \tag{1.26}$$

δ 函数给出了自身的贡献，而第二部分 g' 给出了其他散射单元的贡献。对于短程有序体系，在大距离下对分布函数的极限值等于平均密度：

$$g(|r| \to \infty) \to \langle c_m \rangle \qquad (1.27)$$

直接从定义出发，密度分布和对分布函数是相关的：

$$\langle c_m(r) c_m(0) \rangle = \langle c_m \rangle g(r) \qquad (1.28)$$

把公式（1.28）代入公式（1.25）得到：

$$S(q) = \int_v \exp(-iqr)(g(r) - \langle c_m \rangle) d^3 r \qquad (1.29)$$

这样采用对分布函数后散射函数再次等于傅里叶变换。通过对公式（1.29）进行分析可以对散射函数的性质有进一步的认识。对于大 q 值 S 遵循渐近变化。在 $q \to \infty$ 的极限情况下只有自相关部分的贡献，$\delta(r)$ 被剩下，此时能得到：

$$S(q \to \infty) \to 1 \qquad (1.30)$$

这样能够得出以下结论：对于大 q 值，散射单元之间没有结构性的干涉发生，它们的行为就像非相干散射体。对于各向同性体系有：

$$g(r) = g(r = |r|) \qquad (1.31)$$

散射函数也是各向同性的：

$$S(q) = S(q = |q|) \qquad (1.32)$$

$g(r)$ 和 $S(q)$ 之间的傅里叶关系有以下形式：

$$S(q) = \int_{r=0}^{\infty} \frac{\sin(qr)}{qr} 4\pi r^2 (g(r) - \langle c_m \rangle) dr \qquad (1.33)$$

至此建立的三个等价关系式（1.21）、（1.25）和（1.29）都可用于对散射数据的评估。这三个公式都表示了 $S(q)$ 和用统计项描述的微观结构特性函数之间的傅里叶关系。虽然 $S(q)$ 被称为散射函数，但为了强调其具有反映微观结构的作用，通常 $S(q)$ 也被称为结构函数或结构因子。

1.1.5　散射强度

散射强度 I，是中子散射装置给出的关键实验数据。它是指入射中子透过样品被散射后进入立体角为 $\Delta\Omega$ 的探测器中的中子数量：

$$I = I_0 TL \frac{\mathrm{d}\sum(q)}{\mathrm{d}\Omega}\Delta\Omega \qquad (1.34)$$

式中，I_0 为零散射角度时的散射强度，即入射中子强度；T 为中子透过率；L 为样品厚度；$\mathrm{d}\sum(q)/\mathrm{d}\Omega$ 是散射矢量为 q 时的绝对散射强度，单位为 cm^{-1}。装置给出的重要实验结果就是 I 随 q 变化的数据。中子探测器一般是由上百个能探测中子的探测单元组成的二维探测器阵列，其面积可以达到 $1\ \mathrm{m}^2$ 以上。探测器的空间分辨率是由探测单元的基本原件尺寸决定的。探测器可沿入射中子方向在一定范围内移动（图 1.2）。

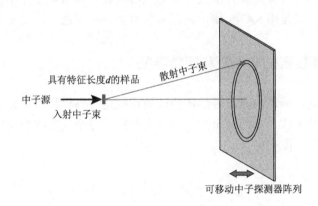

图 1.2　中子散射装置原理图

样品对中子的透过率计算公式为：

$$T = \mathrm{e}^{-\mu L} \qquad (1.35)$$

式中，$\mu = \sum\limits_i n_i \left[\sum\limits_j p_{ij}\sigma_{ij}\rho_{ij} \right]$。$n_i$ 为样品中第 i 种元素的原子比例，p_{ij}、σ_{ij} 和 ρ_{ij} 分别为第 i 种元素的第 j 种同位素的丰度、全散射截面和数量密度。全散射截面也就是包括相干散射、非相干散射和吸收的总截面。实验要求中子的透过率要超过 85%。

1.2　确定高斯链结构的理论

1932 年 Eyring 曾系统地表述了高分子自由旋转链的构象问题。之后研究者提出了自由连接链模型，并用无规线团来比拟高分子链的构象。对于高分子稀溶液体系，Kuhn 曾提出排除体积的概念。排除体积理论认为一个长链高分子的一部分无法占据已被该分子另一部分占据的体积，因此导致溶液中的高分子链末端之间的平均距离比不考虑排除体积时更远。自 20 世纪 60 年代起 Flory 及其同事进行了全面的理论和实验研究，总结了单链构象的统计学方法。Flory 发现在一些特殊状态下排除体积的净效果可以为零，他把这种状态称为 θ 状态。在 θ 状态下高分子链恢复成高斯链的特征，溶液中的高分子链表现出简单的理想性质，渗透压的第二位力系数为零。在 θ 状态下高分子链的回转半径不受长程临界浓度波动的影响，θ 状态可以用改变溶剂成分或者温度的方法来达到。也就是说柔性链在稀溶液中呈现无规线团构象，在熔体或半结晶态中柔性链的平衡构象也是无规线团。对高斯链结构的研究曾是高分子链构象的核心内容。本节主要介绍描述高斯链结构的关键参数，以及用 SANS 测定高斯链参数的理论方法。

1.2.1　自由连接链的末端距和回转半径

自由连接链是描述高分子链结构的最简单模型。该模型假定分子链由不占有体积的刚性链节组成，相邻两个链节间自由连接，每个链节在空间内不依赖前一链节而自由取向（图 1.3）。

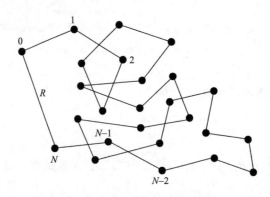

图 1.3　自由连接链示意图

1. 末端距

对于含有 N 个链节的高分子链，假定每个链节的长度 l 相等，定义链的末端距 R 为各链段长度的矢量和：

$$R = \sum_{i=1}^{N} l_i \tag{1.36}$$

其平方为：

$$R^2 = Nl^2 + 2\sum_{j>i}^{N} l_i \cdot l_j \tag{1.37}$$

均方末端距为：

$$\langle R^2 \rangle = Nl^2 + 2\sum_{j>i}^{N} \langle l_i \cdot l_j \rangle \tag{1.38}$$

当 $i \neq j$ 时，即 i 链节与 j 链节之间的取向是无规的，有以下结果：

$$\langle l_i \cdot l_j \rangle = 0 \tag{1.39}$$

可得到：

$$\langle R^2 \rangle = Nl^2 \tag{1.40}$$

其平方根定义为均方根末端距：

$$\langle R^2 \rangle^{1/2} = N^{1/2} l \tag{1.41}$$

统计学均方末端距与分布函数的关系为：

$$\langle R^2 \rangle = \int_0^\infty R^2 \phi(R^2) 4\pi R^2 \mathrm{d}R \Big/ \int_0^\infty \phi(R^2) 4\pi R^2 \mathrm{d}R \tag{1.42}$$

可得到其分布函数为：

$$\phi(R^2) = \left(\frac{3}{2\pi Nl^2}\right)^{1/2} \exp\left(-\frac{3R^2}{2Nl^2}\right) \tag{1.43}$$

也就是：

$$\phi(R^2) = \left(\frac{3}{2\pi\langle R^2 \rangle}\right)^{1/2} \exp\left(-\frac{3R^2}{2\langle R^2 \rangle}\right) \tag{1.44}$$

该分布函数即为高斯函数，相应的自由连接链也称为高斯链、理想链等。

2. 回转半径

回转半径 R_g 的定义式为：

$$R_g = \frac{1}{N}\sum_{i=1}^{N} \langle |r_i - r_c|^2 \rangle \tag{1.45}$$

式中，r_c 是高分子链的质量中心，由下式给出：

$$r_c = \frac{1}{N}\sum_{i=1}^{N} r_i \tag{1.46}$$

可以得到均方回转半径 R_g^2 的计算式为：

$$\langle R_g^2 \rangle = \frac{1}{2N^2}\sum_{i,j=1}^{N} \langle |r_i - r_j|^2 \rangle \tag{1.47}$$

公式（1.47）可转化为：

$$\langle R_g^2 \rangle = \frac{N(N+2)l^2}{6(N+1)} \tag{1.48}$$

当 $N \to \infty$ 时公式（1.48）简化为：

$$\langle R_g^2 \rangle = \frac{Nl^2}{6} \tag{1.49}$$

当用 R_0 表示无扰链的末端距时均方回转半径与均方末端距的关系为：

$$R_g^2 = \frac{R_0^2}{6} \tag{1.50}$$

3. 重均分子量

当高分子链的相对分子量为 M 时，引入数量密度的分布函数 $p(M)$ 来描述分子链的分子量分布，该函数是归一化的：

$$\int_0^\infty p(M)\mathrm{d}M = 1 \tag{1.51}$$

重均分子量的定义式为：

$$\bar{M}_w = \frac{\displaystyle\int_0^\infty p(M)M \cdot M\mathrm{d}M}{\displaystyle\int_0^\infty p(M)M\mathrm{d}M} \tag{1.52}$$

1.2.2 使用小角度中子束的原因

对于两束被具有特征长度 d 的高分子散射的中子，它们的波程差为 $2d\sin\theta$。当波程差为波长的整数倍时这两束中子会因为干涉而增强：

$$d = \frac{n\lambda}{2}\sin\theta \qquad (1.53)$$

式中，$n = 0,\ 1,\ 2,\ \cdots$。当 $n = 1$ 时，结合公式（1.8）可以得到 $d = 2\pi/q$。因此，散射矢量与高分子的特征长度为倒易关系。当高分子链结构的特征长度在 10～1000 Å 时，可以得到 q 的范围约在 10^{-3}～10^{-1} Å^{-1}，这被称为低 q 值。由公式（1.8）所描述的 q 与波长和散射角的关系可见，只有使用长波长（5 Å＜λ＜20 Å）中子束并采用小角度（θ＜10°）的散射实验才能达到所需的低 q 值区间。

一般把波长大于 4 Å、能量小于 5 meV 的中子称为冷中子。典型的冷中子具有 750 m/s 的入射速度，其波长为 5.3 Å，这与高分子链间的最近邻间距的量级相同。由于冷中子的能量低，它透过高分子样品发生的散射主要是弹性散射，因此用中子散射对高分子进行结构研究的大多数实验都属于 SANS 的范畴。

1.2.3　对比度与氘化处理

对于样品中的同类高分子，获得其全部绝对散射强度需要得到每个散射单元的微分截面并利用公式（1.14）计算出结果。每个散射单元分子的散射截面是由各个组成原子的散射长度 b_i 之和得出的：

$$\left(\frac{\mathrm{d}\sigma}{\mathrm{d}\Omega}\right)_{\mathrm{m}} = \left(\sum_i b_i\right)^2 \qquad (1.54)$$

要将目标高分子的单个分子从样品的大量基体背景分子中突出显示出来，需要目标分子与基体分子之间有很大的对比度差别（图 1.4）。

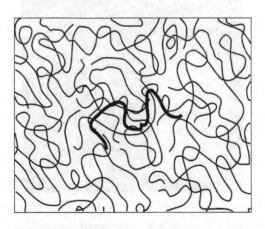

图 1.4　从样品的大量高分子中显示出单链分子的示意图

　　产生对比度的原因是目标分子与基体分子的散射长度密度的差别。因为中子与电子没有相互作用，因此只有增加散射长度密度的差别才能提高对比度。对于包含 A、B 两种不同分子的样品（A 为一种高分子，B 为溶剂或者另一种高分子），可以采用对比度因子 K_n 来定量表示它们对中子散射能力的差别：

$$K_n = \frac{1}{N_A}\left(\frac{b_A}{v_A} - \frac{b_B}{v_B}\right)^2 \tag{1.55}$$

式中，N_A 为阿伏伽德罗常数；b_A/v_A 和 b_B/v_B 分别为 A、B 分子的散射长度密度。如果两类分子的散射长度密度值之差低于 10^{-6} Å^{-2}，就需要对目标分子或者基体分子进行氘化（也称氘代）处理以提高它们之间的对比度。这种做法的原因就是利用氘与氢之间的散射长度差别。

　　调整对比度差别的方法还包括向分散基体中加入散射能力与分散基体散射能力相匹配的物质，以消除基体散射的影响并提高对比度，这个原理可通过图 1.5 来详细解释。两个玻璃管都包含硼硅酸盐玻璃棉、玻璃珠以及一种溶剂。玻璃珠对光的折射率与它们不同。当光照在左边的管上时玻璃珠和玻璃棉都会散射光，但主要是玻璃棉的光散射起作用，所以只有玻璃棉能被看到。为了观察到玻璃珠，在右边的管里填充一种折射率与玻璃棉相同的溶剂。这样玻璃棉的光散射能力与溶剂的散射能力相匹配，就能消除玻璃棉的作用使玻璃棉对光透明。这一原理也可用于 SANS 实验。比如通过调整高分子的平均散射长度密度（含氘代和非氘代分子的总和），直到其与溶剂的散射长度密度相匹配以显示出目标分子。

(a)　　　　　　　　(b)

图 1.5　含有玻璃棉、玻璃珠和溶剂的两个管
（a）溶剂的折射率与玻璃棉和玻璃珠不同；（b）溶剂的折射率与玻璃棉的折射率匹配

1.2.4 Debye 结构函数与 Guinier 公式

对于高分子稀溶液进行的 SANS 实验，可通过 Guinier 定律给出高分子的相对分子量和链的尺寸。

1. 用 R_0 描述的 Debye 结构函数

根据散射函数的一般公式（1.29）以及单体的对分布函数：

$$g(r) = \frac{N}{N_s} g_s(r) \tag{1.56}$$

可以得到：

$$S(q) = \frac{N}{N_s} \int \exp(-iqr) g_s(r) \mathrm{d}^3 r \tag{1.57}$$

对于自由连接链，第 N_s 个链节的对分布函数为：

$$g_s(r) = \frac{1}{N_s} \sum_{m=-(N_s-1)}^{N_s-1} (N_s - |m|) \left(\frac{3}{2\pi|m|l_s^2}\right)^{3/2} \exp\left(-\frac{3r^2}{2|m|l_s^2}\right) \tag{1.58}$$

将公式（1.58）对高斯函数进行傅里叶变换得到：

$$S(q) = \frac{2N}{N_s^2} \int_{m=0}^{N_s} (N_s - m) \exp\left(-\frac{ml_s^2 q^2}{6}\right) \mathrm{d}m \tag{1.59}$$

用 $\upsilon' = \frac{ml_s^2 q^2}{6}$ 和 $\upsilon = \frac{N_s l_s^2 q^2}{6} = \frac{R_0^2 q^2}{6}$ 代入公式（1.59）得到：

$$S(q) = N\frac{2}{\upsilon} \int_{\upsilon'=0}^{\upsilon} \left(1 - \frac{\upsilon'}{\upsilon}\right) \exp(-\upsilon') \mathrm{d}\upsilon' \tag{1.60}$$

当采用以下表达式：

$$S(q) = NS_D(q) \tag{1.61}$$

可得到：

$$S_D\left(\upsilon = \frac{R_0^2 q^2}{6}\right) = \frac{2}{\upsilon^2} (\exp(-\upsilon) + \upsilon - 1) \tag{1.62}$$

S_D 称为高分子链的 Debye 结构函数。图 1.6 是 S_D 与 R_0 的关系图。

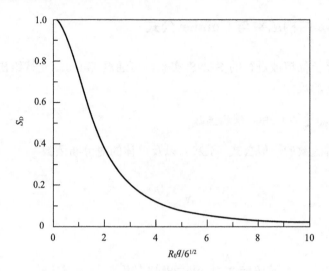

图 1.6　尺寸为 R_0 的高分子链的 Debye 结构函数

为了能从实验的散射函数得到链结构参数，需要在 $\upsilon \to 0$ 的极限条件下对公式（1.62）展开：

$$S_{\mathrm{D}}(\upsilon \to 0) = 1 - \frac{\upsilon}{3} \qquad (1.63)$$

该方程的等价形式为：

$$S^{-1}(q^2) = N^{-1}\left(1 + q^2\frac{R_0^2}{18} + \cdots\right) \qquad (1.64)$$

公式（1.64）称为 Guinier 公式。SANS 实验是用 S^{-1} 对 q^2 作图后得到 R_0。

2. 用 R_{g} 描述的结构函数

对于一个含有 N_{p} 个高分子链的样品，每个分子链含有 N 个单体单元，样品中单体单元的总数 N_{m} 为：

$$N_{\mathrm{m}} = NN_{\mathrm{p}} \qquad (1.65)$$

对于稀溶液，当忽略高分子链之间的所有干涉作用后公式（1.21）可改写为：

$$S(q) = \frac{1}{N_{\mathrm{p}}N}N_{\mathrm{p}}\sum_{i,j=1}^{N}\langle\exp[-\mathrm{i}q(r_i - r_j)]\rangle \qquad (1.66)$$

在靠近零点的小角度范围内可以用级数展开到二阶：

$$S(q) = \frac{1}{N} \sum_{i,j=1}^{N} \langle 1 - iq(r_i - r_j) + \frac{1}{2}[q(r_i - r_j)]^2 \rangle \tag{1.67}$$

对于各向同性体系，线性项消失后二次项转化为：

$$\langle [q(r_i - r_j)]^2 \rangle = \frac{1}{3} q^2 \langle |r_i - r_j|^2 \rangle \tag{1.68}$$

这导致以下结果：

$$S(q) = \frac{1}{N} \left(N^2 - \frac{q^2}{6} \sum_{i,j=1}^{N} |r_i - r_j|^2 \right) \tag{1.69}$$

利用公式（1.47）关于回转半径的定义式能得到低 q 极限下结构函数的表达式为：

$$S(q) = N \left(1 - \frac{q^2 R_g^2}{3} + \cdots \right) \tag{1.70}$$

公式（1.70）的等价形式为：

$$S^{-1}(q^2) = N^{-1} \left(1 + q^2 \frac{R_g^2}{3} + \cdots \right) \tag{1.71}$$

公式（1.71）意味着通过 SANS 测量可以确定出高分子链的 R_g。

1.2.5 高分子溶液的渗透压

通过散射函数可以导出与高分子溶液渗透压有关的公式。首先采用一个普遍关系式将正向结构因子的极限值 $S(q \to 0)$ 与给定体积 V 中粒子数的波动联系起来，并且根据热力学还能与样品的等温压缩性联系起来。这个关系式可直接来自对公式（1.23）的使用：

$$S(q \to 0) = \frac{1}{\langle N_m \rangle} \left\langle \left(\int_v (c_m(r) - \langle c_m \rangle) \mathrm{d}^3 r \right)^2 \right\rangle = \frac{1}{\langle N_m \rangle} \langle (N_m - \langle N_m \rangle)^2 \rangle \tag{1.72}$$

其中比例项的等价计算式为：

$$\frac{\langle (N_m - \langle N_m \rangle)^2 \rangle}{\langle N_m \rangle} = \frac{\langle N_m^2 \rangle - \langle N_m \rangle^2}{\langle N_m \rangle} \tag{1.73}$$

该比例项独立于选定的体积。公式（1.72）左边的 $S(q)$ 不依赖于 V，它可来自于统计热力学中对涨落的处理。涨落理论能将粒子数涨落与等温压缩系数联系起来：

$$\kappa_T = \left(\frac{\partial \langle c_{\mathrm{m}} \rangle}{\partial p} \right)_T \tag{1.74}$$

通过以下公式：

$$\frac{\langle N_{\mathrm{m}}^2 \rangle - \langle N_{\mathrm{m}} \rangle^2}{\langle N_{\mathrm{m}} \rangle} = kT\kappa_T \tag{1.75}$$

将公式（1.72）和（1.75）结合起来得到：

$$S(q \to 0) = kT\kappa_T \tag{1.76}$$

公式（1.76）通常适用于所有单组分体系并且与有序状态无关。对于高分子溶液，采用渗透压系数替换 κ_T 后得到溶液的结构因子在 $q \to 0$ 的极限值为：

$$S(q \to 0) = kT\kappa_{\mathrm{osm}} \tag{1.77}$$

渗透压系数与渗透压的关系为：

$$\kappa_{\mathrm{osm}} = \left(\frac{\partial \langle c_{\mathrm{m}} \rangle}{\partial \Pi} \right)_T \tag{1.78}$$

式中，Π 为渗透压；$\langle c_{\mathrm{m}} \rangle$ 为溶液中单体的平均密度。

1.2.6　实验数据分析方法

在得到 SANS 装置给出的 I 随 q 变化的数据后，首先需要对数据进行后处理，即通过对 SANS 的原始实验数据进行一系列的物理校准和校正之后得到与仪器和样品厚度无关的、反映样品自身特征的散射强度随散射矢量变化的数据，然后再对这些数据进行数学分析与处理。对散射强度随散射矢量变化数据的分析包括不依赖于模型的数学方法以及依赖于模型的分析方法。Guinier 图法和 Zimm 图法是常用的不依赖于模型的处理方法，它们能够获得分子链的 R_{g}。

1. Guinier 图分析法

Guinier 图法是将散射强度的自然对数值对散射矢量 q 的平方作图，在 $qR_{\mathrm{g}} < 1$ 的范围内可得到用公式（1.79）描述的直线方程：

$$\ln I = \ln I_0 - \frac{q^2 R_{\mathrm{g}}^2}{3} \tag{1.79}$$

从直线的斜率得到 R_{g}。对于非晶高分子，其在 θ 状态下的 R_{g} 与 $\bar{M}_{\mathrm{w}}^{0.5}$ 成正比。对于不同的高分子，其在本体中的比例常数与在 θ 溶剂中的比例常数相同。

2. Zimm 图分析法

Zimm 图法适用于较宽的 q 范围。Zimm 图的作法是利用以下公式：

$$\left(\frac{\mathrm{d}\sum(q)}{\mathrm{d}\Omega}\right)^{-1} = \left(\frac{\mathrm{d}\sum(0)}{\mathrm{d}\Omega}\right)^{-1}\left(1 + \frac{q^2 R_{\mathrm{g}}^2}{3} + \cdots\right) \tag{1.80}$$

式中，$\mathrm{d}\sum(0)/\mathrm{d}\Omega$ 是在 $q=0$ 情况下的截面值。作图时是以 q^2 为横坐标，$c\Big/\dfrac{\mathrm{d}\sum(q)}{\mathrm{d}\Omega}$ 为纵坐标得到多个浓度的直线。对于每个浓度的直线从斜率计算出 R_{g}。

3. 重均分子量

通过公式（1.81）作图的截距可得到 $\bar{M}_{\mathrm{w}}$：

$$\frac{K_n c\rho^{-2}}{\mathrm{d}\sum(0,c)/\mathrm{d}\Omega} = \frac{1}{\bar{M}_{\mathrm{w}}} + 2A_2 c \tag{1.81}$$

式中，K_n 为公式（1.55）中的对比度因子；A_2 为组分间热力学相互作用的第二位力系数；c 为高分子在基体中的浓度，单位为 g/cm³；ρ 为高分子密度。当目标高分子和基体高分子由同一种类的氢和氘标记分子组成时，由于它们具有相同的化学结构，A_2 大约为 0。

4. 渗透压

基于平均场理论的 Ornstein-Zernike 方程可以描述溶液中相分离过程的浓度涨落的变化。对于高分子溶液，在低 q 区域通过将散射强度 $\mathrm{d}\sum(q)/\mathrm{d}\Omega$ 对 q 拟合到下面的 Ornstein-Zernike 公式：

$$\frac{\mathrm{d}\sum(q)}{\mathrm{d}\Omega} = \frac{\mathrm{d}\sum(0)/\mathrm{d}\Omega}{1 + q^2\xi^2} \tag{1.82}$$

利用公式（1.82）能给出溶液的渗透压 $\kappa_{\mathrm{osm}} \sim \mathrm{d}\sum(0)/\mathrm{d}\Omega$，它还能给出浓度波动的高分子链相关长度 ξ。这种方法也适用于高分子共混物。

1.3 高含量氘标记法

最初采用高含量氘标记法是探索半稀高分子溶液体系中的单链构象问题，后来该方法被推广到对高分子共混体系的研究。只有将 SANS 与高含量氘标记体系相结合，才能提供出关于半稀和浓溶液中高分子相互作用时链尺寸变化的实验信息。本节介绍有关体系的中子散射理论。

1.3.1 浓溶液体系散射理论

对于一个由高分子（A 组分）和有机溶剂（B 组分）构成的浓溶液体系，当溶解的高分子是 H-高分子和 D-高分子的混合物时，这个体系的绝对散射强度为：

$$\frac{\mathrm{d}\sum(q)}{\mathrm{d}\Omega} = \phi(1-\phi)(b_{A,H}-b_{A,D})^2 nN^2 P(q) + [\phi b_{A,D} + (1-\phi)b_{A,H} - b_B']^2 nN^2 S_t(q) \quad （1.83）$$

式中，ϕ 为 D 标记的单体体积分数；b_{AH} 和 b_{AD} 分别是 H 和 D 标记单体单元的散射长度；n 为组分 A 每单位体积的高分子分子数；N 为高分子聚合度。$b_B' = b_B(v_A/v_B)$ 是散射长度，其中 b_B 为组分 B 的归一化单体体积比；v_A 为链段体积；v_B 为溶剂分子体积。公式（1.83）可转化为一个简单的形式：

$$\frac{\mathrm{d}\sum(q)}{\mathrm{d}\Omega} \equiv KnN^2 P(q) + DnN^2 S_t(q) \quad （1.84）$$

式中，D 为分子总散射系数。公式（1.84）右侧的第一项对应于单链分子内散射，因此 $P(q)$ 是关联分子内信息的单链形状因子。第二项对应于分子间总散射，结构因子 $S_t(q)$ 是包含了散射单元分子内和分子间总的信息。当体系的散射长度符合 $b_{A,D} < b_B' < b_{A,H}$ 时，可以通过选择适当的氘化链浓度（ϕ）使 D 因子为零。当 $D = 0$ 时就会出现图 1.5 所示的 D-和 H-高分子的平均 SLD 与溶剂的 SLD 相匹配。其结果即相当于高分子的总散射消失，出现如图 1.5 中玻璃棉不可见的效果，而只留下由 D-高分子与溶剂对比产生的散射，这样从中就可直接获得分子内散射函数以及 R_g。

对于含有溶剂 B 的高分子溶液，此时组分 A 的回转半径可以直接从下式确定：

$$\left[\frac{\mathrm{d}\sum(q)}{\mathrm{d}\Omega}\right]_s = \phi(1-\phi)(b_{A,H}-b_{A,D})^2 nN^2 P(q) \quad （1.85）$$

若 B 组分为一种高分子即形成共混物，该方法同样适用。此时组分 A 的回转半径可从下式确定：

$$\left[\frac{d\sum(q)}{d\Omega}\right]_s = v_A^{-1}N\phi(1-\phi)(b_{A,H}-b_{A,D})^2 P(q) \qquad (1.86)$$

使用以上公式（1.85）和（1.86）时需要将 SANS 实验测得的 $[d\sum(q)/d\Omega]_s$ 对 q 函数拟合为：

$$P(q) = \left(\frac{2}{q^4 R_g^4}\right)\left[\exp(-q^2 R_g^2) - 1 + q^2 R_g^2\right] \qquad (1.87)$$

该公式可从公式（1.50）和（1.62）得到。此外，尽管溶剂在 $D=0$ 时是不可见的，但它仍然可以影响组分 A 的链尺寸，因为它能够调节与 A 单体的吸引或排斥作用，这可能会导致 $R_{g,A}$ 与无扰尺寸之间存在显著偏差。

1.3.2　同位素混合体系散射理论

当样品中不含有溶剂而是完全由 H- 和 D- 同种高分子构成时，$S_t(q)=0$。假设高分子构象与氘化无关，公式（1.87）变为：

$$\left[\frac{d\sum(q)}{d\Omega}\right]_s = v^{-1}N\phi_H\phi_D(b_H - b_D)^2 P(q) \qquad (1.88)$$

对于由公式（1.85）、（1.86）和（1.88）描述的三种情况，相干散射是由单链分子内形状因子 $P(q)$ 描述的。在减去由 H 原子产生的非相干信号以及由空隙、催化剂残留物导致的非均匀性或密度波动引起的相干背景后，可使用公式（1.85）、（1.86）和（1.88）确定浓溶液和共混物中分子链的 R_g。这种高含量氘标记方法允许从高达 50% 的标记水平获得关于单个高分子链的形状因子 $P(q)$。当一种成分被稀释时，例如 ϕ_H 远小于 1、ϕ_D 约为 1，公式（1.85）、（1.86）和（1.88）中的 $P(q)$ 可展开并给出公式（1.80），其中 $d\sum(0)/d\Omega = v^{-1}N\phi_H\phi_D(b_H - b_D)^2$，并且散射强度与浓度成正比。

1.3.3　氘标记引起的扰动

利用 SANS 对氘标记高分子的研究最初是基于这样的假设：分子构象及分子间相互作用独立于氘化作用，并且相同物质的氘标记链段和未标记链段之间的 Flory-uggins 相互作用参数 χ_{HD} 是 0。然而，已有的一些实验结果表明氘化会影响高分子的热力学，D-聚乙烯和 H-聚乙烯的熔融温度相差约 6℃，因此由于不同的结晶效应使它们的混合物可以在固态中分离。聚苯乙烯溶液的 θ 温度（T_θ）也会有几度的不同，取决于高分子和溶剂的同位素组成。聚苯乙烯与聚乙烯基甲醚共混物的临界温度会随着 H-聚苯乙烯和 D-聚苯乙烯用量的不同而变化几十度，这说明同位素标记可能会影响相变，这也意味着由氢和氘标记的链段之间有相互作用参数 χ_{HD} 的变化。在对聚苯乙烯、聚乙烯、聚丁烯和聚二甲基硅氧烷进行的 SANS 实验证实了存在一种普遍的同位素效应，χ_{HD} 大约为 2×10^{-4}～9×10^{-4}，其产生于 C–H 和 C–D 键之间体积和极化率的微小差异。

最初对高分子的 SANS 实验都是在低含量氘标记下进行的，其同位素效应几乎是微不足道的。但在认识到可以从高含量的同位素混合物中获得相同的信息后，往往会在高标记水平下进行实验以增强信号强度。正是在这些条件下同位素效应才得以显现。这就提出了一个问题，即采用高含量氘标记法的 SANS 实验中应如何分析同位素的效应。谨慎的做法应是根据测量的 χ_{HD} 值对 SANS 实验进行评估，以避免因过度散射产生的同位素效应。

1.4 测定非稀溶液中链结构的实验

1.4.1 本体体系

用 SANS 技术测定高分子链构象的能力是在本体非晶高分子领域首次得到证明的。最初在本体非晶体系中描述高分子链构象的理论有 Flory 的无扰线团模型以及弯曲或束状模型。此外，针对某些体系还提出了折叠线团模型。在 SANS 技术之前由于没有直接测量本体高分子构象的方法，导致关于链构象的问题没有定论。在 20 世纪 70 年代早期第一次进行了用 SANS 直接测定单链高分子形状因子的工作，测试的高分子为本体聚甲基丙烯酸甲酯。通过把正常含氢的聚甲基丙烯酸甲酯（H-PMMA）溶解在氘代聚甲基丙烯酸甲酯（D-PMMA）基体中，制备出 H-PMMA 含量不同的多个样品并得到了确定性结论。

图 1.7 为溶解在 D-PMMA 中不同浓度 H-PMMA 体系的散射强度与 q 图。由于散射截面取决于未氘化标记和氘化标记的高分子之间散射能力的差异，所以实验中给出的信号与在 H-PMMA 中溶解等浓度 D-PMMA 的信号相同。采用以 D-PMMA 为基体的优点是由于氢的非相干截面较高（表 1.1），用 D-PMMA 为基体就能起到降低非相干散射背景信号的作用，极大地增强相干散射信号。这种做法对于以含氢为主的高分子体系都非常重要。

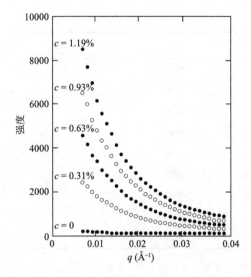

图 1.7 溶解在 D-PMMA 中不同浓度 H-PMMA 体系的散射强度与 q 图

图 1.8 是用图 1.7 数据得到的 Zimm 图。空心圆表示外推到 $c = 0$ 和 $q = 0$ 的结果，这两条线在纵坐标轴上相交。利用公式（1.74）经作图得到重均分子量为 220 k。表 1.3 列出了用 SANS 测定的多个非晶高分子在凝聚态时的分子特征尺寸。

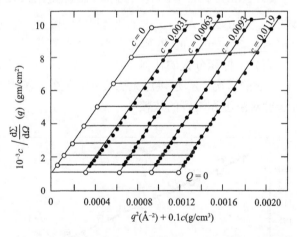

图 1.8 溶解在 D-PMMA 中的 H-PMMA 的 Zimm 图

表 1.3 SANS 测定的凝聚态非晶高分子的分子尺寸

高分子名称	状态	$R_g/\bar{M}_w^{0.5}$ （Å (g/mol)$^{-0.5}$）
无规聚苯乙烯	玻璃	0.265～0.280
无规聚苯乙烯	熔融	0.275

续表

高分子名称	状态	$R_g/\bar{M}_w^{0.5}$ （Å (g/mol)$^{-0.5}$）
聚乙烯	熔融	0.45
聚异丁烯	玻璃	0.31
聚乙烯	玻璃	0.385
对苯二甲酸乙二醇酯	熔融	0.35
无规聚甲基丙烯酸甲酯	玻璃	0.275
间规聚甲基丙烯酸甲酯	玻璃	0.289
等规聚甲基丙烯酸甲酯	玻璃	0.297
聚丁二烯	熔融	0.35
聚氧乙烯	熔融	0.35

1.4.2 浓溶液体系

在由良溶剂构成的体系中高分子链会发生扩展。随着高分子浓度的增加分子链开始发生重叠，排除体积效应被减弱和掩盖，R_g 随浓度增加而降低。图 1.9 显示了甲苯中聚苯乙烯的 R_g 随 c 的变化，测定时使用了氘代甲苯。在 $c = 0.03$ g/mL 时 R_g 为 124 Å；在 $c = 0.5$ g/mL 时 R_g 下降到大约 99 Å。测量结果显示出 $R_g \sim c^{-0.157}$。由于聚苯乙烯本体的 R_g 大约为 94 Å，可见大多数链尺寸的减少发生在较低的浓度区。高浓度下（0.5 g/mL < c < 1 g/mL）的 R_g 变化很小。在对氘化壬烷中聚乙烯的研究中并没有出现 R_g 随高分子体积分数的任何变化。这些结果表明在良溶剂区域中，对于 ϕ 大约为 0.3～0.5 的情况，R_g 也接近无扰尺寸。此外，利用 SANS 还能够研究 R_g 和其他特征长度对浓度和温度的依赖性。

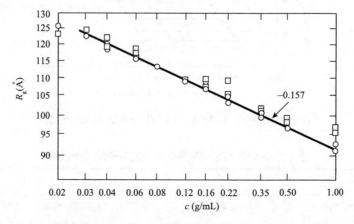

图 1.9 氘代甲苯中聚苯乙烯的 R_g 随 c 的变化

1.4.3 半稀溶液体系

将 SANS 和高含量氘标记法相结合使得测定半稀高分子溶液的 θ 区和相分离临界区的链尺寸成为可能。采用不同分子量的 H-和 D-聚苯乙烯溶解在 θ 溶剂氘化环己烷中，于临界高分子浓度下进行了这样的实验。实验中通过调整 H-聚苯乙烯、D-聚苯乙烯、D-环己烷的组合，能够使公式（1.73）中的系数 D 正好为零。在这种情况下通过在不同的中子对比度条件下进行的 SANS 实验能够得到 R_g。首先，为了使总散射贡献$[\mathrm{d}\sum(q)/\mathrm{d}\Omega]_t$ 最小化，对于 H-聚苯乙烯+D-聚苯乙烯体系，对含有低浓度 H-苯乙烯的氘化环己烷溶液测量其$[\mathrm{d}\sum(q)/\mathrm{d}\Omega]_t$。然后在全对比条件下，即在全氘化溶剂中溶解 H-聚苯乙烯，再测量总散射$[\mathrm{d}\sum(q)/\mathrm{d}\Omega]_t$。其贡献值可通过以下方式减去：

$$\left[\frac{\mathrm{d}\sum(q)}{\mathrm{d}\Omega}\right]_s = \frac{\mathrm{d}\sum(q,1-\phi=0.1)}{\mathrm{d}\Omega} - \frac{D(1-\phi=0.1)}{(b_{A,D}-b'_s)^2}\left[\frac{\mathrm{d}\sum(q,\phi=0)}{\mathrm{d}\Omega}\right] \quad (1.89)$$

减去之后可以通过将单链形状因子 $P(q)$ 拟合到公式（1.87）来确定 R_g。结果表明聚苯乙烯的链尺寸 $R_g = 0.27 \bar{M}_w^{0.5}$，在 θ 温度以下保持不变（图 1.10）。此外，实验还得到了聚苯乙烯在 θ 温度时的关联长度 ξ 大约为 10 Å，当温度增加到临界温度时 ξ 超过 100 Å。对于由浓度波动导致关联长度 ξ 的变化，可通过将 $[\mathrm{d}\sum(q)/\mathrm{d}\Omega]_t$（$q$, $\phi=0$）拟合到 Ornstein-Zernike 方程（1.82）后确定出来。

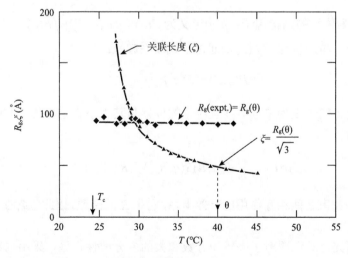

图 1.10　聚苯乙烯/D-环己烷半稀溶液中聚苯乙烯回转半径 R_g 和关联长度 ξ 的温度图

1.5 测定溶液中嵌段共聚物球形胶束的结构

胶束是两亲分子或共聚物经自组装形成的稳定聚集体。它们与高于临界胶束浓度或临界胶束温度的非缔合分子处于热力学平衡。胶束可以有各种形状，最常见的是球形，还可能是各向异性的椭球形、蠕虫状或棒状胶束。胶束的尺寸通常约为 5～100 nm，这使得 SANS 适合于研究胶束的结构。在稀的胶束溶液中能够测量胶束内的散射并得到形状因子。本节主要介绍用 SANS 分析球形胶束溶液中胶束结构的理论方法。

1.5.1 胶束散射理论

对于尺寸多分散球形胶束的各向同性溶液，散射强度 $I(q)$ 为：

$$I(q) = n_p \bar{P}(q) S'(q) \tag{1.90}$$

式中，n_p 为胶束的平均数量密度；$\bar{P}(q)$ 是胶束半径分布函数 $f(R)$ 上形状因子 $P(q, R)$ 的平均值：

$$\bar{P}(q) = \int_0^\infty P(q, R) f(R) \mathrm{d}R \tag{1.91}$$

公式（1.90）中的 $S'(q)$ 是有效结构因子，表达式为：

$$S'(q) = 1 + \beta(q)[S(q) - 1] \tag{1.92}$$

式中，$S(q)$ 为体系的结构因子；$\beta(q)$ 定义为 $\beta(q) = \left| \langle F(q, R) \rangle \right|^2 / \bar{P}(q)$。其中 $F(q, R)$ 是振幅因子，与形状因子 $P(q, R)$ 通过下式联系起来：

$$P(q, R) = F(q, R)^2 \tag{1.93}$$

当把胶束粒子视为单分散并且粒子的位置与其大小完全相关，散射强度的对应表达式为：

$$I(q) = n_p \int_0^\infty P(q, R) S(q, R_{\mathrm{eff}}) f(R) \mathrm{d}R \tag{1.94}$$

式中，R_{eff} 为胶束之间相互作用的有效半径，它是 R 的函数，因此包含在公式（1.94）的积分中。

相关研究已经证明对于高体积分数和大的多分散性体系，采用局部单分散近似处理是一种非常有效的计算方法。当用这种方法拟合球形粒子胶束的模拟数据时能够再现平均胶束半径和尺寸分布。在非常稀的体系中只需要考虑形状因子，分子间干扰表现为结构因子的贡献随着浓度的增加而增加。

1.5.2　核-壳胶束的形状因子

对于一个半径为 R_o、体积为 V_o 的球形粒子，Rayleigh 曾导出了形状因子方程：

$$P(q) = (\Delta\rho)^2 V_o^2 \left[3\frac{\sin(qR_o) - qR_o\cos(qR_o)}{(qR_o)^3} \right]^2 \tag{1.95}$$

公式（1.95）可推广到一个核半径为 R_c、壳厚度为 R_s 的均匀胶束上，得到描述核-壳模型的形状因子为：

$$P(q) = [(\rho_s - \rho_m)(R_s + R_c)^3 F(q, (R_s + R_c)) + (\rho_c - \rho_s)R_c^3 F(q, R_c)]^2 \tag{1.96}$$

使用公式（1.96）的前提条件是核与壳的密度不同。公式（1.96）中的 $F(q, R_i)$ 是半径为 R_i 的球的振幅因子：

$$F(q, R_i) = 3\{[\sin(qR_i) - (qR_i)\cos(qR_i)] / (qR_i)^3\} \tag{1.97}$$

公式（1.96）中的 ρ_i 是散射长度密度。$i = $ c、s、m 分别表示核、壳和溶剂。在把胶束核考虑成均匀的球体，壳的密度与半径相关之后会有两种判断壳层密度变化的观点。一种观点是壳层的密度是径向距离 r 的函数，壳层密度分布为：

$$n(r) = r^{-x} / (1 + \exp[(r - R_M) / \sigma_F]) \tag{1.98}$$

公式（1.98）中的费米函数呈现平滑的密度衰减直至 $R_M = R_c + R_s$，其中 R_c 指胶束核的半径，R_s 指壳层的厚度，σ_F 是费米函数的宽度。当 x 大约为 4/3 可得到类似于星形高分子的密度分布。另一种观点认为壳的密度分布是随宽度衰减：

$$n(r) = k \exp\left(-\frac{r^2}{\sigma^2}\right) \tag{1.99}$$

式中，k 为一个常数，与超额散射长度密度成正比。

对于散射模型中涉及的胶束尺寸多分散性效应，可以通过估算公式（1.91）和（1.94）中的 $f(R)$ 来得到。常用的半径分布函数有 Schultz 分布、矩形分布和高斯分布。Schultz 分布是一个双参数函数：

$$f_S(R) = (Z + 1 / \bar{R})^{Z+1} R^Z \exp[-(Z + 1 / \bar{R})] / \Gamma(Z + 1) \tag{1.100}$$

式中，$\bar{R}$ 为平均半径分布；Z 为宽度参数；$\Gamma(X)$ 为伽马函数。矩形分布的定义如下：

$$f_R(R) = \begin{cases} 1/2W & |R - \bar{R}| \leqslant W \\ 0 & |R - \bar{R}| > W \end{cases} \tag{1.101}$$

式中，W 为半宽参数，平均半径 $\bar{R} \geqslant W$。高斯分布是简单地由以 $\bar{R}$ 为中心的高斯分布组成。

1.5.3　核-高斯链胶束模型

对于嵌段共聚物胶束，也可以采用把核考虑成均匀的球形，而壳为高斯链的结构模型。采用此种模型得到单分散胶束的形状因子表达式为：

$$P(q) = N^2 \Delta \rho_c^2 P_c(q, R_c) + N \Delta \rho_g^2 P_g(q, R_g) + N(N-1) \Delta \rho_g^2 S_{gg} + 2N^2 \Delta \rho_g \Delta \rho_c S_{cg} \tag{1.102}$$

式中，下标 c 和 g 分别表示半径为 R_c 的均匀球形胶束核和回转半径为 R_g 的高斯链；N 为胶束缔合数；$\Delta \rho_x$ 为核上（$x = c$）或者核周围（$x = g$）的一个高分子链的超额散射密度；$P_c(q, R_c)$ 为均匀球的归一化自关联项；$P_g(q, R_g)$ 为高斯链的自关联项；S_{cg} 为球面与从球面开始的高斯链之间的干涉交叉项；S_{gg} 为附着在球面上的高斯链之间的干涉项。

对于在重水中分散的 PS_{10}-b-PEO_{68}、PEO_{25}-b-PPO_{40}-b-PEO_{25}、氘代癸烷中的 PS-b-PI 二嵌段物、水/重水混合液中的 PEO_m-b-PBO_n 二嵌段物，核-高斯链胶束模型的计算结果与 SANS 的实验结果相同。图 1.11 显示了该模型与 SANS 实验结果间的一致性。

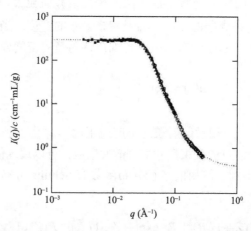

图 1.11　50℃ 重水中 1.8 wt% 的 PEO_{86}-b-PBO_{10} 的 SANS 散射数据与理论拟合值

主 要 参 数

A_2	第二位力系数
b	分子相干散射长度
b_{coh}	原子相干散射长度
c	高分子在基体中的浓度
c_m	单体数量密度
$C(q)$	总散射幅度
d	样品特征长度
D	分子总散射系数
$F(q)$	散射振幅
$g(r)$	对分布函数
$g_s(r)$	链段对分布函数
I	散射中子强度
I_m	一个单体产生的散射强度
I_0	入射中子强度
K	分子内散射系数
k_f	散射平面波矢量
k_i	入射平面波矢量
K_n	对比度因子
l	链节长度
L	样品厚度
M	高分子链相对分子量
$\bar{M}_w$	重均分子量
n	单位体积的高分子数
n_p	胶束的平均数量密度
N	高分子链的链节数
N_A	阿伏伽德罗常数
N_m	样品中单体总数
N_p	样品中高分子链总数
N_s	高分子链的第 s 个链节
$P(q)$	形状因子
q	散射矢量
r	高分子链单元的矢量位置

r_c	高分子链的质量中心
r_{ij}	自由连接链上 i、j 连接点间的矢量
R	高分子链末端距
R_{eff}	胶束之间相互作用的有效半径
R_g	高分子链回转半径
S_D	Debye 结构函数
$S(q)$	散射函数，结构因子，结构函数
T	中子透过率
V	样品体积
$\Delta\rho_{coh}$	散射对比度，散射衬度
θ_B	布拉格散射角
κ_{osm}	渗透压系数
κ_T	等温压缩系数
λ	中子波长
v_m	单体体积
ξ	高分子链关联长度
Π	渗透压
ρ	高分子密度
ρ_{coh}	相干散射长度密度
σ	散射截面
σ_{abs}	吸收截面
σ_{coh}	相干散射截面
σ_{inc}	非相干散射截面
σ_{tot}	总散射截面
φ	散射中子的相位
χ	Flory-Huggins 参数
ϕ	D 标记的单体体积分数
Ω	空间角

参 考 文 献

左太森, 马长利, 韩泽华, 等. 2021. 小角中子散射技术及其在大分子结构表征中的应用 [J]. 高分子学报, 52:1192–1205.

Ballauff M. 2011. Analysis of polymer colloids by small-angle X-ray and neutron scattering: Contrast Variation [J]. Advanced Engineering Materials, 13: 793–802.

Hamley I W, Castelletto V. 2004. Small-angle scattering of block copolymers in the melt, solution and crystal states [J]. Progress in Polymer Science, 29: 909–948.

Roe R J. 2000. Methods of X-ray and Neutron Scattering in Polymer Science [M]. Oxford: Oxford University Press.

Rubinstein M, Colby R H. 2003. Polymer Physics [M]. Oxford: Oxford University Press.

Strobl G. 2007. The Physics of Polymers [M]. Heidelberg: Springer-Verlag.

Wignall G D, Melnichenko Y B. 2005. Recent applications of small-angle neutron scattering in strongly interacting soft condensed matter [J]. Reports on Progress in Physics, 68: 1761–1810.

第 2 章

小角 X 射线散射

对于一定波长的入射电磁波来说，散射体对电磁波的散射遵循着反比定律，即散射体的结构特征尺寸越大，散射角越小。对于几纳米至几百纳米范围内的高分子材料亚微观结构，往往要采用小角 X 射线散射（small-angle X-ray scattering，SAXS）进行研究。这是因为 X 射线穿过与其波长相比具有较大结构特征尺寸的高分子体系时，散射效应皆处于小角度处。SAXS 技术是通过记录散射 X 射线的空间强度分布后，再根据特定的模型计算出材料的微观结构。由于材料内部不均一的电子云密度分布，SAXS 的表征结果通常是体系的统计平均值，这样就能反映出材料的整体结构信息。SAXS 分析不需要对测试的样品进行特殊处理，测试过程也不会改变样品的结构与性质。此外，多数 SAXS 仪器与其他设备具有良好的兼容性，可以实现 SAXS 与一些小型设备的联用，比如拉伸仪、剪切仪、热台、注塑机等。这样就能实现在线观测高分子材料在多种外场条件下的微观结构演变和服役行为，实时模拟加工状态。在高分子材料微观结构表征领域，SAXS已经成为一种不可替代的研究手段。

2.1 小角 X 射线散射基础

X 射线是波长介于紫外与 γ 射线之间的电磁波，其波长范围覆盖了 $10^{-8} \sim 10^{-12}$ m，相应的频率范围为 $10^{16} \sim 10^{22}$ Hz。X 射线衍射学主要用于研究晶体的结构，也可以对不完善晶体、微晶进行分析，甚至扩展到非晶原子结构和液体。SAXS 是从 X 射线衍射学中分支出来的。它研究的是物质在靠近 X 射线入射光束附近很小角度内的散射现象，现已发展为一个独立的研究领域。20 世纪 30 年代，Mark 和 Hendricks 在观察纤维素和胶体粉末时发现了 SAXS 现象并首次提出了SAXS 的原理。此后 Debye 和 Porod 等人相继建立和发展了 SAXS 理论并确立了 SAXS 的应用方法，至今他们的理论仍然是 SAXS 技术研究高分子结构的基础。本节主要介绍关于 SAXS 的基础理论，下一节将介绍 Debye 和 Porod 等人的理论方法。

2.1.1　散射角度

一般而言，对于 Cu K_α 产生的波长为 0.154 nm 的 X 射线，对应 2θ 角在 5° 左右是衍射和散射的交界。比 5° 大的角度反映的是衍射现象，相应的尺度小于 1.5 nm，这对应着晶体结构中微晶晶面间距的尺寸范围。比 5° 小的角度反映的是散射现象，能够对尺度大于 1.5 nm 的结构进行观察。小角散射指的是 2θ 角小于 5° 时发生的散射。对于聚合物合金、半结晶聚合物、嵌段聚合物、乳液和蛋白质溶液等两相体系，分散相的区域结构和间距往往都在几纳米至几十纳米的范围内。因此，SAXS可以对这些体系进行微观结构的分析。

2.1.2　散射基础理论

当 X 射线通过物质时，在入射电场的作用下电子将围绕其平衡位置发生振荡。电子作为散射中心会向其四周辐射出与入射波同频率的电磁波。由于散射的电磁波仅发生运动方向改变而没有能量改变，此过程属于相干散射，也叫汤姆孙（Thomson）散射。在小角 X 射线散射理论中，为了使问题简化，一般需要做以下两方面假定。

1. 散射的 X 射线为平行射线

当观察点与散射点距离较近时，来自于两个散射点的散射 X 射线将不是平行的（图 2.1）。当观察点远远大于散射点之间的距离时，进入观察点的各散射 X 射线都是平行的，也就是 $\theta_1 = \theta_2 = \cdots$。

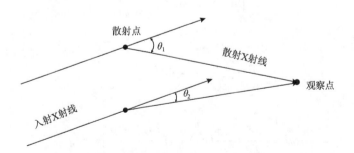

图 2.1　散射点与观察点距离较近时散射角 $\theta_1 \neq \theta_2$

2. 不发生多重散射

相对于初始散射点来说，其散射的 X 射线一般会被另外一个散射点继续散射。当这个散射 X 射线继续被其他"新"散射点散射时，此时称之为多重散射。也就是入射 X 射线被多个散射点连续进行散射。SAXS 理论假定不发生此类多种散射现象。基于以上两方面假定，下面结合图 2.2 给出 SAXS 理论中关于散射强度的理论表达式。

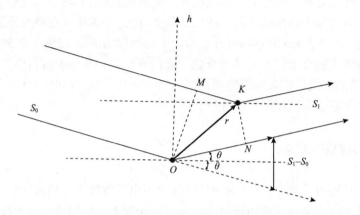

图 2.2　两个散射点的散射

对于入射 X 射线和散射 X 射线，其方向的单位矢量分别以 S_0 和 S_1 表示，两者的夹角为 2θ。若以一个电子为原点 O，电子 K 与原点 O 相距的位矢为 r，以 O 点的散射波为基准，散射点 K 的散射波与 O 点的光程差为：

$$\delta = ON - KM = r \cdot S_1 - r \cdot S_0 = r(S_1 - S_0) = r \cdot S \tag{2.1}$$

式中，$S = S_1 - S_0$，S 为单位矢量差，其模量为：

$$|S| = S = 2\sin\theta \tag{2.2}$$

光程差为：

$$\delta = r \cdot S = r \cdot 2\sin\theta \tag{2.3}$$

相位差为：

$$\varphi = \frac{2\pi}{\lambda_0}n\delta = \frac{2\pi\delta}{\lambda} = \frac{2\pi}{\lambda}(r \cdot S) = r\left(\frac{4\pi\sin\theta}{\lambda}\right) = r \cdot q \tag{2.4}$$

式中，λ_0 和 λ 分别为真空和介质中的 X 射线波长；n 为介质折射率；q 称为散射矢量，其模量为：

$$|q| = q = \frac{4\pi\sin\theta}{\lambda} \tag{2.5}$$

在研究散射现象时，q 是一个很重要的物理量。对于图 2.2 所示的情况，q 垂直于 S_0 和 S_1 的夹角，即平行于 S。散射矢量也可用散射几何参数 s 表示，其模量为：

$$|s| = s = \frac{2\sin\theta}{\lambda} = \frac{s}{\lambda} \tag{2.6}$$

q 与 s 的关系为：

$$q = 2\pi \cdot s \tag{2.7}$$

设 K 点的散射波振幅为 E_K，则有：

$$E_K = E_e f_K \exp\left[-\mathrm{i}(\omega t + \varphi)\right] \tag{2.8}$$

式中，f_K 为 K 点的散射因子，即电子数；ω 为角频率；t 为散射时间；φ 为相位差；E_e 为一个电子的汤姆孙散射振幅。式（2.8）表明当散射体比入射 X 射线波长大很多时，从构成此散射体的各个电子产生的散射波之间将出现光程差 δ 或者相位差 φ。当光程差是波长的整数倍时发生相长干涉，散射波互相加强。反之发生相消干涉，散射波互相减弱。

以上情况是把 K 当作一个电子进行讨论。当把 K 点看作是由几个电子组成的散射元（如原子），此时散射元中的电子会同时散射 X 射线，总散射振幅 E_t 应是：

$$E_t = \sum_{f_K} E_K = E_e \exp(-\mathrm{i}\omega t) \cdot \left[\sum f_K \exp(-\mathrm{i}\varphi)\right] \tag{2.9}$$

令

$$F(q) = \sum f_K \exp(-\mathrm{i}\varphi) \tag{2.10}$$

$F(q)$ 称为结构振幅，公式（2.9）变为：

$$E_t = E_e F(q) \exp(-\mathrm{i}\omega t) \tag{2.11}$$

根据电磁理论，一个波的强度定义为波的振幅的平方。由此得到，汤姆孙散射强度 I_e 为：

$$I_e = \frac{c}{8\pi} E_e E_e^* = \left(\frac{c}{8\pi} E_0^2\right)\left(\frac{e^2}{mc^2}\right)^2 \frac{\sin^2\varphi}{R^2} = I_0 \left(\frac{e^2}{mc^2}\right)^2 \frac{\cos^2 2\theta}{R^2} \tag{2.12}$$

式中，c 为光速；m 为电子质量；e 为电子电荷；E_e^* 为 E_e 的共轭复数；R 为样品到探测器间的距离；I_0 为入射 X 射线强度，表达式为：

$$I_0 = \frac{c}{8\pi} E_0^2 \qquad (2.13)$$

式中，E_0 为振幅。由此得到体系的总散射强度为：

$$I(q) = \frac{c}{8\pi} E_t E_t^* = \frac{c}{8\pi} E_e^2 F(q) F^*(q) = I_e \left| F(q) \right|^2 \qquad (2.14)$$

式中，I_e 为一个电子的汤姆孙散射强度。式（2.14）表明当体系中包含很多散射点时，它们相互之间的光程差是不同的，相位差也不相等，由此导致了散射波的干涉现象。散射波的结构振幅依赖于体系中各散射点之间的相对位置，因此可以通过测定散射强度来研究散射体的结构。

2.1.3 相关函数与散射强度

对于实际的散射体系，电子是连续分布的。在此引入电子密度分布函数 $\rho(r)$，定义为单位体积的电子数量，也就是在位矢 r 的散射元 dV 中含有的电子数量。于是公式（2.10）中的散射因子 f_K 为：

$$f_K = \rho(r) dV \qquad (2.15)$$

由此公式（2.10）应成为以下积分形式：

$$F(q) = \int_r \rho(r) \exp(-iq \cdot r) dV \qquad (2.16)$$

式中，$dV=dxdydz$。公式（2.16）表示的是对整个空间积分。为了清楚地描述公式（2.16）中积分变量和被积函数中变量 r 之间的关系，下面采用矢微商 dr（即 $dr = dV$）来表示三维积分。图 2.3 给出了三维矢量的含义，其中散射元 k、j 两个电子的相对距离为 r_{kj}。

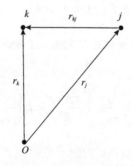

图 2.3 r_k、r_j 和 r_{kj} 的定义

由此式（2.10）为：

$$
\begin{aligned}
\left|F\left(q\right)\right|^2 &= \int_r \rho\left(r_k\right)\exp\left(-iq\cdot r_k\right)dr_k \int_r \rho\left(r_j\right)\exp\left(-iq\cdot r_j\right)dr_j \\
&= \int_r\int_r \rho\left(r_k\right)\rho\left(r_j\right)\exp\left(-iq\cdot r\right)dr_k dr_j
\end{aligned} \tag{2.17}
$$

公式（2.17）也可写成

$$
\left|F\left(q\right)\right|^2 = \int_r \exp\left(-iq\cdot r\right)dr_k \left[\int_r \rho\left(r_j\right)\rho\left(r+r_j\right)dr_j\right] = \int_r \tilde{\rho}^2\left(r\right)\exp\left(-iq\cdot r\right)dr \tag{2.18}
$$

式中，$\tilde{\rho}^2\left(r\right)$ 表示电子密度的自相关函数，在数学上称为卷积。即：

$$
\tilde{\rho}^2\left(r\right) = \int_r \rho\left(r_j\right)\rho\left(r+r_j\right)dr_j = \rho\left(r_j\right)\times\rho\left(r+r_j\right) \tag{2.19}
$$

因此，散射强度分布可通过散射体电子密度分布的自相关函数 $\tilde{\rho}^2\left(r\right)$ 进行傅里叶变换来求得。在实空间中，$\rho(r)$ 反映了散射体的结构。出现散射现象的空间称为倒易空间或傅里叶空间。实空间和倒易空间在物理学上存在着倒易关系。正晶格的衍射图样存在于倒易空间中，两者存在相关物理参数的对应关系。在数学上可利用傅里叶变换进行计算。实空间中尺度越大的结构会在倒易空间中的小 q 区呈现强的散射光。

根据对公式（2.16）描述的散射体的结构振幅进行傅里叶变换可得到：

$$
\rho(r) = \int_r F\left(q\right)\exp\left(iq\cdot r\right)dr \tag{2.20}
$$

式中，$\rho(r)$ 为样品内部电子密度分布函数；r 为样品内电子的矢量坐标；q 为散射矢量。结合公式（2.5）和（2.16）可知，X 射线散射实验获得的散射光振幅在 q 空间的分布只与样品内部电子密度分布函数相关。散射光振幅分布具有不同的角度依赖性，但换算成 q 空间分布则是唯一的。公式（2.20）表明从散射体测到的结构振幅 $F(q)$，通过傅里叶变换可以计算出该物质的电子密度分布 $\rho(r)$。反之，已知物质的电子密度分布 $\rho(r)$，可计算出倒易空间的 $F(q)$。在倒易空间中结构振幅 $F(q)$ 对应于 $\rho(r)$，散射强度 $I(q)$ 对应于自相关函数 $\tilde{\rho}^2\left(r\right)$，可由自相关函数 $\tilde{\rho}^2\left(r\right)$ 的傅里叶变换求得（详见 2.2 节）。

由于 X 射线的频率非常高，目前的电子学技术还不能有效地测量 $F(q)$，在测量结果中往往会丢失相位信息，但却能比较准确地测定出强度信息，也就是：

$$
I\left(q\right) = \left|F\left(q\right)\right|^2 \tag{2.21}
$$

尽管通过散射强度 $I(q)$ 不能直接得到体系的电子云密度分布函数 $\rho(r)$，但是 $\rho(r)$ 的自相关函数 $\tilde{\rho}^2(r)$ 恰巧是散射强度的反傅里叶变换。因此，代表体系微观结构的 $\rho(r)$、散射光振幅 $F(q)$、可测量的散射光强度 $I(q)$ 以及 $\rho(r)$ 的自相关函数 $\tilde{\rho}^2(r)$ 之间就具有了表 2.1 所示的关系。这些物理量间相互转化的关系是 SAXS 技术的基础。

表 2.1 实空间和倒易空间的关系

空间	实空间	倒易空间
变量	r（位矢）	q（散射矢量）
现象	$\rho(r)$（电子密度分布函数）	$F(q)$（结构振幅）
	$\tilde{\rho}^2(r)$（电子密度分布函数的自相关函数）	$I(q)$（散射强度分布）
	结构	散射

2.1.4 散射体和散射现象的倒易关系

为了简单地阐明傅里叶变换性质和倒易关系，下面对一维电子密度分布的倒易现象进行介绍。对于一维体系，$\rho(r)$ 仅在 x 轴方向变化，在 y 和 z 轴方向是常数。假定 z 轴方向为 X 射线的入射方向，根据公式（2.16）可得到一维体系的结构振幅 $F(q)$ 为：

$$F(q) = \int_r \rho(r)\exp\left[-\mathrm{i}(q \cdot r)\right]\mathrm{d}V = \iiint \rho(x)\exp\left[-\mathrm{i}(q_1 x + q_2 y + q_3 z)\right]\mathrm{d}x\mathrm{d}y\mathrm{d}z \quad (2.22)$$

式中：

$$q = q_1\mathrm{i} + q_2\mathrm{j} + q_3\mathrm{k} \quad (2.23)$$

$$r = x\mathrm{i} + y\mathrm{j} + z\mathrm{k} \quad (2.24)$$

因为是一维体系，所以有 $q_2 = q_3 = 0$。因此公式（2.22）成为：

$$F(q_1) = \iint \mathrm{d}y\mathrm{d}z \int_{-\infty}^{+\infty} \rho(x)\exp\left[-\mathrm{i}(q_1 x)\right]\mathrm{d}x \quad (2.25)$$

公式（2.25）描述的是垂直 x 轴方向的单位横截面积的结构振幅，也就是：

$$F(q) = \int_{-\infty}^{+\infty} \rho(x)\exp\left[-\mathrm{i}(qx)\right]\mathrm{d}x \quad (2.26)$$

这样用 $\rho(x)$ 的一维傅里叶变换就可求得 $F(q)$。以下分别讨论四种情况的倒易关系。

第一种情况是对于散射体而言，除了其中心附近之外其他位置的电子密度均为零，且中心的电子密度分布 $\rho(x)$ 很窄，即 $\rho(x)$ 近似于 δ 函数：

$$\rho(x) = \delta(x) \qquad (2.27)$$

δ 函数对 X 射线散射是一个非常重要的函数，它可以用来描述一种集中分布的不连续行为，具有如下性质：

$$\delta(x) = \begin{cases} 0 & x \neq 0 \\ \infty & x = 0 \end{cases} \qquad (2.28)$$

将公式（2.27）代入公式（2.26）中，由一维傅里叶变换得到：

$$F(q) = \int_{-\infty}^{+\infty} \delta(x) \exp\left[-\mathrm{i}(qx)\right] \mathrm{d}x = 1 \qquad (2.29)$$

公式（2.29）表明一个 δ 函数在原点的傅里叶变换是一个常数，即等于 1。由此，一个常数的傅里叶变换意味着是一个 δ 函数。在这种情况下，$F(q)$ 与 q（即 2θ）无关，这相当于一个电子对 X 射线的散射。

第二种情况是散射体的电子密度在空间的分布是一定的，即相当于是一个完全均匀的物质，因此有 $\rho(x)=1$。根据公式（2.26）可得到：

$$F(q) = \int_{-\infty}^{+\infty} \exp\left[-\mathrm{i}(qx)\right] = \delta(q) \qquad (2.30)$$

由公式（2.30）可知，仅在 $q=0$ 即 $2\theta=0$ 时，体系才具有散射强度。在 $2\theta \neq 0$ 时的有限角度内散射均为零，也就是对于完全均匀的物质，其散射强度为零。由此可以得出一个重要性质：只有不均匀的物质才有散射。

第三种情况是对于图 2.4（a）所示的长度为 $2a$ 的散射体的散射，有如下关系式：

$$\rho(x) = \begin{cases} 0 & -\infty < x < -a \\ 1 & -a < x < +a \\ 0 & +a < x < +\infty \end{cases} \qquad (2.31)$$

因为 $\rho(x)$ 在 $+a$ 和 $-a$ 之间的值为常数 1，从公式（2.26）可得到：

$$F(q) = \int_{-a}^{+a} \exp\left[-\mathrm{i}(qx)\right] \mathrm{d}x = \frac{\exp\left[\mathrm{i}(qx)\right] - \exp\left[-\mathrm{i}(qx)\right]}{\mathrm{i}q} \qquad (2.32)$$

因 $\exp\left[\mathrm{i}(qx)\right] - \exp\left[-\mathrm{i}(qx)\right] = 2\mathrm{i}\sin(qx)$，且 $x=a$，将其代入公式（2.32）后得到：

$$F(q) = 2a \frac{\sin(qa)}{qa} \tag{2.33}$$

公式（2.33）是图 2.4（a）中函数的傅里叶变换。它包括两方面含义：①函数是高度为 1，长度为 $2a$ 的矩形，函数的面积为 $2a$。②函数项 $\sin(qa)/qa$ 具有与 $\sin x/x$ 相同的形式：

$$\frac{\sin x}{x} = 1 - \frac{x^2}{3!} + \frac{x^4}{5!} - \frac{x^6}{7!} + \cdots \tag{2.34}$$

当 x 为 0 时有 $\frac{\sin x}{x} = 1$。当 $\sin(qa) = 0$ 时在原点两侧出现第一个 0 值，它相当于 $qa = \pm\pi$，即 $q = \pm\pi/a$。这意味着原点处有一个锐峰的正弦波，中央峰的宽度为 $2\pi/a$，其他各峰的宽度正好是它的一半，即 π/a，如图 2.4（b）所示。对于图 2.4（a），其顶盖宽度 a 越大，傅里叶变换越窄。相反，顶盖宽度越小，傅里叶变换越宽。a 越大表明散射强度随 2θ 的增大下降越快，也就是说散射体增大其散射趋近于小角这一倒易关系。这是因为散射体越大，随着 2θ 的增大散射波的光程差变化就越大。根据散射干涉原理，由干涉产生的强度明显降低。在 $q = \pi/a$ 时，散射强度相消为零。然而随着 2θ 的增大，两个散射波的光程差又满足等于波长的整数倍，散射强度再次增大，这就是出现多级散射峰的原因。

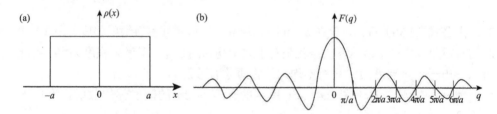

图 2.4　散射体长度为 $2a$ 的电子密度分布 $\rho(x)$ 图（a）和结构振幅 $F(q)$ 图（b）

在此，又可得到散射的一个重要性质：$F(q)$ 与 a 成正比，$|F(q)|^2$ 与 a^2 成正比。对于三维体系，$|F(q)|^2$ 与散射体体积平方成正比。也就是说，如果球状散射体的半径增加一倍，散射强度增大 2^6 倍。

第四种情况是对于图 2.5（a）所示的间距为 d 的周期函数，用下式表示：

$$\rho(x) = \sum_{n=-\infty}^{n=\infty} \delta(x - nd) \tag{2.35}$$

该函数描述的结构模型相当于间距为 d 的一维理想晶体，或者是间距为 d 的理想化的层状结构。此类结构的傅里叶变换是由 n 个函数在趋近于无穷大时的傅里叶变换决定的。当 n 增加时主峰会更加尖锐。当 n 趋近于无穷大时会达到其极限值，如图 2.5（a）所示。

把公式（2.35）代入公式（2.26）中得到结构振幅为：

$$F(q) = \sum_{n=-\infty}^{n=\infty} \int_{-\infty}^{+\infty} \delta(x-nd) \exp[-\mathrm{i}(qx)] \mathrm{d}x = \sum_{n=-\infty}^{n=\infty} \delta\left(q - \frac{2n\pi}{d}\right) \tag{2.36}$$

图 2.5（b）为结构振幅函数图，它表明间距为 d 的函数无穷阵列的傅里叶变换是间距为 $2\pi/d$ 的另一个阵列的函数。可以看到一个函数的间距和其傅里叶变换间距之间是倒易关系。间距 d 越小各散射峰移向大角一侧，且散射峰之间的间距越大。

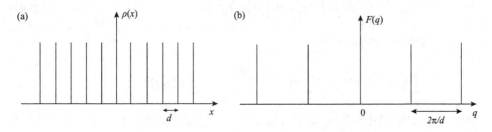

图 2.5　周期函数的电子密度分布 $\rho(x)$图（a）和结构振幅 $F(q)$图（b）

2.2　理论和模型方法

20 世纪 30 年代，在 Mark 和 Hendricks 观察纤维素和胶体粉末发现了 SAXS 现象时首次提出了 SAXS 的原理。此后，Debye 和 Porod 等人相继建立和发展了 SAXS 理论并确立了 SAXS 的应用，至今他们的理论仍然是 SAXS 方法研究高分子结构的基础。小角散射强度分布与散射体的原子组成以及是否结晶没有直接关系，只与散射体的形状、大小分布及与周围介质电子云密度差有关。实际上，小角散射的实质是由体系内电子云密度起伏所引起，真实情况下的散射体的形状和尺寸是不规则的，需要用统计的方法来处理。本节将介绍基于电子密度涨落观点建立起来的散射理论，以及关于不规则散射体的散射现象。

2.2.1　Debye-Bueche 统计理论

设体系的平均电子密度为 ρ_0，两散射元 k 与 j 的电子密度分别为 $\rho(r_k)$ 和 $\rho(r_j)$，它们与平均电子密度之差为：

$$\eta(r_k) = \rho(r_k) - \rho_0 \tag{2.37}$$

$$\eta(r_j) = \rho(r_j) - \rho_0 \tag{2.38}$$

公式（2.37）和（2.38）中的 $\eta(r)$ 称作电子密度涨落。对于一个不均匀体系，电子密度涨落与平均电子密度之差可正可负。将公式（2.37）、（2.38）代入（2.19）中得到：

$$\tilde{\rho}^2(r) = \int_r \rho(r_k)\rho(r_j)\mathrm{d}V_j = \int_r \left\{ \rho_0^2 + \rho_0\left[\eta(r_k)\eta(r_j)\right] + \eta(r_k)\eta(r_j) \right\}\mathrm{d}V_j \tag{2.39}$$

公式（2.39）大括号中的第 2 项 $\eta(r_k)$ 和 $\eta(r_j)$ 是可正可负、概率相同的量，因此 $\eta(r_k)+\eta(r_j)=0$。于是公式（2.39）成为：

$$\tilde{\rho}^2(r) = \rho_0^2 V + \int_r \eta(r_k)(r_j)\mathrm{d}V_j \tag{2.40}$$

式中，V 为体积，积分项为：

$$\int_r \eta(r_k)(r_j)\mathrm{d}V_j = V\int_r \eta(r_k)(r_j)\frac{\mathrm{d}V_j}{V} = V\left\langle \int_r \eta(r_k)(r_j) \right\rangle_r \tag{2.41}$$

式中，$\langle\ \rangle_r$ 表示对相距为 r_{kj} 两端散射元的电子密度涨落乘积取平均。为了简化起见，令 $\eta(r_k)=\eta_k$；$\eta(r_j)=\eta_j$；$r_{kj}=r$。如果两端散射元 k 和 j 的电子密度涨落完全相关，且值相等，即 $\eta_k=\eta_j$，那么 $\langle\eta_k\eta_j\rangle=\langle\eta^2\rangle$；如果两端散射元 k 和 j 相互独立，则 η_k 和 η_j 之间无相关性，那么有 $\langle\eta_k\eta_j\rangle=\langle\eta_{kj}\rangle\langle\eta_j\rangle$。在此，引入相关函数 $S(r)$：

$$S(r) = \frac{\langle\eta_k\eta_j\rangle_r}{\langle\eta^2\rangle} \tag{2.42}$$

式中，$\langle\eta^2\rangle$ 称为均方电子密度涨落。相关函数 $S(r)$ 的物理意义是：在任意一个方向上，相距为 r 的两散射元 k 和 j 出现在同一相中的概率，也就是它们具有相同电子密度的概率。下面给出两种极端情况下的 $S(r)$ 表达式。

第一种情况是两散射元在同一相中时，即 $r=0$，它们的电子密度涨落 η_k 和 η_j 完全相关且值相等，所以有 $\lim\limits_{r\to 0}=\eta_k\eta_j=\langle\eta^2\rangle=1$。相关函数为：

$$S(0) = \frac{\langle\eta_k\eta_j\rangle_r}{\langle\eta^2\rangle} = 1 \tag{2.43}$$

第二种情况是两散射元 k 和 j 不在同一相中，即 $r=\infty$，两端的散射元相互独立，

η_k 和 η_j 之间无相关性，所以有 $\lim\limits_{r\to 0}=\eta_k\eta_j=\langle\eta^2\rangle=0$。因此随 r 增大散射体之间涨落的相关性下降，均方电子密度涨落变小并逐渐趋于零，相关函数为：

$$S(\infty)=\frac{\langle\eta_k\eta_j\rangle_r}{\langle\eta^2\rangle}=0 \tag{2.44}$$

在这两种极端情况之间的相关函数具体形式与体系的结构特征有关。

将公式（2.40）变为：

$$\tilde{\rho}^2(r)=V\left\{\rho_0^2+\langle\eta^2\rangle S(r)\right\} \tag{2.45}$$

式中第一项是指均匀物质的散射贡献。根据倒易关系，仅在 $q=0$ 的微小角度内存在散射，此时散射均为零且可以略去，这样公式（2.45）可简化为：

$$\tilde{\rho}^2(r)=V\langle\eta^2\rangle S(r) \tag{2.46}$$

将公式（2.46）代入公式（2.14）、（2.18）和（2.19）中得到：

$$I(q)=I_eV\langle\eta^2\rangle\int_r S(r)\exp\left[-\mathrm{i}(q\cdot r)\right]\mathrm{d}V \tag{2.47}$$

公式（2.47）就是 Debye-Bueche 散射公式。

2.2.2　傅里叶变换法

公式（2.47）表明用统计方法处理具体散射体系时需要得到该体系的相关函数 $S(r)$ 和均方电子密度涨落 $\langle\eta^2\rangle$。下面介绍相关函数 $S(r)$ 的傅里叶变换法，并通过该方法求得其他结构信息和统计参数的途径。这里仅给出傅里叶变换法，此外还有其他一些统计方法，可参见参考文献中列出的教材。

对于球对称体系，球的体积为 $V=\dfrac{4}{3}\pi r^3$，$\mathrm{d}V=4\pi r^2\mathrm{d}r$，平均相位因子为

$\exp\left[-\mathrm{i}(qr)\right]=\dfrac{\sin(qr)}{qr}$，代入公式（2.47）得到：

$$
\begin{aligned}
I(q)&=I_eV\langle\eta^2\rangle\int_0^\infty 4\pi r^2 S(r)\exp\left[-\mathrm{i}(qr)\right]\mathrm{d}r\\
&=I_eV\langle\eta^2\rangle\int_0^\infty 4\pi r^2 S(r)\frac{\sin(qr)}{qr}\mathrm{d}r\\
&=I_eV\langle\eta^2\rangle\int_0^\infty 4\pi P(r)\frac{\sin(qr)}{qr}\mathrm{d}r
\end{aligned} \tag{2.48}
$$

式中，$P(r) = r^2 S(r)$，称作距离分布函数。对公式（2.48）进行傅里叶变换：

$$S(r) = \frac{1}{2\pi^2 I_e V \langle \eta^2 \rangle} \int_0^\infty I_q q^2 \frac{\sin(qr)}{qr} dq \qquad (2.49)$$

当 $r = 0$ 时有 $S(0) = 1$，得到：

$$\int_0^\infty I_q q^2 dq = 2\pi^2 I_e V \langle \eta^2 \rangle \qquad (2.50)$$

这样公式（2.49）便成为以下形式：

$$S(r) = \frac{\int_0^\infty I_q q^2 \frac{\sin(qr)}{qr} dq}{\int_0^\infty I_q q^2 dq} \qquad (2.51)$$

将公式（2.50）定义为散射不变量 Q：

$$Q = 2\pi^2 I_e V \langle \eta^2 \rangle = \int_0^\infty I_q q^2 dq \qquad (2.52)$$

可见散射不变量 Q 与体系的内部结构无关，仅与均方电子密度涨落 $\langle \eta^2 \rangle$ 有依赖关系。通过公式（2.52）便可以求得 Q，并由此得到 $\langle \eta^2 \rangle$。如果已知 $\langle \eta^2 \rangle$，用公式（2.50）可得到相关函数 $S(r)$。此外，只采用实验测定的相对强度分布，用公式（2.51）也可得到相关函数 $S(r)$。

2.2.3　一维相关函数

图 2.6 展示了粒子空间相关状态的结构示意图。其中图 2.6（a）为具有棒状或片状粒子无规分布的球对称体系。在由棒状或片状粒子聚集的微区内部中，或多或少会存在局部一维或二维的有序结构，如图 2.6（b）所示。从宏观上看体系本身是无规取向的，微区的取向和位置相关性很小，但微区内粒子与其取向和位置有关。假定微区内片状粒子平行堆砌并垂直于微区 z 轴，片状粒子完全取向且具有一维相关性，垂直于 z 轴片状粒子表面尺寸远远大于粒子之间的距离 L 和粒子的厚度 d，如图 2.6（c）所示，此时公式（2.47）中的 $S(r) = S(z)$。

$q = q_x \mathbf{i} + q_y \mathbf{j} + q_z \mathbf{k}$ 中的 i、j、k 为 x、y、z 轴的单位矢量时，代入公式（2.47）中得到：

$$I(q) = I_e V \langle \eta^2 \rangle \iint \exp\left[-i(q_x x + q_y y) dx dy\right] \int \exp(-i q_z z) S_z dz \qquad (2.53)$$

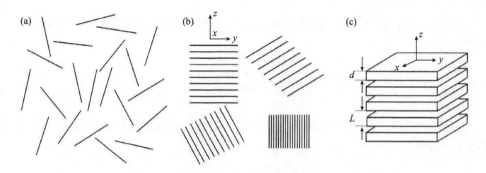

图 2.6 粒子的空间相关状态

(a) 具有球对称相关函数的体系；(b) 具有一维相关函数但无规取向的体系；
(c) 具有一维相关函数并完全取向的体系

因为粒子在 x、y 方向的尺寸非常大，根据倒易关系的原理，式（2.53）便成为：

$$I(q) = I_e V \langle \eta^2 \rangle \delta(q_x, q_y) \int \exp(-iq_z z) S_z \mathrm{d}z \qquad (2.54)$$

对于仅在 z 方向存在散射的情况，可将公式（2.54）中的 q_z 改写为 q，得到垂直于表面方向的散射强度分布为：

$$I(q) = I_e V \langle \eta^2 \rangle \int \exp(-iqz) S(z) \mathrm{d}z = I_e V \langle \eta^2 \rangle \int_{-\infty}^{+\infty} S(z) \cos q\, z \mathrm{d}z \qquad (2.55)$$

假设粒子在所有方向等概率取向分布，散射为各向同性，即在 q 所有方向具有相等的散射强度 $J(q)$，则 $J(q)$ 与 $I(q)$ 有以下关系：

$$J(q) = \frac{I(q)}{4\pi q^2} \qquad (2.56)$$

因此，具有一维相关的微区但无规取向体系的散射强度为：

$$J(q) = I_e V \langle \eta^2 \rangle (4\pi q^2)^{-1} \int S(z) \cos q\, z \mathrm{d}z \qquad (2.57)$$

对公式（2.57）进行傅里叶变换后得到：

$$S(z) = 8 (I_e V \langle \eta^2 \rangle)^{-1} \int_0^{\infty} q^2 J(q) \cos q\, z \mathrm{d}q \qquad (2.58)$$

当 $z=0$ 时有：

$$S(z=0) = 8 (I_e V \langle \eta^2 \rangle)^{-1} \int_0^{\infty} q^2 J(q) \mathrm{d}q = 1 \qquad (2.59)$$

公式（2.58）和（2.59）相除后可得到无规取向一维相关体系的相关函数：

$$S(z) = \frac{\int_0^\infty q^2 J(q) \cos qz \, \mathrm{d}q}{\int_0^\infty q^2 J(q) \, \mathrm{d}q} \tag{2.60}$$

对于完全取向一维相关的体系，由公式（2.55）通过类似以上的推导可得到其相关函数为：

$$S(z) = \frac{\int_0^\infty I(q) \cos qz \, \mathrm{d}q}{\int_0^\infty I(q) \, \mathrm{d}q} \tag{2.61}$$

图 2.7 展示了一维电子密度分布和对应的相关函数图。图中，d_c 为片晶平均厚度；d_a 为非晶区域的平均厚度；L 为片晶之间的平均距离，即长周期；$L_m/2$ 表示片晶重心与邻近非晶区域重心之间的平均距离。

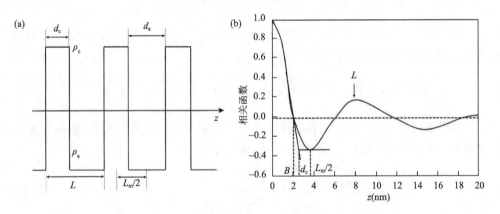

图 2.7　（a）一维电子密度分布图；（b）相关函数图

对于理想的两相体系，有 $L_m = L$。对于相关函数 $S(z)$ 的斜直线在 z 坐标上的截距 B，其物理意义为：

$$B = W_{c.l}(1 - W_{c.l})L \tag{2.62}$$

式中，$W_{c.l}$ 为线性结晶度，它与片晶分数 φ_c 和用广角 X 射线衍射方法得到的结晶度 $W_{c.x}$ 有以下关系：

$$\varphi_c = \frac{W_{c.x}}{W_{c.l}} \tag{2.63}$$

2.2.4　散射统计

1. 理想两相体系的散射统计

所谓理想两相体系是指 A 相分散在 B 相中，两相互不相溶，具有微观的相分离，两相之间的界面分明，不存在过渡层。理想两相体系模型如图 2.8（a）所示，A 为分散相，B 为连续相。

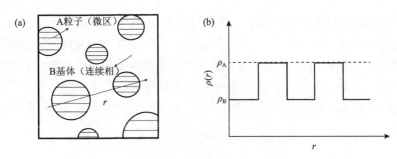

图 2.8　理想两相体系示意图（a）和电子密度分布函数图（b）

设 A、B 两相的电子密度分别为 ρ_A、ρ_B，体积分数分别为 ϕ_A、ϕ_B，由 $\phi_A + \phi_B = 1$ 可得到两相体系的平均电子密度为：

$$\rho_0 = \rho_A \phi_A + \rho_B \phi_B \tag{2.64}$$

A、B 两相的电子密度涨落 η_A、η_B 分别是：

$$\eta_A = \rho_A - \rho_0 = \rho_A - (\rho_A \phi_A + \rho_B \phi_B) = (\rho_A - \rho_B)\phi_B \tag{2.65}$$

$$\eta_B = \rho_B - \rho_0 = \rho_B - (\rho_A \phi_A + \rho_B \phi_B) = (\rho_B - \rho_A)\phi_A \tag{2.66}$$

由此得到均方电子密度涨落为：

$$\langle \eta^2 \rangle = \phi_A \eta_A^2 + \phi_B \eta_B^2 = \phi_A \phi_B^2 (\rho_A - \rho_B)^2 + \phi_B \phi_A^2 (\rho_A - \rho_B)^2 = \phi_A \phi_B (\rho_A - \rho_B)^2 \tag{2.67}$$

可见，$\langle \eta^2 \rangle$ 与两相电子密度差成正比并且和两相体积分数乘积有关。当两相体积分数各占一半时散射强度较大。

对于具有相同电子密度的散射体，假定这种体系具有特殊的不均匀结构，其在空间的散射呈现出无规分布。设体系中任意一端的电子密度为 $\rho(r)$，则散射体中的电子密度为：

$$\rho(r) = \rho_A \tag{2.68}$$

介质中的电子密度为：

$$\rho(r) = \rho_B \tag{2.69}$$

也可表示为：

$$\rho(r) = (\rho_A - \rho_B)\sigma(r) + \rho_B \tag{2.70}$$

式中，$\sigma(r)$ 为表征颗粒的形状因子，在散射体中有 $\sigma(r) = 1$，在介质中有 $\sigma(r) = 0$。

对于散射体在空间的分布，需要采用概率分布函数 $Z(r)$ 来描述。它表示任意一端在散射体中时，与这端相距为 r 的另一端也在该散射体中的概率。假定体系是各向同性，此时 $Z(r)$ 仅是距离 r 的函数，不存在长程有序。当 r 趋向于无限大时，$Z(r)$ 趋近于 ϕ_A，$Z(r)$ 的表达式为：

$$Z(r) = \phi_A + (1 - \phi_A)S(r) \tag{2.71}$$

理想两相体系的散射强度分布为：

$$I(q) = I_e V (\rho_A - \rho_B)^2 \phi_A \phi_B \int_0^\infty S(r) \frac{\sin(qr)}{qr} 4\pi r^2 \mathrm{d}r \tag{2.72}$$

在孤立体系中，由于 $\phi_A \approx 0$，故 $\phi_B \approx 1$，因此有：

$$Z(r) \approx S(r) = S_0(r) \tag{2.73}$$

$$\phi_A V = Nv \tag{2.74}$$

式中，N 为粒子数；v 为一个粒子的体积。由此公式（2.73）变为：

$$I(q) = I_e (\rho_A - \rho_B)^2 Nv \int_0^\infty S_0(r) \frac{\sin(qr)}{qr} 4\pi r^2 \mathrm{d}r \tag{2.75}$$

孤立粒子的 $S_0(r)$ 表达式为：

$$S_0(r) = Z(r) = 1 - \frac{a^*}{4v} r + \cdots \tag{2.76}$$

式中，a^* 为粒子的表面积。把公式（2.76）代入公式（2.75）中得到：

$$I(q \to \infty) = I_e (\rho_A - \rho_B)^2 \frac{2\pi a^*}{q^4} \tag{2.77}$$

公式（2.77）就是著名的 Porod 公式，也称作 Porod 定律。可见在大角度范围内随着角度的增加，散射强度随 q^{-4} 减小，散射强度与表面积 a^* 成正比。

如果体系是由 n 个表面积为 a^*，体积为 v 的相同粒子组成，则总表面积为：

$$A^* = na^* \tag{2.78}$$

假定每个粒子不受其他粒子的存在影响，Porod 公式则成为：

$$I(q) = nI_e(\rho_A - \rho_B)^2 \frac{2\pi a^*}{q^4} \tag{2.79}$$

可见总散射强度是每个粒子散射强度的 n 倍。也就是说在 q^{-4} 规则所成立的大角一侧，粒子间的干涉效应可以忽略。

2. 准两相体系的散射统计

准两相体系是指电子密度从 A 相移到 B 相时不是梯形变化，而是两相之间有一段过渡区域变化的体系。这一过渡区域称为界面相或界面层，也称为第三相。因此，这样的体系成为三相体系。界面层厚度取决于两相的微相分离程度和相容性。实际上嵌段、接枝聚合物和结晶聚合物等体系往往并不是理想的两相体系，并且界面相的存在及其大小对聚合物的宏观性能影响非常明显。

设准两相体系的电子密度为 $\rho_c(r)$，它与理想两相体系的电子密度 $\rho(r)$ 和界面相的电子密度分布 $h(r)$ 的关系如下：

$$\rho_c(r) = \rho(r) * h(r) \tag{2.80}$$

式中，*表示卷积。图 2.9 为一维坐标系的 r 与电子密度分布的关系示意图，其中的三个分图分别表示了理想两相体系、准两相体系和界面相有关的电子密度分布。

$\rho(r)$ 和 $h(r)$ 函数定义式分别为：

$$\rho(r) = \begin{cases} \Delta\rho = \rho_B - \rho_A & (0 \leqslant r \leqslant a) \\ 0 & (a \leqslant r \leqslant L) \end{cases} \tag{2.81}$$

$$h(r) = \begin{cases} \dfrac{1}{t} & (0 \leqslant r \leqslant t) \\ 0 & (r > t) \end{cases} \tag{2.82}$$

这样可以得到准两相体系的电子密度分布为：

$$\rho_c(r) = \int_{-\infty}^{+\infty} \rho(u) h(x - u) \, du \tag{2.83}$$

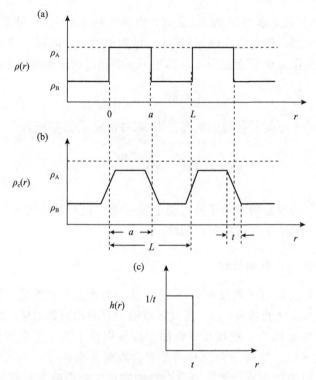

图 2.9　一维体系的电子密度涨落示意图
（a）理想两相体系的电子密度分布；（b）准两相体系结构的电子密度分布；（c）界面相有关的平滑函数

对于用公式（2.80）表示的准两相体系的电子密度分布，准两相体系的相关函数 $S_c(r)$ 和理想两相体系的相关函数 $S(r)$ 的关系如下式：

$$S_c(r) = \frac{\tilde{\eta}^2(0)}{\tilde{\eta}_c^2(0)} S(r) * \tilde{q}^2(r) \tag{2.84}$$

式中，$\eta_c(r)$ 为平均电子密度偏差的局部涨落；$\tilde{\eta}_c(r)$ 为卷积。准两相体系的散射强度为：

$$I_c(q) = I_e \ddot{F}\{\tilde{\rho}_c^2(r)\} \tag{2.85}$$

式中，$\ddot{F}$ 表示傅里叶变换，根据公式（2.40）可得到：

$$\tilde{\rho}^2(r) = V\langle \rho_c \rangle^2 + \tilde{\eta}_c^2(r) \tag{2.86}$$

对于均匀物质的散射，$V\langle \rho_c \rangle$ 等于零。因此把公式（2.86）代入公式（2.85）中得到：

$$I_c(q) = I_e \ddot{F}\left\{\tilde{\eta}_c^2(r)\right\} \tag{2.87}$$

将公式（2.84）代入公式（2.87）后得到：

$$I_c(q) = I(q)\ddot{F}\left\{\tilde{q}^2(r)\right\} = I(q)\left[\ddot{F}\left\{\tilde{q}(r)\right\}\right]^2 = I(q)\left[H^2(q)\right] \tag{2.88}$$

式中，$H^2(q)$ 称为修正因子，表达式为：

$$H(q) = \ddot{F}\left\{q(r)\right\} = \int q(r)\exp\left[-i(q \cdot r)\right]dr \tag{2.89}$$

公式（2.89）意味着各向同性准理想两相体系的散射强度分布 $I_c(q)$ 等于理想两相体系的散射强度分布 $I(q)$ 乘上修正因子的平方，因此有：

$$I_c(q) = 2\pi I_e S(\rho_A - \rho_B)^2 q^{-4}\exp\left(-\sigma^2 q^2\right) \approx \frac{K_P}{q^4}\left(1 - t_i^2 q^2\right) \tag{2.90}$$

公式（2.90）就是修正的 Porod 公式，其中的 t_i 是描述界面相厚度的参数。如果不能够确定界面相梯度变换的类型，那么利用该值也可以相对比较界面相的厚度差别。

计算界面层厚度还可以用散射样品的强度，利用不变量 Q 求得 $\langle\eta^2\rangle$：

$$Q = \int_0^{+\infty} I(q)q\,dq = 2\pi^2 I_e V\langle\eta^2\rangle \tag{2.91}$$

然后用下式求得界面层厚度 t_i：

$$\langle\eta^2\rangle = (\rho_A - \rho_B)^2\left(\phi_A\phi_B - \frac{S_s t_i}{6V}\right) \tag{2.92}$$

式中，S_s 为样品的表面积；V 为体积，且界面相的体积分数为 $\phi_c = S_s t_i / V$。

2.3 实验条件和数据处理

一般来说 SAXS 的测定需要利用成熟的商用仪器或者同步辐射线站完成。测定时需要将待测样品置于光路中的特定位置，仪器自动完成对散射结果的收集即可。除了进行简单的静态样品测试以外，将 SAXS 设备和其他设备如拉伸仪、剪切仪、热台、注塑机、模拉仪器等多种设备进行联用，还可以实时跟踪得到不同外场条件下的微观结构的演变过程，例如模拟加工成型条件下高分子的相变和结晶、长期使用环境中的形变和破坏等。为了得到更优化的实验数据，在实验之前需要对仪器参数和样品特性有一定的了解。

2.3.1 实验条件

实验室 SAXS 设备和同步辐射 SAXS 实验站都能提供对 X 射线波长、光斑尺寸、样品到探测器距离、样品尺寸的选择条件。X 射线波长可以通过靶材料的选择进行调控。一般可以选择 Cr、Fe、Co、Cu、Mo 和 W，波长从 0.229 nm 到 0.021 nm 依次降低。用长波长的好处是散射曲线明显扩展，可以提高分辨率。但是由于吸收显著增加，会导致散射强度发生降低，这时对试样厚度有更高要求。因此通常会选择一些波长较短的靶材料，如 Cu，其波长为 0.154 nm。另外，波长短会使散射曲线"压缩"，这对于有些光学系统可测试的最小角度是有利的。实验室 SAXS 设备由于装配复杂，对光源强度、准直性、探测器灵敏度要求高等原因，会导致采谱时间较长、噪声大、成本高等问题。

20 世纪 90 年代后以同步辐射为 X 射线源的小角散射平台成了 SAXS 实验的主要基地。同步辐射 X 射线源较实验室 X 射线有很多优点，如强度高、准直好、频带宽、光斑小、分辨率高、自动化程度高等，有的 SAXS 实验站还具有可调节的能量、相机长度和样品环境，或能进行时间分辨测量、小角散射和广角衍射同时测量。一般来说，有序特征长度较大（例如超过 50 nm）的结构散射通常需要比常规小角散射技术（如实验室设备）更小的角度。因为实验室设备散射经常在低角度被主光束和光束终止器遮挡。通过使用非常长的 SAXS 探测长度并结合良好准直且强 X 射线源，能获得更多的小角 X 射线散射信息，甚至可以获得常规小角散射无法获取的超小角区域（2θ 为 $0.01°\sim0.1°$）的散射信息。比如德国汉堡使用的 HASYLAB-DESY 的光束线，配备的超小角度 X 射线探测长度约为 13 m，能够实现超小角 X 射线散射（USAXS）功能，适用于研究有序特征长度从 20 nm 到 600 nm 范围内的结构。

一般采用二维记录仪作为小角散射装置的探测器。它可以同时测定出不同角度的散射强度，获得二维散射图像。根据探测器所形成的二维空间特定像素点尺寸，可以估算出可能达到的 q 空间分辨率，也就是两个相邻像素点之间的 Δq。根据模型，通过改变样品到探测器之间的距离可实现对 Δq 的合理选择。该距离越大，则两个相邻像素点对应的角度越小，从而实现更小的 Δq。

样品厚度是测试过程中需要考虑的关键因素。X 射线与物质的相互作用除了散射以外还包括样品的吸收。一般说来散射强度依赖于 X 射线照射到的总电子数，也就是和厚度呈反比。样品厚度越大所产生的吸收也就更加严重。因此，特定的样品都有一个合适的实验厚度。例如根据经验，在 Cu K_α 靶射线下聚乙烯样品的最佳厚度为 2 mm 左右。

与其他测试技术相比，SAXS 对样品的适用范围较宽。样品可以为块状、片状、薄膜状、纤维状、粉末状、多孔状等固体材料以及液体。对于不同类型的样品，在测试前一般要进行适当的处理。除了要考虑到厚度条件外还需要考虑载体的选择，试样的取向，还要注意保留试样原有结构不被破坏。样品尺寸要足够大，必须保证样品大于光斑直径以保证入射的 X 射线全部照射到样品上而不触及样品边缘，否则会产生由样品边缘引起的对掠过 X 射线的反射，这种反射会造成 SAXS 数据的偏差。纤维样品可能会带来这种类似的问题。通常的处理方法是利用与纤维密度相仿的液体对纤维进行浸润，以此消除纤维与空气的界面影响。

2.3.2　数据处理

在进行样品的测试前，需要进行一下测试：①测试空气或者载体的散射，在之后予以扣除；②测试试样的吸收系数，对试样的散射强度加以校正；③测试初束在水平和垂直方向的强度分布，以便进行狭缝修正，即消除模糊；④测试标准样品的散射强度，以此将研究试样的相对强度换算为绝对强度。以上四个步骤称为小角散射数据的前处理。只有合适的前处理，才能对结构参数进行准确计算。校正和消除误差的原理在很多文献中都有比较详细的介绍，下面简单介绍其他一些在数据处理中比较常见的问题。

1. 长周期的几种处理方法

长周期是粒子之间的统计平均距离，对于片晶结构来说一般指的是晶层厚度和非晶层厚度之和。稠密体系的散射曲线往往会出现散射极大峰，随着体系粒子尺寸的均一和间距的统一，散射峰将越来越明锐，甚至还可能出现二级散射极大峰。相反，如果体系粒子大小不等，间距不统一，散射峰就呈现为宽而低的样式，有时仅仅出现一个肩，这表明大小不等的长周期在曲线中重叠，这种现象是比较常见的。计算长周期有三种常见的方法，第一种是用布拉格（Bragg）公式计算：

$$2L\sin\theta = \lambda \tag{2.93}$$

式中，L 为长周期。将散射峰位代入公式（2.93）后可得到长周期 L 值。

如果散射曲线仅出现一个肩，如图 2.10（a）所示，此时就很难确定散射峰的位置，也不能用布拉格公式进行计算。此种情况可以普遍采用第二种计算长周期的方法，也就是洛伦兹（Lorentz）校正法。在对 $I(\theta)\sim\theta$ 的散射强度数据做洛伦兹校正时需要将 $I(\theta)$ 乘以 θ^2 之后对 θ 作图，见图 2.10（b），这相当于把 $I(q)$ 乘以 q^2 之后对 q 作图，或者 $I(s)$ 乘以 s^2 之后对 s 作图。

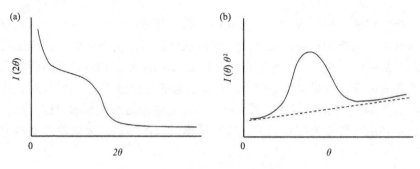

图 2.10　计算长周期的示意图
(a) $I(2\theta)$对 2θ作图；(b) $I(\theta)\theta^2$对 θ作图

　　洛伦兹校正是由于片层体系的周期取向结构而对测得的散射强度的必要修正，而由其他几何形状的微观结构产生的散射强度则不能直接套用该校正。进行 Lorentz 校正的原因如下。

　　对于一个在空间中固定的片层结构，如果其宽度和长度远大于厚度，这就意味着该片层产生的散射强度将集中在片层的法向方向，在 q 空间会形成一个细棒状分布。理论上该片层在法向方向以外都不产生散射信号。然而，实际体系中由于片层结构在流体中会沿不同方向进行平均化取向，在分散体系中的片层会产生旋转与平动的高速运动，这会使得测量时间尺度范围内本应是细棒状的强度分布平均分布到整个三维 q 空间内。对于任意 q 而言，散射强度相当于被稀释了以 q 为半径的球壳面积倍，也就是 $4\pi q^2$ 倍。所以，测得的散射强度需要按 q^2 进行校正。

　　在结晶高分子体系中，尽管片晶不能旋转，但是众多片晶在空间中会沿不同方向分布，其实际效果和上述分散体系类似，因此也需对测得的 $I(q)$ 进行 q^2 校正。对于其他形状的散射体，例如球状散射体，因其理论上的散射强度在不同 q 处应该是均匀分布的，不存在稀释的问题，所以不需要进行洛伦兹校正。

　　利用 $I(\theta)\theta^2 \sim \theta$ 曲线获得体系结构参数时，要将峰位值代入公式（2.93）中进行计算。另外，其半高宽也可作为表征粒子尺寸和间距规整性的一个参数。如果对应的曲线不出现峰，即无长周期，表明粒子的间距无周期性。实线峰越高越窄意味着粒子的尺寸和间距越规整。长周期大表明粒子间距大，但也可能包含着粒子尺寸大的信息，这需要结合其他模型或者其他手段进行判定。此种情况下可以采用图 2.11 所示的第三种相关函数计算方法，也就是从曲线峰位置所对应的 r 值来确定长周期 L。

　　上述三种方法都可以对长周期结构给出基本的描述，只是数值略有差异。以聚己内酯为例，用三种方法计算出的长周期为：$L_{Bragg} > L_{Lorentz} > L_{S(r)}$。因此，对于同一组试样要尽量采用一种方法进行长周期计算，以便于结果的比较。

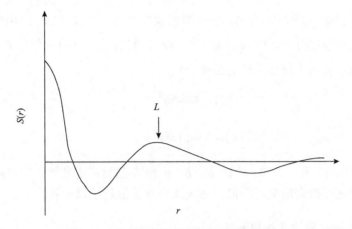

图 2.11 相关函数曲线法计算长周期示意图

2. 背景散射

背景散射 $I_b(s)$ 是指散射曲线尾部以下部分的散射强度，它是由试样内部局部区域电子密度涨落引起的。背景散射通常是由材料中的无序结构或者热运动产生的，因此也被称为热漫散射。散射曲线的尾部一般有两种情况，一种是直线，见图 2.12（a），另一种是上翘样式，见图 2.12（b）。

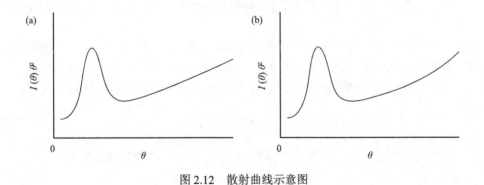

图 2.12 散射曲线示意图
（a）尾部是直线；（b）尾部上翘

尾部为直线的散射曲线符合以下两个方程：

$$I(q) = \frac{p}{q^4} + I_b(q) \tag{2.94}$$

$$\tilde{I}(q) = \frac{p}{q^3 2\pi} + I_b(q) \tag{2.95}$$

公式（2.94）中的 $I(q)$ 为消模糊的散射强度分布，公式（2.95）中的 $\tilde{I}(q)$ 为未消模糊的散射强度分布。以 $\tilde{I}(q)$ 对 q^{-3} 作图可得到截距 $I_b(q)$ 和斜率 P。对于尾部上翘的情况，有两个描述曲线的经验公式：

$$I_b(q) = K + bq^n \tag{2.96}$$

$$I_b(q) = K\exp(\beta q^2) \tag{2.97}$$

公式（2.96）和（2.97）中的 K、b、n 和 β 都是待定常数。通过用经验公式对曲线尾部进行拟合后就可将拟合曲线作为背景散射予以扣除。

3. 用模糊数据计算结构参数

未经过消模糊的散射强度分布称为"模糊数据"。小角散射在趋向大角一侧的强度分布一般都很弱并且起伏很大，这给消模糊的处理带来一定困难。经过消模糊的数据点的起伏反而会更加明显，进而产生较大的系统误差。有时候可以直接采用模糊数据来计算结构参数。

1）散射不变量

散射强度的积分称为散射不变量，表达式为：

$$Q = \int_0^\infty I_q q^2 \mathrm{d}q = 2\pi^2 I_e V \langle \eta^2 \rangle \tag{2.98}$$

式中，V 为散射样品的体积，它能够从散射体面积 S_s 得到：$V = S_s t_s$；t_s 为试样厚度。散射体面积一般和光斑直径有关，因此必须要精确得到测试样品的厚度。

另外，利用公式通过散射不变量 Q 可以计算出两相电子密度差 $\Delta\rho = \rho_A - \rho_B$。

$$\langle \eta^2 \rangle = \phi_A(1-\phi_A)(\rho_A - \rho_B)^2 \tag{2.99}$$

再利用实测的 $\langle \eta^2 \rangle_{\mathrm{exp}}$ 与理论计算的 $\langle \eta^2 \rangle_{\mathrm{theory}}$ 之比可求得相分离度 D：

$$D_p = \frac{\langle \eta^2 \rangle_{\mathrm{exp}}}{\langle \eta^2 \rangle_{\mathrm{theory}}} \tag{2.100}$$

模糊数据的不变量 $\tilde{Q}$ 与消模糊数据的不变量 Q 存在以下关系：

$$\tilde{Q} = 2Q = \int_0^\infty q\tilde{I}(q)\mathrm{d}q \tag{2.101}$$

用未经过消模糊的散射强度 $\tilde{I}(q)$ 分布，通过公式（2.101）可以直接计算出 Q，并由此求得均方电子密度涨落 $\langle \eta^2 \rangle$。如果已知两相的体积分数 ϕ_A 和 ϕ_B，就可以求得两相电子密度差$\Delta\rho$。

2）界面层厚度

对于计算界面层厚度的 Porod 修正公式（2.90），当采用模糊数据计算界面层厚度时，公式（2.90）应改写为：

$$\tilde{I}(q) = \frac{K\pi}{2}\left(q^{-3} - 2t_i^2 q^{-1}\right) \qquad (2.102)$$

或者写为：

$$q^3 \tilde{I}(q) = \frac{K\pi}{2}\left(1 - 2t_i^2 q^2\right) \qquad (2.103)$$

用以上两个公式都可以计算出界面层厚度参数 t_i。

2.4　小角 X 射线散射的应用

目前，SAXS 技术在对高分子的研究中提供了更多理论和实际相关联的渠道。它能对高分子材料的成型加工，高分子合金中的空位浓度，析出相尺寸以及非晶合金中的晶化析出相的尺寸，高分子材料中胶粒的形状、粒度和粒度分布，以及高分子长周期体系中片晶的取向、周期性、结晶分数和非晶层厚度等很多方向和领域进行分析研究。结晶高分子的结晶度一般在 50%以下，其散射曲线尾部强度呈现迅速降低现象并偏离 Porod 定律，晶相和非晶相之间存在过渡层。很多结晶高分子并不是理想的两相结构，而是准两相体系。本节主要介绍SAXS 在高分子结晶相关方向的应用。以几种具体的体系为例，分析如何利用散射峰位置确定微观粒子的排列模式，并按照微观结构分类分别给出对应结构的拟合公式及实际应用。

2.4.1　微观结构参数的分析

利用 SAXS 对结晶高分子体系的片晶-非晶区叠层结构的长周期特征进行研究是一个十分成功的领域。描述出体系的电子云密度分布就等同于获得了体系的微观结构。由于不能直接推导出样品体系的电子云密度分布情况，通常的做法是利用简化的模型推导出反映特征形状的自相关函数以间接描述体系的电子云密度分布，进而获得到高分子的微观结构参数。

1. Strobl 方法计算结晶相结构参数

对于未取向的部分结晶高分子，Strobl 等人提出的线性模型是一个被大量采用的模型。该模型假定晶层和非晶层交替组成，片晶平行紧密堆砌。片晶表面（即 x 和 y 方向）的尺寸远远大于层之间的距离，其中片晶的法线方向为 z 轴，如图 2.6（b）所示。堆砌的片晶呈各向同性分布，所有堆砌均服从相同的内部统计。

在 z 方向片晶和非晶区的电子密度分别为 $\rho_c(z)$ 和 $\rho_a(z)$，它们与体系的平均电子密度之差 ρ_0 分别为：

$$\eta_c(z)=\rho_c(z)-\rho_0 \tag{2.104}$$

$$\eta_a(z)=\rho_a(z)-\rho_0 \tag{2.105}$$

Strobl 定义一维电子密度相关函数为：

$$K(z)=\left\langle\left[\rho_c(z)-\rho\right]\left[\rho_a(z)-\rho_0\right]\right\rangle_0=\left\langle\eta_c(z)\eta_a(z)\right\rangle$$
$$=\int\eta(z)\eta(z+z')dz=\eta(z)*\eta(z+z')=\tilde{\eta}^2(z) \tag{2.106}$$

式中，$\langle\ \rangle$ 表示对堆砌的所有片晶和非晶的电子密度涨落乘积取平均；z 为沿片层法向的长度；η 为电子密度；$\eta(z)$ 与 $\eta(z+z')$ 为处于 z 点和 $z+z'$ 点的电子密度；$K(z)$ 表示距离为 $z=|z'+z-z'|$ 两点平均电子密度起伏之积。公式（2.106）表明一维电子密度相关函数等于电子密度涨落的自相关函数，即 $K(z)=\tilde{\eta}^2(z)$。

一维电子密度相关函数 $K(z)$ 与散射强度 $J(s)$ 的关系为：

$$K(z)=\int_0^\infty 4\pi s^2 J(s)\cos 2\pi szds \tag{2.107}$$

图 2.13 给出了层状结构的电子密度分布 $\rho(z)$ 和与其对应的相关函数 $K(z)$ 示意图。可以看到不同长周期和不同的片晶和非晶厚度以及界面层对相关函数 $K(z)$ 的影响。图 2.13 中（a1）和（b1）为严格周期性两相体系。若体系结晶度小于 50%，则 d 对应的长度为晶区厚度。但实际体系和理想模型有很大不同。（a1）和（b1）下面的三组图片给出了向实际样品过渡时，体系内电子云密度分布特征及相关函数的演变情况。其中（a2）和（b2）涉及片晶间距的多分散性，即片晶结构具有不同的长周期。第三组图是在第二组图的基础上增加了片层厚度的多分散性，即具有不同厚度的片晶层和非晶层。第四组图是在前几种情况基础上增加了界面的影响，即在晶区和非晶区之间引入一个厚度为 t 的过渡层。可以得到的结构参数包括：长周期 L、片晶厚度 d、界面层厚度 t_i、片晶芯的厚度 d_0。

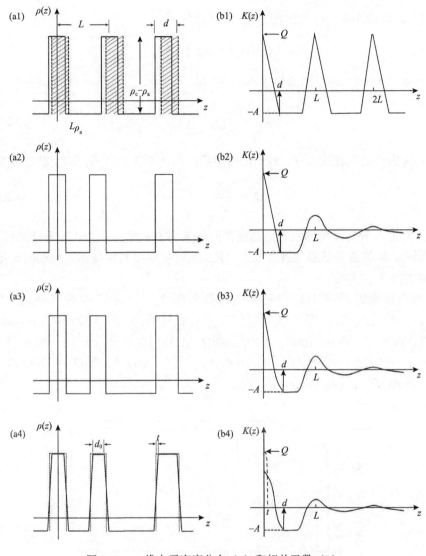

图 2.13　一维电子密度分布（a）和相关函数（b）

L 代表样品的长周期；d 为晶区和非晶区中较小区域电子的厚度

图 2.13 中的 K 在 $z=0$ 时的值为散射不变量 Q：

$$K(z=0)=Q=W_c\left(1-W_c\right)\left(\rho_c-\rho_a\right)^2 \qquad (2.108)$$

式中，W_c 为结晶度。图 2.13 中的 $-A$ 为：

$$-A=-\left(\rho_0-\rho_a\right)^2=-W_c^2\left(\rho_c-\rho_a\right)^2 \qquad (2.109)$$

把公式（2.108）与（2.109）结合后得到：

$$A + Q = W_c \left(\rho_c - \rho_a \right)^2 \tag{2.110}$$

公式（2.108）表示的曲线斜率为：

$$\frac{dK(z)}{dz} = -\frac{O_s}{2} \left(\rho_c - \rho_a \right)^2 \tag{2.111}$$

式中，O_s 为界面层比表面积。对于严格周期性的两相体系有 $O_s=2/L$。其他体系有：

$$O_s = \frac{2W_c}{d} \tag{2.112}$$

这种方法最佳适用体系的结晶度范围是 $W_c<0.3$ 或者 $W_c>0.7$。若结晶度不在此范围内，相关函数基线位置会发生变化。此时需要用其他数据来辅助确定基线，从而判定出相关参数。

低密度聚乙烯在 $100°C$ 的相关函数如图 2.14 所示。可见其样式类似于图 2.13（b4）的形状。从图 2.14 可得到以下参数结果：①$A = 3.32 \times 10^{-4} (\text{mol/cm}^3)^2$；②$dK(z)/dz = -2.81 \times 10^{-5} (\text{mol/cm}^3)^2/\text{Å}$；③$Q = 1.37 \times 10^{-3} (\text{mol/cm}^3)^2$；④$d = 60.5 \text{ Å}$；⑤$\rho_c - \rho_a = 0.0935 (\text{mol/cm}^3)$；⑥$W_c = 0.195$；⑦$L = 267 \text{ Å}$；⑧$O_s = 6.44 \times 10^{-3}/\text{Å}$；⑨$t_i \approx 16 \text{ Å}$；⑩$d_0 \approx 46\text{Å}$。

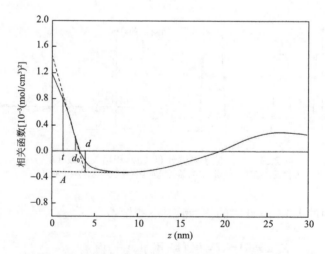

图 2.14　低密度聚乙烯在 100℃时的相关函数 $K(z)$

2. Vonk 方法计算界面层厚度

对高结晶度高分子（如线型聚乙烯、聚甲醛等）进行的 SAXS 研究发现，这些材料的散射曲线尾部符合 Porod 定律中的散射强度随 q^{-4} 变化的规则，说明这些体系近似于理想的两相结构，即满足 Porod 理论条件。但大多数结晶度比较低的高分子散射曲线都显示出尾部强度迅速降低、偏离 Porod 定律的现象，表明这些材料中的晶相和非晶相之间存在过渡层。

Vonk 曾用 SAXS 定量分析了结晶高分子的界面层厚度，其提出的数据处理和计算方法在 SAXS 领域中得到了广泛使用。图 2.15 是通过 SAXS 实验得到的聚丙烯薄膜散射强度分布图。可见散射强度随散射角增大而减小，在 5°以上又开始增强，这是由晶相内和非晶相微小幅度的电子密度涨落引起的散射。

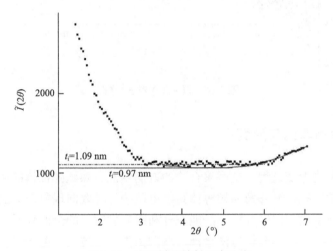

图 2.15　聚丙烯的散射强度分布

公式（2.113）是 Vonk 提出的一个经验公式，该公式能够对散射曲线尾部进行拟合，拟合曲线可作为背景散射予以扣除。

$$I_b(s) = K + bs^n \tag{2.113}$$

式中，K、b 和 n 都是待定常数。利用未经消模糊的散射强度 $\tilde{I}(s)$，用以下公式：

$$s\tilde{I}(s) = K\left(s^{-2} - \frac{2\pi^2}{3}t_i^2\right) \tag{2.114}$$

以 $s\tilde{I}(s)$ 对 s^{-2} 作图（图 2.16），能够得到一条拟合直线。利用拟合线的截距 $-\dfrac{K2\pi^2 t_i^2}{3}$ 和斜率 K 可计算出界面厚度 t_i。图 2.16 中所示的实线是扣除了用 Vonk 经验公式拟合的背景散射后的结果，计算出的界面厚度 t_i 为 0.97 nm。

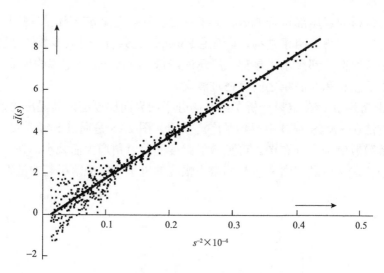

图 2.16　以 $s\tilde{I}(s)$ 对 s^{-2} 作图

2.4.2　聚合物取向与形变

对于共聚物形变过程、交联聚合物的取向结晶、热塑弹性体的微区和链段形变、纤维内的微孔、微纤及晶粒等体系中出现的择优取向现象，SAXS 是研究其微结构的重要手段。二维分析方法能充分利用散射图上的全部数据，成为 SAXS 发展的趋势之一。二维分析方法会涉及取向函数、方位角、某一维度的尺寸分布等参数信息，有时还要考虑各个维度上的取向及尺寸分布等全部参数，以及定量解析缺陷参数。下面以一种由 4,4'-亚甲基双(异氰酸苯酯)和丁二醇为硬链段，不同分子量的聚(四亚甲基氧)为软链段的聚氨酯(简称 BD)为例,简要介绍用 SAXS 分析分子链取向方面的应用。

图 2.17 为软段分子量不同的聚氨酯在不同应变下的散射曲线。可以看到没有形变的硬段微区是无规取向的，散射在子午线方向和赤道线方向体现出各向同性的特点。一般把平行于拉伸方向记为赤道线方向，垂直于拉伸方向记为子午线方向。在子午线方向上，样品在较低应变下的峰位随应变增加而变小，表明微区间距增大，这是由于处于硬段之间的软段拉伸伸展所致。在稍大的应变下，硬段微区间距达到最大，取向程度最高。随着应变继续增加间距减小，取向降低。在发生相同应变时，微区间距随软段分子量增加而增加。在较低应变下间距和取向均会增加到一定程度。当软段链段被充分拉伸后应变会导致硬段的微区破裂，间距重新增加，并且较高分子量的软段需要更大的应变才能达到最大取向程度。

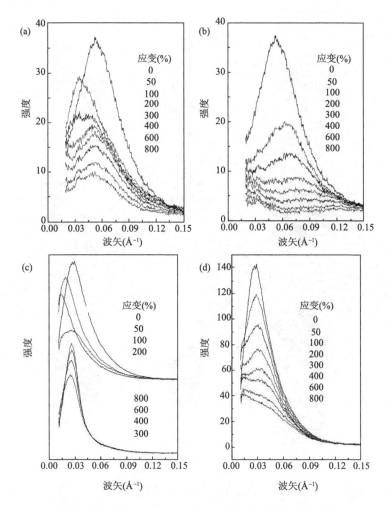

图 2.17　BD500 和 BD1500 随应变增加的散射强度
(a) BD650 子午线方向；(b) BD650 赤道线方向；(c) BD2500 子午线方向；(d) BD2500 赤道线方向

图 2.18 是软硬微区在三个方向的取向形变示意图。根据硬段的初始取向方向，能够观察到变形行为在特征上是不同的。沿变形方向取向的硬段在低拉伸比下经历了链段间距的扩展，而垂直方向则表现出剪切压缩。能够看到进一步拉伸会导致硬域破裂，随后形成沿变形方向取向的原纤维结构。拉伸前由于嵌段聚合物的链连接性，有些软段的构象处于伸展状态。当施加应变时软段被拉伸，两个邻近硬段微区之间的距离增大。一旦软段充分伸展，大部分应力就直接转移到硬段上使硬段微区破裂形成原纤状结构。此时层状微区沿着原纤方向取向。在结构重建期间，软段的构象出现松弛。硬段微区的破裂和原纤结构的形成受到软段长度的影响。

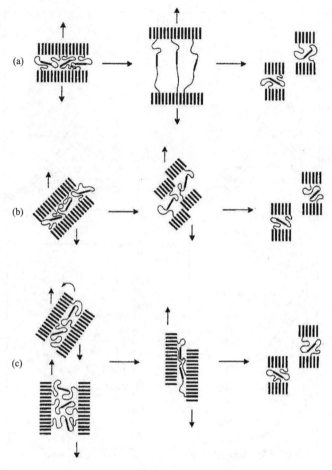

图 2.18 微区在三个方向上的取向示意图

2.4.3 聚合空洞化

如前所述，散射不变量 Q 和散射体相密度差都与体积分数有关。因此，利用散射不变量 Q 的变化能够对体系内涉及的密度反差和构成变化过程进行分析。散射不变量 Q 的一个非常重要的作用就是判断体系内部空洞化的发展。空洞与材料本体之间的电子云密度差比晶区-非晶区之间的电子密度差大两个数量级左右。体系中一旦出现空洞会导致 Q 值显著升高。不但如此，通过观察不同方向上积分散射强度的比值还可以判断空洞的平均取向。

图 2.19 为富含聚己二酸/对苯二甲酸丁二醇酯（PBAT）的 PBAT/PLA 共混物空洞化的发展和取向情况的 2D-SAXS 图。该研究能够提供出共混物在拉伸下的结晶取向、多晶结构、层状形态的结构演变。研究发现在拉伸过程中 PLA 晶区的

取向比 PBAT 晶区慢得多。共混物在拉伸时产生了空洞化，空洞主要来自于 PBAT 与 PLA 界面处的界面剥离以及 PLA 相的结晶区碎裂。

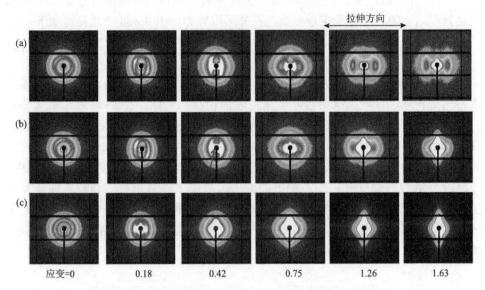

图 2.19 PBAT/PLA 共混物在 25℃ 下随拉伸应变增加的 2D-SAXS 图
PLA 质量分数：（a）0.1；（b）0.2；（b）0.3

为了研究空洞化随应变的变化，需要分别沿不同方向对散射强度进行积分。图 2.20 为拉伸过程中得到的 PBAT/PLA 共混物在子午线和赤道方向的 SAXS 散射强度图。可见对于 PLA 含量为 0.2 的共混物来说，散射强度比值在形变量为 1.05 时达到最大并随后减小，说明体系结构发生了变化，大部分空洞已经重新沿着拉伸方向排列。

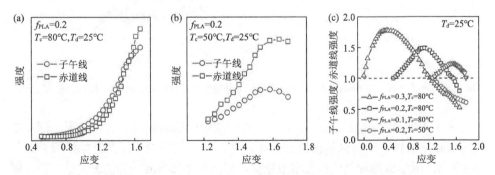

图 2.20 拉伸过程中得到的 PBAT/PLA 共混物在子午线和赤道方向的 SAXS 强度
（a）PBAT/PLA-0.2 共混物的强度（T_c 80℃，T_d 25℃）；（b）PBAT/PLA-0.2 混合物的强度（T_c 50℃，T_d 25℃）；
（c）PBAT/PLA 混合物的子午线强度/赤道线强度与应变关系

2.4.4　分形维数

一般把在形态结构、功能和信息等方面具有自相似的对象称为分形（fractal）。描述分形结构的一个重要定量参数是其分形维数 D，由 Porod 公式简写如下：

$$I(q) \propto q^{-D} \tag{2.115}$$

小 q 值的散射曲线服从公式（2.115）的指数定律。$D=4$ 表示的分形物体为致密光滑物体；$D=3\sim4$ 时表示致密但表面粗糙的物体；$D<3$ 时表示质量分形的疏松体；$D=1.7\sim2.5$ 时表示支化的三维网络。利用超小角 X 射线散射（USAXS）和 SAXS 对结晶后的聚(R)-3-羟基丁酯（PHB）粉末进行的测试表明其内部存在分形结构。图 2.21 为 PHB 在四个结晶期的散射强度与波矢关系图，即时间分辨散射强度变化图。图中的纵坐标采用了任意单位。通过对曲线斜率的分析能够计算出分形维数约为 2.7，表明室温结晶的 PHB 属于质量分形。对于质量分形物体，按照指数定律 $m(r)\sim r^D$，质量 m 随相距分形物体中心的距离 r 增大而增大。

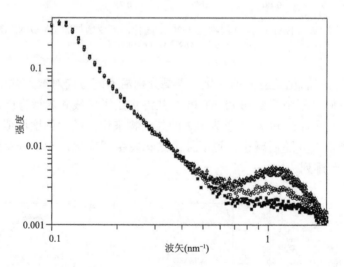

图 2.21　在 5 min、10 min、15 min 和 30 min 结晶过程中 PHB 的时间分辨 SAXS 强度变化

从图 2.21 的数据点可见，在 $q=1$ 处的散射峰逐渐发展，表明出现了球晶生长的初始结晶相。小角区域的散射曲线斜率为-4，这说明在结晶开始阶段初始的维数为 4，所形成的球晶结构很小很完整，球晶与熔体有着较为清晰的分界面。随着球晶生长片晶中原纤出现支化并占据了可达到的空间，且支化过程连续发生。最后发生了球晶之间的碰撞，分形维数成为 2.7 左右，表现为质量分形维数。

主 要 参 数

a^*	粒子的表面积
D	分形维数
d_a	非晶区域的平均厚度
d_c	片晶平均厚度
E	散射振幅
E_e	一个电子的汤姆孙散射振幅
E_t	总散射振幅
$F(q)$	结构振幅
f_K	散射因子（K 点）
$h(x)$	平滑函数
$H^2(q)$	修正因子
I	散射强度
I_0	X 射线强度
I_e	一个电子的汤姆孙散射强度
$I(q)$	散射强度分布
	理想两相体系的散射强度分布
$\tilde{I}(q)$	未消模糊的散射强度分布
$I_c(q)$	准理想两相体系的散射强度分布
$J(s)$	Strobl 定义的散射强度
$K(z)$	Strobl 定义的一维电子密度相关函数
L	长周期
$L_m/2$	片晶重心与邻近非晶区域重心之间的平均距离
n	体系粒子数
O_s	O_s 为界面比表面积
$P(r)$	距离分布函数
Q	散射不变量
q	散射矢量
r	样品内电子的矢量坐标
S	电子单位矢量
s	散射几何中散射矢量
$S(r)$	相关函数

	理想两相体系的相关函数
$S_c(r)$	准两相体系的相关函数
S_s	散射粒子表面积
t_i	散射粒子界面层厚度
t_s	散射粒子厚度
V	散射粒子体积
$W_{c.l}$	线性结晶度
$W_{c.x}$	X 射线衍射得到的结晶度
$Z(r)$	概率分布函数
η	电子密度涨落
$\langle \eta^2 \rangle$	均方电子密度涨落
$\eta_c(r)$	准两相体系的平均电子密度偏差的局部涨落
$\tilde{\eta}_c(r)$	$\eta_c(r)$ 的卷积
λ	波长
v	粒子的体积
ρ	电子密度
$\rho(r)$	电子密度分布函数
ρ_0	平均电子密度
$\rho_c(r)$	准两相体系的电子密度分布函数
$\langle \rho_c \rangle$	准两相体系的平均电子密度
$\tilde{\rho}^2(r)$	电子密度分布的自相关函数
$\sigma(r)$	颗粒的形状因子
φ	相位差
ϕ	体积分数
φ_c	片晶分数

参 考 文 献

杨春明, 洪春霞, 周平, 等. 2021. 同步辐射小角 X 射线散射及其在材料研究中的应用 [J]. 中国材料进展, 2:112–119.

赵辉, 董宝中, 郭梅芳, 等. 2002. 小角 X 射线散射结晶聚合物结构的研究[J]. 物理学报, 51:2887–2891.

朱育平. 2008. 小角 X 射线散射:理论、测试、计算及应用 [M]. 北京:化学工业出版社.

左婷婷, 宋西平. 2011. 小角 X 射线散射技术在材料研究中的应用 [J]. 理化检验:物理分册, 47:5–11.

Chen R. 2016. Application of Data Processing for Small-Angle X-ray Scattering in Polymer System [D]. Doctoral Dissertation of the University of Chinese Academy of Sciences.

Debye P, Bueche A M. 1949. Scattering by an Inhomogeneous Solid [J]. J Appl Phys, 20: 518–525.

Glatter O, Kratky O. 1982. Small-Angle Scattering of X-Rays [M]. New York: Academic Press.

Guinier A. 1963. X-Ray Diffraction in Crystals, Imperfect Crystals, and Amorphous Bodies [M]. San Francisco: W. H. Freeman and Company.

Guinier A, Fournet G. 1955. Small-Angle Scattering of X-Rays [M]. New York: Wiley.

Hashimoto T, Shibayama M, Kawai H. 1980. Domain-boundary structure of styrene-isoprene block copolymer films cast from solutions. 5. Molecular-weight dependence of spherical microdomains [J]. Macromolecules, 13: 1660–1669.

Hashimoto T, Suehiro S, Shibayama M. 1981. An apparatus for high speed measurements of small-angle X-ray scattering profiles with a linear position sensitive detector [J]. Polymer Journal, 13: 501–506.

Hu T, Hua W Q, Zhong G J, et al. 2020. Nondestructive and quantitative characterization of bulk injection-molded polylactide using SAXS microtomography [J]. Macromolecules, 53: 6498–6509.

Huang S Y, Li H F, Jiang S C. Crystal structure and unique lamellar thickening for poly(L-lactide) induced by high pressure [J]. Polymer, 2019, 175: 81–86.

Khambatta T B, Warner F, Russell T, Sterin R S. 1976. Small-angle X-ray and light scattering studies of the morphology of blends of poly(ε-caprolactone) with poly(vinyl chloride) [J]. J Polym Sci, Polym Phys Ed, 14: 1391–1424.

Lake J A. 1967. An iterative method of slit-correcting small angle X-ray data [J]. Acta Cryst, 23: 191–194.

Lindner P, Zemb T. 2002. Neutrons, X-rays and Light: Scattering Methods Applied to Soft Condensed Matter [M]. Amsterdam: Elsevier.

Lu Y. 2015. Molecular Weight and Chains Configuration Dependencies of Crystallization and Deformation in Polypropylene [D]. Doctoral Dissertation of the University of Chinese Academy of Sciences.

Lu Y, Lu D, Tang Y J, et al. 2020. Effect of αc-relaxation on the large strain cavitation in polyethylene [J]. Polymer, 210: 123049.

Owen A, Bergmann A. 2004. On the fractal character of polymer spherulites: an ultra-small-angle X-ray scattering study of poly[(R)-3-hydroxybutyrate] [J]. Polymer International, 53: 12–14.

Roe R J. 2000. Methods of X-Ray and Neutron Scattering in Polymer Science[M]. New York: Oxford University Press.

Stribeck N. 2007. X-Ray Scattering of Soft Matter [M]. Berlin: Springer.

Strobl G. 2007. The Physics of Polymers [M]. Berlin: Springer.

Tido A, Uno H, Miyoshi K, et al. 1977. Domain-boundary structure of styrene-isoprene block copolymer films cast from solutions. III. Preliminary results on spherical microdomains [J]. Polym Eng Sci, 17: 587–597.

Vonk C G, Kortleve G. 1967. X-ray small-angle scattering of bulk polyethylene [J]. Kolloid Z Z

Polym, 220: 19–24.

Yang S, Wei Q Y, Gao X R, et al. 2020. Robust, transparent films of propylene-ethylene copolymer through isotropic-orientation transition at low temperature accelerated by adjustment of ethylene contents [J]. Polymer, 187: 122099.

第 3 章

正电子湮灭谱

正电子湮灭谱学是一类利用正电子为探针研究材料纳米级微观结构的方法,其原理是通过检测正电子在材料中与电子的湮灭信号后形成相应的连续谱图。正电子湮灭谱学包括三种技术:正电子湮灭寿命谱(positron annihilation lifetime spectroscopy, PALS),正电子湮灭多普勒展宽能谱(positron annihilation Doppler broadening energy spectroscopy, DBES),正电子湮灭角关联谱(positron annihilation angular correlation spectroscopy),其中 PALS 技术广泛用于测定高分子材料的自由体积结构。

用于分析和表征材料微观结构的方法有很多种,常用的有原子力显微镜(AFM)、中子散射(NS)、扫描电镜(SEM)和透射电镜(TEM)等。其中 AFM 和 SEM 主要用于研究材料的表面形貌;NS 能探测厚度为 1 mm 以上的材料微观结构,但对空洞和缺陷尺寸的分辨效果比较差;TEM 的测量范围在 1～100 nm,但对于尺寸小于 1 nm 的空洞结构,分辨率比较差。PALS 能探测的厚度范围可从材料表面到几毫米深,对空洞尺寸测量的范围可低至 0.1～1 nm。因此 PALS 是能测定单原子尺度空洞的少数灵敏方法。另外,在 DBES 技术中还能通过形成不同能量的慢正电子对高分子膜的结构进行逐层分析,这就意味着既可以用正电子湮灭研究材料表面和界面的空洞结构,还能得到不同厚度处的内部空洞结构信息。

3.1 正电子及其与材料的作用

3.1.1 正电子

正电子是电子的反粒子,Dirac 首先预言了正电子的存在,之后在 20 世纪 30 年代初正电子得到了实验的证实。除了带正电荷以外,正电子的其他性质与电子相同,比如它们具有相同的质量和自旋。正电子与电子碰撞后会湮灭并放出两个能量为 511 keV、互为 180°的 γ 光子。当用核谱学技术探测到正电子与材料分子的电子湮灭产生的 γ 光子之后,就能够分析出材料的一些微观结构特征。自 20 世纪 50 年代起正电子湮灭技术开始在固体物理研究领域得到了应用。

3.1.2 正电子与材料的作用

当正电子进入由分子构成的材料后会与原子发生非弹性碰撞，并在几个皮秒的时间内其能量降低到约 0.025 eV 的热能程度，此过程被称为正电子的热化过程。在热化过程中正电子最终能进入材料的深度约为 20～300 μm。热化后的正电子可以在自由粒子的状态下在材料中继续扩散，但由于动能很低致使其扩散距离很短，约为 100 nm。正电子进入材料中的平均深度 $\bar{z}$ 与入射正电子能量 E_+ 之间存在以下普遍关系：

$$\bar{z} = AE_+^n \tag{3.1}$$

式中，A 和 n 都是与材料性质有关的常数，其中 A 与材料密度有关。在正电子湮灭谱学实验中，为了保证正电子不会穿透样品，测试样品的厚度至少要达到热化过程深度的 3～5 倍。图 3.1 是正电子在一些无机材料中的平均深度和信息深度。对于固定能量的入射正电子，深度主要受到材料的质量密度影响。对于高分子材料制成的样品，其厚度一般需要达到 50～2000 μm。

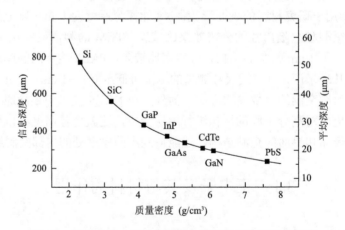

图 3.1   正电子在一些无机材料中的平均深度和信息深度

热化后与扩散中的正电子都能与材料中的电子发生湮灭，湮灭过程的时间（湮灭寿命）一般为 100～10000 ps。正电子的湮灭速率 κ 与材料的电子密度之间存在以下关系：

$$\kappa = \pi r_0^2 c n_e \tag{3.2}$$

式中，r_0 为电子半径；c 为光速；n_e 为电子密度。

正电子与电子发生湮灭的方式有三种：①正电子在自由粒子状态时与电子发生湮灭；②正电子被材料中的空洞或缺陷捕获，在捕获状态下与电子发生湮灭；③正电子捕获材料中的一个电子先形成亚稳定束缚态的正电子素（Positronium，符号 Ps），Ps 持续存在一定时间后再发生湮灭。正电子素的结合能为 6.8 eV，尺寸为 1.05 Å。构成正电子素的正电子和电子会围绕其中心旋转，形成一个类似电中性的"原子"，其结构与氢原子有相似之处。表 3.1 列出了正电子素和氢原子的有关信息对比。

表 3.1　正电子素和氢原子的有关信息

名称	符号	组成	正负电荷距离（Å）	电离能（eV）
正电子素	Ps	e^+e^-	1.05	6.8
氢原子	H	p^+e^-	0.529	13.6

根据正电子和电子的自旋取向，Ps 会呈现两个自旋态。一个是电子与正电子自旋反平行的单重态，其自旋角动量为零，这种 Ps 称为仲-正电子素，符号为 p-Ps。另一个是电子与正电子自旋平行的三重态，这种 Ps 称为正-正电子素，符号为 o-Ps。因为 o-Ps 的形成速率是 p-Ps 的 3 倍，Ps 中 o-Ps 占 75%，p-Ps 占 25%，所以 o-Ps 是正电子素的主要状态。o-Ps 和 p-Ps 的本征湮灭寿命分别为 142 ns 和 0.125 ns。

当 o-Ps 在其寿命期内与周围分子中自旋相反的电子相互作用时，就会发生湮灭，并且其寿命强烈依赖于周围的电子环境。因此，o-Ps 寿命提供了与材料中的平均自由体积空洞大小有关的信息，也就是 o-Ps 可被用作表征材料空洞结构的探针。

3.2　正电子源及探测 γ 光子的方法

3.2.1　正电子源

缺少中子的放射性同位素能放出正电子，因此一些具有适宜半衰期的放射性同位素物质可以作为正电子源。实验室常用的正电子源是含有 ^{22}Na 的物质。^{22}Na 能发射出能量在 0～545 keV 范围内的正电子，其衰变机理如下：

$$^{22}\text{Na} \rightarrow {}^{22}\text{Ne} + \beta^+ + \nu_{e+} + \gamma_{1.275\,\text{MeV}}$$

^{22}Na 先衰变到 ^{22}Ne 的激发态并发射出正电子，然后 ^{22}Ne 在从激发态退激到基态的过程中会发射出一个 1.275 MeV 的 γ 光子。该光子是在正电子发射后约 0.003 ns 时发射出来的。相比其他正电子源 ^{22}Na 源具有三个优点：①正电子产率高，可达到 90%；②半衰期较长，为 2.6 年；③由于发射正电子时还几乎同时发射出 γ 光子，因此可以利用该 γ 光子作为判断产生正电子的信号。PALS 实验中

用到的 ^{22}Na 源强度一般为 5～20 μCi。^{22}Na 正电子源（如 ^{22}NaCl）通常被密封在 6～7 μm 厚的 kapton、镍或者铝膜中。在正电子湮灭 DBES 和角关联谱技术中，一般需要使用 mCi 强度的正电子源。除了 ^{22}Na 源以外经常用到的还有 ^{64}Cu 源。^{64}Cu 源的制造成本低，在反应堆里用热中子照射铜就能得到。^{64}Cu 源的缺点是半衰期短，仅为 12.8 h。

3.2.2　探测 γ 光子的方法

通常采用对 γ 光子具有响应的无机晶体闪烁体和光电倍增管耦合成的探测器来检测 γ 光子。氟化钡（BaF$_2$）晶体是最常用的无机晶体闪烁体，其晶体属于立方晶系，熔点为 1280℃。BaF$_2$ 具有抗潮性能好、使用温度高、折射率在较宽的波长范围内变化不大的优点，此外还具有较好的机械性能和透光性能。BaF$_2$ 晶体在 0.13～14 μm 波长范围内最高透光率可达到 90%以上。此外，BaF$_2$ 晶体还具有优良的闪烁性能，具有快慢两个光响应性。因此，利用 BaF$_2$ 晶体可以同时测量出 γ 光子的能量谱和时间谱，并且能量分辨率和时间分辨率都比较高。BaF$_2$ 晶体在高能物理、核物理及核医学等领域都有着广泛的应用。

光电倍增管是一种具有极高灵敏度和极快响应速度的光学探测器。光电倍增管一般由光阴极、电子倍增极和阳极等部分组成。使用时需要在其电极加上千伏的高压以产生足够强的光电子信号。

3.3　正电子湮灭寿命谱仪的原理

3.3.1　基本原理

正电子湮灭寿命谱的基本原理涉及对湮灭事件数量与湮灭时间关系的测量与分析。每个湮灭事件的寿命就是产生正电子和湮灭时的时间差。正电子的产生时间为 ^{22}Na 正电子源发出 1.275 MeV 的 γ 光子的时间，湮灭时间为生成 511 keV 的 γ 光子的时间。对于高分子材料，每次需要采用两片性质相同的样品把正电子源夹在两块样品中间形成三明治结构。样品一般为 20 mm × 20 mm 的正方形，厚度为 50～2000 μm。如果样品是非常薄的膜，则需要采用多层堆积的方式以使厚度达到测试要求。在三明治结构的样品两侧放置两个闪烁探测器来分别探测生成正电子时的 γ 光子和湮灭时放出的 γ 光子信息。图 3.2 是一台商用 PALS 装置的 γ 光子探测器照片。其两个探测器同轴相对放置在支架上，从光电倍增管输出的信号被引入到 PALS 装置的功能电路模块中。

图 3.2　商用 PALS 装置的 γ 光子探测器

当湮灭事件数量累积到足够多时，比如达到 10^6 个就能得到一个符合统计误差要求的正电子湮灭寿命谱。PALS 包括快-快符合寿命谱仪和快-慢符合寿命谱仪两种形式，其仪器结构差别在于快-慢符合寿命谱仪能测量 γ 光子的能量，减少对假符合事件数量的统计，但其测试时间较长。

3.3.2　快-快符合 PALS

图 3.3 是快-快符合 PALS 的原理图。仪器包含由 γ 光子探测器和多个功能电路单元组成的两组信号通道，分别称为起始道和终止道。起始道的作用是接收能量为 1.275 MeV 的 γ 光子信号，终止道的作用是接收能量为 511 keV 的 γ 光子信号。对于快-快符合 PALS，γ 光子的时间信息是使用恒比微分甄别器（constant fraction differential discriminator，CFDD）从起始道和终止道的光电倍增管的阳极输出获得的。快符合分析电路单元对来自两个信号通道的时间间隔进行测量，并生成两道信号属于同一个湮灭事件的符合信号。同时来自 CFDD 的时间信号经过延时器后再被传送到时间幅度转换器（time to amplitude converter，TAC）。

TAC 是由快符合单元的输出脉冲信号触发的，产生相当于 1.275 MeV 和 511 keV 的 γ 光子时间差信号。该信号的幅度被转换为脉冲高度并被记录在多道分析器（multi channel analyzer，MCA）中。快-快符合 PALS 的典型时间分辨率约为 0.200 ns。MCA 的校准时间取决于对样品中正电子寿命范围的预估。对于高分子样品，正电子寿命范围为 1～4 ns，因此每个通道的时间校准通常选择在 0.0120～0.0250 ns。形成每个寿命谱的湮灭事件计数量要达到 10^6 以上。快-快符合寿命谱仪的优点是结构简单、计数率高、测量时间短。但由于快-快符合造成假符合事件多，其得到的正电子寿命谱图质量有所降低。

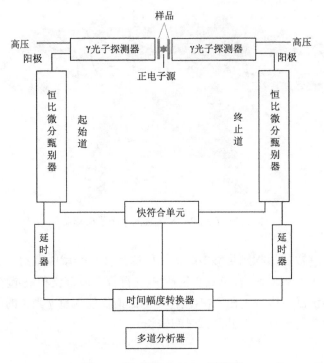

图 3.3　快-快符合 PALS 原理图

3.3.3　快-慢符合 PALS

图 3.4 是快-慢符合 PALS 的原理图。对于快-慢符合寿命谱仪，起始道和终止道都产生两个信号。一个是时间信号，即快道；另一个是 γ 光子能量信号，即慢道。慢道的作用就是选取能量为 1.275 MeV 和 511 keV 的 γ 光子，它能保证起始道只让 1.275 MeV 的 γ 光子产生的起始信号通过，而终止道只让 511 keV 的 γ 光子产生的终止信号通过。

两个慢道信号经过符合电路单元选取出具有因果关系的信号，也就是让同一个正电子湮灭事件的信号通过。该信号作为 TAC 的输出脉冲触发信号，从而保证最终测量到的信号为真实的正电子湮灭寿命信息。

与快-快符合 PALS 仪器中的快道功能相似，快-慢符合 PALS 仪器的阳极信号分别进入起始道和终止道的 CFDD，其中终止道的停止信号还需要经过延时器。得到的起始和终止时间信号送进 TAC。符合单元输出的信号对 TAC 起到选通作用，就是保证起始道的快道只对起始信号有效，终止道的快道只对终止信号有效，同时与相应的慢道对应。停止道的快道延时器能保证 TAC 工作在线性区域。

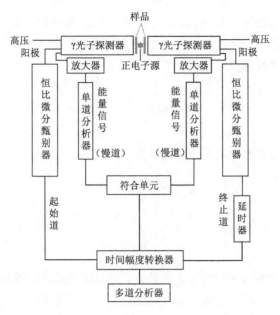

图 3.4 快-慢符合 PALS 原理图

3.4 湮灭寿命组成与连续谱

3.4.1 离散湮灭寿命组成

要形成正电子寿命谱就需要得到一定时间间隔内的离散湮灭事件数量。离散湮灭事件的数量与时间呈指数衰减关系。湮灭数量依赖于所测定样品中正电子的状态。对于高分子材料通常可获得三类湮灭寿命成分，分别来自 p-Ps 湮灭、自由正电子湮灭和 o-Ps 湮灭，对应的湮灭时间为 τ_1（~ 0.125 ns）、τ_2（~ 0.4 ns）和 τ_3（$1 \sim 3$ ns）。τ_1、τ_2 和 τ_3 这三个湮灭时间呈递增顺序。对于高分子材料中各种不同尺寸的自由体积空洞，o-Ps 的湮灭时间依赖于自由体积空洞的尺寸。因此，当高分子材料中存在尺寸差别很大的自由体积空洞时还会出现更长的湮灭时间，比如 τ_4 和 τ_5 等。

正电子湮灭寿命谱是多个衰减指数的叠加，表示为：

$$F(t) = \sum_{i=1}^{k} \frac{I_i}{\tau_i} e^{-\frac{t-t_0}{\tau_i}} \tag{3.3}$$

式中，k 为衰减指数的个数，即寿命谱的组成数；τ_i 和 I_i 分别为第 i 个组成的寿命和相对强度；t_0 为 PALS 谱仪中由于终止道的时间延迟而引入的时间偏移量。

PALS 实验中得到的最终谱图是从公式（3.3）定义的实际测量寿命谱与谱仪

的时间分辨函数生成的卷积谱图。PALS 谱仪的时间分辨函数近似为高斯分布的加和。一般来说它是一个以 t_0 为中心、σ 为标准差的单高斯分布函数 $G(t)$，其被用于进行寿命谱的反卷积运算：

$$G(t) = \frac{1}{\sigma\sqrt{2\pi}} \exp\left(-\frac{(t-t_0)^2}{2\sigma^2}\right) \tag{3.4}$$

包含 k 参数的卷积寿命谱计算公式为：

$$F(t) = \sum_{i=1}^{k} \frac{I_i}{2} \exp\left(-\frac{t-t_0-\frac{\sigma^2}{4\tau_i}}{\tau_i}\right)\left[1 - \operatorname{erf}\left(\frac{1}{2\sigma\tau_i} - \frac{t-t_0}{\sigma}\right)\right] \tag{3.5}$$

公式（3.5）中的 $\operatorname{erf}(x)$ 为误差函数。由于实际测量的寿命谱是记录在时间信道上的离散结果，因此不是时间的连续函数。寿命谱中的计数分布结果是将时间间隔积分到一个固定的信道中：

$$N(t) = \int_{t-\Delta t}^{t+\Delta t} F(t)\mathrm{d}t + B \tag{3.6}$$

式中，$N(t)$ 为与时间 t 相对应的信道中的计数量；Δt 为信道常数；B 为背景中的随机符合常数。需要利用公式（3.6）对实验的 PALS 谱进行最小二乘法拟合以提取出正电子寿命、强度及其统计不确定度等参数。图 3.5 显示了使用溶液浇铸方法

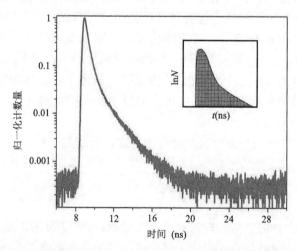

图 3.5   时间分辨率为 0.270 ns 的 PVA 膜 PALS 计数谱，内图为理论结果

制备的聚乙烯醇（PVA）薄膜的典型 PALS 计数谱，该谱是对实验数据进行三寿命（τ_1、τ_2 和 τ_3）拟合后的结果。

3.4.2　连续湮灭谱

从离散正电子寿命组成谱得到连续分布的 PALS 谱需要利用专门的计算机程序进行处理。运算过程中要利用湮灭寿命的倒数，即湮灭率 λ 的有关函数。在有些程序算法中连续正电子寿命谱被表示为函数 $\alpha(\lambda)\lambda$ 的拉普拉斯逆变换。$\alpha(\lambda)$ 是湮灭率的概率密度函数，用公式（3.7）的高斯分布来表示：

$$\alpha_i(\lambda)\lambda\mathrm{d}\lambda = \frac{1}{s\sqrt{2\pi}}\exp\left[-\frac{(\ln \lambda/\lambda_{i0})^2}{2s^2}\right]\mathrm{d}\lambda \tag{3.7}$$

式中，下标 i 表示湮灭寿命组成的个数；s 表示函数的标准偏差。为了估计出该函数中的这些参数，需要对公式（3.4）表示的时间分辨函数 $G(t)$ 的卷积进行最小二乘法拟合。使用这种处理方法后连续寿命谱可由下面公式给出：

$$N(t) = G(t)\times\sum_{i=1,2,3} I_i\int_0^\infty \alpha_i(\lambda)\lambda\exp(-\lambda t)\mathrm{d}\lambda + B \tag{3.8}$$

式中，B 为谱的背景参数，并且有 $\int I(\tau)\mathrm{d}\tau = 1$。

3.5　PALS 表征高分子材料的自由体积

3.5.1　o-Ps 寿命和自由体积空洞尺寸关系

当正电子进入高分子材料之后大部分正电子会转化为 Ps。Ps 的形成概率取决于自由体积空洞密度以及高分子主链中的官能团类型。具有高电负性或电正性的化学基团可能通过清除 Ps 的正电子或电子来影响 Ps 的形成，这个过程称为抑制正电子素的形成。在没有抑制过程的情况下高分子材料中 Ps 的形成与自由体积空洞密度直接相关。Ps 会被限制在高分子材料的自由体积空洞中。除了 Ps 的本征湮灭外，o-Ps 的正电子与来自自由体积空洞内表面的电子一起湮灭。这个过程被称为碰撞湮灭，其结果是 o-Ps 寿命的变化取决于自由体积空洞的大小。

高分子材料的自由体积空洞大小在亚纳米量级。基于一个简单的量子力学模型，已经建立起 o-Ps 湮灭寿命 τ 和自由体积空洞半径 R 之间的关系。在这个模型中 Ps 被认为是定域在一个半径为 R 的球形无限势阱中,势阱的表面电子层厚度为 ΔR。在电子层厚度 ΔR 范围内发现 o-Ps 的概率为 P,它可以通过定域的 Ps 的波函数计算出来。计算 o-Ps 湮灭率的公式为:

$$\lambda = \left(\frac{1}{4}\lambda_{p\text{-Ps}} + \frac{3}{4}\lambda_{o\text{-Ps}} \right)P \tag{3.9}$$

基于该模型得到关联 o-Ps 湮灭寿命 τ 和平均自由体积半径 R 的方程为:

$$\tau = \frac{1}{2}\left[1 - \frac{R}{R+\Delta R} + \frac{1}{2\pi}\sin\left(\frac{2\pi R}{R+\Delta R} \right) \right]^{-1} \tag{3.10}$$

根据已知自由体积空洞尺寸的高分子材料得到的 ΔR 经验值为 0.1656 nm。当假设高分子材料中自由体积空洞的形状为半径 R 的球形时,可以得到高分子材料中空洞体积为:

$$V = \frac{4\pi R^3}{3} \tag{3.11}$$

当假设高分子材料中自由体积空洞的形状不是球形时,也可建立出其他不同的关联方程。半径的概率分布 $n(R)$ 可由湮灭率分布 $\alpha(\lambda)$ 计算出来:

$$n(R) = -\alpha_3(\lambda)\mathrm{d}\lambda/\mathrm{d}R \tag{3.12}$$

式中,$\alpha_3(\lambda)$ 为 o-Ps 在高分子材料中的湮灭率分布,需要由公式(3.7)来确定。计算半径概率分布的最终公式为:

$$n(R) = \frac{2\Delta R}{(R+\Delta R)^2}\left[\cos\left(\frac{2\pi R}{R+\Delta R} \right) - 1 \right]\alpha_3(\lambda) \tag{3.13}$$

从自由体积空洞的半径分布可以得到空洞的体积分布函数为:

$$f(V) = \frac{n(R)}{4\pi R^2} \tag{3.14}$$

由于 Ps 的形成受到材料化学性质的影响,因此 o-Ps 的强度不能直接与高分子材料中的自由体积密度进行关联。只有在材料的化学性质对 Ps 的形成没有影响的情况下,纳米空洞的密度才能被看作与 o-Ps 强度呈正比。此时高分子材料的自由体积分数可用以下公式计算:

$$f_V(\%) = CI_3(\%)V \tag{3.15}$$

式中，V 为高分子材料中自由体积空洞的体积；C 为比例常数，利用大量高分子材料得到的估计值为 $0.0018\ \text{nm}^{-3}$。由于材料化学性质的差异，该 C 值并不能适用于所有高分子材料。

3.5.2　自由体积分布函数

高分子材料总的自由体积是由分子链之间形态和尺寸都不相同的空洞组成的，从概率分布角度讲这些空洞尺寸的分布符合一种函数。从高分子链的热力学波动角度得到的高分子材料在近玻璃化温度时的自由体积元分布函数为：

$$f(v) = (2\pi\beta\bar{v}RT_g)^{-\frac{1}{2}} \exp\left[-(v-\bar{v})^2/(2\beta\bar{v}RT_g)\right] \tag{3.16}$$

式中，$\bar{v}$ 为单个自由体积元的平均体积；v 为任意自由体积元的体积；β 为常数。通过引入可测量的宏观参数，从公式（3.16）可得到以下公式：

$$f(v_h) = f_0 \exp\left[-E(v_h-\bar{v}_{h0})^2/2\bar{v}_{h0}RT\right] \tag{3.17}$$

式中，f_0 为常数；E 为高分子材料的弹性模量；$\bar{v}_{h0}$ 为将自由体积元进行球形简化处理后的平均体积。当高分子材料在一定情况下发生体积膨胀时，比如在吸收液体分子的情况下，其分子链内储藏的弹性能与自由体积参数有关，表达式为：

$$G_{el} = \frac{2}{3}\mu_S \frac{(V_g-V_h)^2}{V_h} \tag{3.18}$$

式中，G_{el} 为高分子材料储藏的弹性能；μ_S 是材料的模量。进一步利用公式（3.18）可导出自由体积元的分布函数为：

$$\sigma = \frac{2(V^2-V_{h0}^2)\mu_S}{3V_{h0}}\sqrt{\frac{2RT_g}{BV_{h0}}} \tag{3.19}$$

式中，B 为常数。公式（3.19）的等效表达式为：

$$n(V_h) = \frac{1}{\sigma_V\sqrt{\pi}} \exp\left[-\frac{(V_h-V_h^0)^2}{\sigma_V^2}\right] \tag{3.20}$$

式中，$\sigma_V = \sqrt{\dfrac{2RT_gV_h^0}{B}}$。公式（3.20）意味着自由体积元的尺寸分布是一个正态分布。该结果与公式（3.7）用高斯分布表示的湮灭率概率密度函数具有相同的含义。

3.5.3 高分子材料的 PALS 实验

一般来说橡胶和聚氨酯弹性体等都属于自由体积含量高的高分子材料，对这些材料进行 PALS 测定的报道较多，下面以聚二甲基硅氧烷（PDMS）为例介绍用 PALS 测定自由体积结构的实验结果。图 3.6 是用 PDMS 前驱体和交联剂生成交联 PDMS 橡胶的反应式。

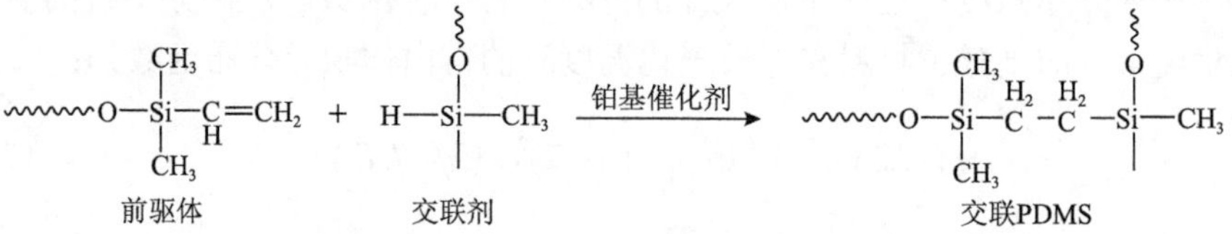

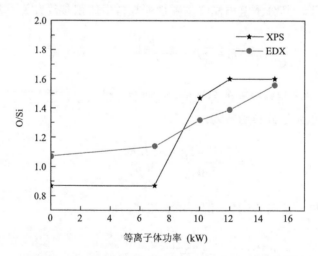

图 3.6　由 PDMS 前驱体和交联剂生成交联 PDMS 橡胶的反应式

通过用等离子体来处理交联 PDMS 膜会导致其 O/Si 发生变化，并引起材料的自由体积结构发生变化。图 3.7 是用 XPS 和 EDX 表征的 O/Si 随等离子体功率变化图，实验中采用的等离子体功率分别为 0、7 kW、10 kW、12 kW、15 kW，相应的膜分别命名为 PDMS、07PDMS、10PDMS、12PDMS、15PDMS。

图 3.7　等离子体功率对交联 PDMS 膜 O/Si 的影响

表 3.2 和表 3.3 分别列出了在入射正电子能量为 2.0 keV 和 7.5 keV 下得到的 PALS 数据。从这些数据可以看到在 2.0 keV 下原始膜和处理膜之间的差异比在 7.5 keV 下更大。

表 3.2　入射正电子能量为 2.0 keV 的 PDMS 膜的 PALS 数据

膜	寿命（ns）		强度（%）		半径（Å）	
	τ_3	τ_4	I_3	I_4	R_3	R_4
PDMS	2.5987	4.5841	19.8646	3.2677	3.3512	4.5505
07PDMS	2.4731	5.1561	19.4713	3.1713	3.2549	4.8240
10PDMS	2.1214	3.3515	17.8941	5.1228	2.9643	4.9125
12PDMS	2.0416	6.7886	11.1481	5.4648	2.8933	5.5025
15PDMS	1.9738	7.2122	9.4456	6.5317	2.8313	5.6595

表 3.3　入射正电子能量为 7.5 keV 的 PDMS 膜的 PALS 数据

膜	寿命（ns）		强度（%）		半径（Å）	
	τ_3	τ_4	I_3	I_4	R_3	R_4
PDMS	2.5093	4.9732	19.0131	2.5407	3.2830	4.7390
07PDMS	2.4561	5.4378	18.1276	2.4384	3.2416	4.9509
10PDMS	2.3648	5.9143	17.4569	3.2965	3.1689	5.1554
12PDMS	2.3322	6.3457	16.4578	3.1749	3.1425	5.3308
15PDMS	2.2192	6.2366	15.8679	3.8579	3.0486	5.2873

　　由于高能量的正电子能进入膜内更深的地方，这意味着膜表面附近的自由体积变化大于内层。还可以看到在 2.0 keV 下测得的自由体积大小和强度明显小于在 7.5 keV 下测得的，这表明自由体积量随深度的增加而增加。

　　图 3.8 为 PDMS 膜的自由体积空洞半径的概率密度分布（PDF）图，可见图中的主峰和弱峰的样式都明显为正态分布。

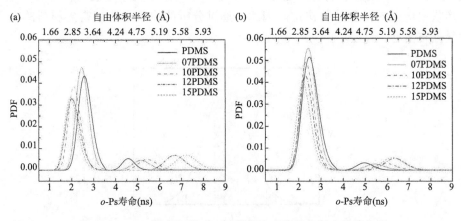

图 3.8　PALS 测定交联 PDMS 膜的自由体积空洞半径分布图
（a）入射正电子能量 2.0 keV；（b）入射正电子能量 7.5 keV

3.6 正电子湮灭多普勒展宽能谱和角关联谱

由于材料中的自由电子一般具有几个电子伏的动能，因此其动量不为零。电子的初始动量会导致湮灭生成的 γ 光子的能量出现多普勒展宽现象。此外，当正电子与电子发生湮灭时，由于湮灭过程遵守动量守恒与能量守恒定律，所以电子在湮灭前的初始动量将使湮灭时生成的两个 γ 光子之间产生一个小的夹角。通过分析角度值和多普勒展宽现象能得到有关材料电子结构的一些特征。相应的技术分别被称为正电子湮灭多普勒展宽能谱技术和正电子湮灭角关联谱。

3.6.1 正电子湮灭多普勒展宽能谱

正电子湮灭多普勒展宽能谱（DBES）是利用能量可调的慢正电子为探针来分析材料内部空间结构的技术。由于其对探测深度具有可控性，因此可以对较厚的高分子膜和涂层进行逐层的精细结构分析。

1. 基本原理

根据能量守恒定律，电子动量 p_z 导致湮灭生成的两个 γ 光子的能量相对于 511 keV 产生的多普勒位移为：

$$\Delta E = \frac{cp_z}{2} \tag{3.21}$$

多普勒展宽谱技术主要测定的是湮灭事件数量与能量多普勒位移之间的关系（图 3.9）。湮灭光子的能量位移图是一个以 511 keV 为中心的对称分布图，曲线形状由电子的动量分布决定。因此，通过分析曲线峰形能够得到材料的电子动量分布信息。

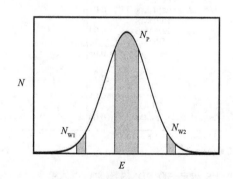

图 3.9　多普勒展宽谱示意图

对于测量结果的分析处理，有退卷积法和线性参数法，其中线性参数法是常用的分析方法。线性参数法包括 S、W、H 三个参数。S 参数定义为：

$$S = \frac{N_p}{N_{total}} \tag{3.22}$$

式中，N_p 为谱峰中央部位一定宽度内的峰面积，N_{total} 为谱峰的总面积。S 参数的变化主要受到中央区域计数量的影响，主要反映出正电子与低动量电子湮灭的情况。高分子材料中自由体积数量增多时 S 参数变大。S 参数是分析高分子材料自由体积结构的主要参数。W 参数定义为：

$$W = \frac{N_{w1} + N_{w2}}{N_{total}} \tag{3.23}$$

式中，N_{w1} 和 N_{w2} 为谱峰两侧部位一定宽度内的峰面积之和。W 参数的变化主要受到两侧区域计数量的影响，主要反映出正电子与高动量电子湮灭的情况。高分子材料中自由体积数量增多时 W 参数变小。H 参数定义为：

$$H = \frac{N_P}{N_{w1} + N_{w2}} \tag{3.24}$$

H 参数综合了 S 参数和 W 参数对湮灭变化率的响应。因此，对于同样的谱图 H 参数的变化幅度更大。

2. 装置结构

DBES 实验要使用低能量的慢正电子，其装置结构如图 3.10 所示。正电子源是具有薄钛窗的 50 mCi 的 ^{22}Na 盒子，减速器是 60%透过率的两片钨网。

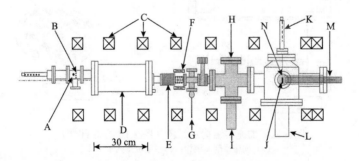

图 3.10　能量 0～30 keV 慢正电子束装置示意图
A：50 mCi ^{22}Na 正电子源；B：钨网减速器；C：75 G 磁场线圈；D：$E \times B$ 过滤器；E：正电子加速器和电绝缘体；F：校正磁铁；G：进气口；H：PAL 正电子寿命线系统；I：涡轮分子泵；J：样品；K：样品操纵杆；L：低温泵；M：Ge 固态探测器；N：PAL 探测器

图 3.11 展示了图 3.10 中 A 和 B 两部分的详细结构。通过钨网减速器的正电子随后经过静电场和磁场（图 3.10 中的 D 部分）进行能量筛选。慢正电子会通过一个孔径为 1.5 cm 的孔板，同时高度下降 3 cm。来自 ^{22}Na 源的快正电子被一个 4 英寸厚无磁性不锈钢块屏蔽。来自源的其他辐射用 2.5 英寸厚的 90W10Cu 合金进行屏蔽。

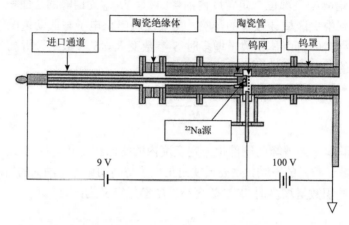

图 3.11　形成慢正电子束装置示意图（图 3.10 的 A、B 部件）

接着慢正电子进入一个电压在 0～30 keV 范围可调的加速器内，图 3.12 为加速器结构示意图。通过在由五个高压电阻器隔开的六级不锈钢板上施加一个高达 30 kV 可调节的偏压可实现对慢正电子的加速。

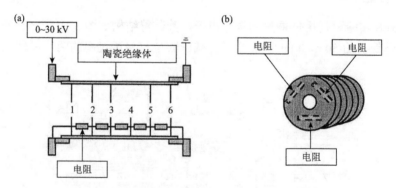

图 3.12　加速器结构示意图（图 3.10 的 E 部件）
（a）加速器剖面结构；（b）电阻排列示意图

从加速器出来的正电子束流的位置是由加速器周围的两个校正线圈控制的。加速器的偏压和供给校正线圈的电流是通过计算机进行控制的。通过这种设计正电子束的大小和位置可以在 30 keV 能量范围内调节，束流直径可控制在 3 mm 以内。加速后的可变单能量正电子被 75 G 磁场最终引导到样品室。

　　DBES 实验装置需要采用能量分辨率高的探测器来探测 γ 光子的能量变化，一般用锗探测器对 S 参数进行测量。数据采集系统会自动对数据进行处理。在 50 mCi ^{22}Na 源下样品的正电子通量在 3 mm 直径时达到每秒 5×10^5 个，能量分辨率为 1 eV。对于每次 S 参数的测量，该装置在 2 min 内能获得 10^6 个总计数量。S 参数等于 (511 ± 1.59) keV 峰对应的面积和总面积之比。对于慢正电子进入高分子样品的平均渗透深度 z，可由入射正电子能量进行计算：

$$z = \frac{4 \times 10^4 E_+^{1.6}}{\rho} \tag{3.25}$$

式中，z 的单位为 nm；密度 ρ 的单位为 kg/m^3；E_+ 为入射正电子能量，单位为 keV。对于密度为 1.1×10^3 kg/m^3 的高分子样品，当入射正电子能量为 1 keV 时其进入样品的平均深度为 36 nm。

3. DBES 实验结果

　　聚氨酯材料可以作为涂料来使用。在户外太阳紫外线的作用下材料的性能和结构都会发生变化。图 3.13 是不同氙灯照射时间下聚氨酯涂层的 S 参数随正电子能量和深度变化图。从图中可见在接近样品表面的地方 S 参数小，这是正电子的背散射和背扩散作用导致的。在深度为 $1 \sim 8$ μm 范围内每种样品的 S 参数变化不大，但存在 S 参数随照射时间增加而变小的趋势，这意味着自由体积变小。

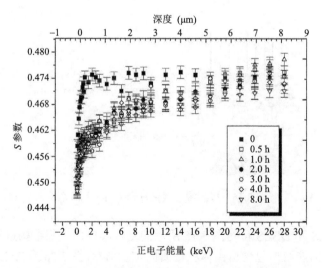

图 3.13　用 DBES 测定的 S 参数随正电子能量和深度变化图

图 3.14 是聚氨酯本体和另一种聚氨酯复合涂层的 S 参数随正电子能量和深度变化图。可见复合涂层呈现出三层结构，其自由体积随深度变化十分明显。

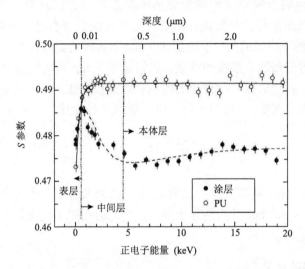

图 3.14　用 DBES 测定的聚氨酯本体和聚氨酯复合涂层的 S 参数随正电子能量和深度变化

4. PALS 和 DBES 联用

将 PALS 和 DBES 联合使用可以对高分子膜的自由体积结构，尤其是对具有梯度结构的复合膜能给出更全面的结构信息。图 3.15 是一个多层渗透汽化复合膜的结构示意图。

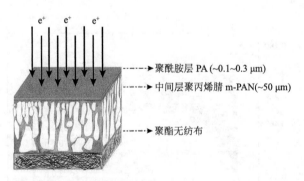

图 3.15　多层渗透汽化复合膜结构示意图

利用 PALS 和 DBES 可对图 3.15 所示的复合膜自由体积结构进行全面表征，其中 PALS 数据能给出包含自由体积性质的定量信息。图 3.16 为 PALS 测定的 PA、PAN、m-PAN 层中的平均自由体积半径分布和 o-Ps 寿命关系图。

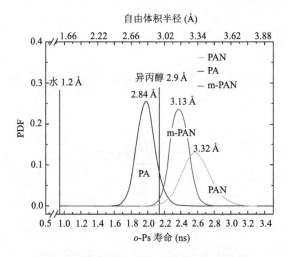

图 3.16　本体聚酰胺（PA）、聚丙烯腈（PAN）、中间层聚丙烯腈（m-PAN）中的平均自由体积半径分布和 o-Ps 寿命

图 3.17 显示了该复合膜 S 参数与正电子入射能量、平均深度的变化，从中可以看到膜表面附近的 S 参数随正电子能量的增加而急剧增加。对于 m-PAN 层，S 参数在数据点的平台前达到最大值之后减小，而 PA 层没有出现峰值。m-PAN 的 S 参数均大于 PA 的 S 参数，PA/m-PAN 的 S 参数介于 PA 和 m-PAN 之间，达到峰值后成为一个较平坦的区域。利用这些结果可以认为膜存在三层结构：一个厚度为 200 nm 的致密皮层，一个从致密皮层到多孔 m-PAN 的 0.3～3 μm 过渡层，以及一个多孔 m-PAN 层。结合图 3.16 的结果还可以对层中自由体积大小进行计算。

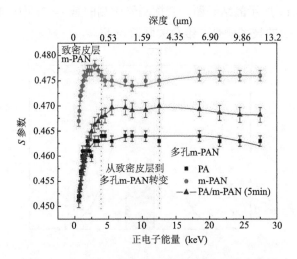

图 3.17　复合膜 S 参数随正电子能量和深度变化图

3.6.2 正电子湮灭角关联谱

角关联谱技术主要测定的是湮灭事件数量随角度的变化关系，其原理如图 3.18 所示。

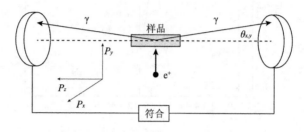

图 3.18 正电子湮灭角关联谱仪的原理图

根据动量守恒定律，γ 光子角度的变化值 $\theta_{x,y}$ 与电子动量 $p_{x,y}$ 之间的关系为：

$$\theta_{x,y} = \frac{p_{x,y}}{m_0 c} \tag{3.26}$$

式中，m_0 是电子质量；c 是光速。根据检测的角度情况，角关联谱技术又分为一维角关联谱和二维角关联谱技术。一维角关联谱技术是较早的检测技术，也就是只检测 x 方向的角度变化与湮灭事件数量，采用的光子探测器晶体为 NaI 晶体。检测时把一个探测器位置固定，另一个探测器以样品为中心在水平面上作角度扫描并得到如图 3.19 所示的结果图。若探测器检测的是 x-y 平面内的角度变化与湮灭事件数量，相应的技术就是二维角关联谱技术。

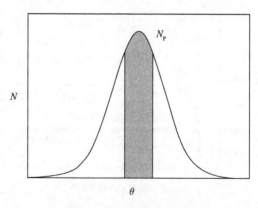

图 3.19 角关联谱示意图

参 考 文 献

马卫涛, 张永明, 朱大鸣, 等. 2005. SPEK-C 膜的正电子湮灭寿命谱学研究 [J]. 中国科学技术大学学报, 35:434–439.

聂佳相, 陈国荣. 2010. 正电子湮灭技术在玻璃性能与结构表征方面的应用 [D]. 上海:华东理工大学.

王胜, 田丽霞. 2015. 正电子湮没寿命谱仪的研制及其在聚合物中的应用 [D]. 上海:华东理工大学.

杨树军. 2003. 理想正电子湮灭寿命谱解析程序 DPS I [J]. 计算物理, 20:561–564.

Berean K, Ou J Z, Nour M, et al. 2014. The effect of crosslinking temperature on the permeability of PDMS membranes: Evidence of extraordinary CO_2 and CH_4 gas permeation [J]. Separation and Purification Technology, 122: 96–104.

Cao H, Zhang R, Chen H M, et al. 2000. Application of slow positrons to coating degradation [J]. Radiation Physics and Chemistry, 58: 645–648.

Chen J-T, Fu Y-J, Tung K-L, et al. 2013. Surface modification of poly(dimethylsiloxane) by atmospheric pressure high temperature plasma torch to prepare high-performance gas separation membranes [J]. Journal of Membrane Science, 440: 1–8.

Hung W-S, Lo C-H, Cheng M-L, et al. 2008. Polymeric membrane studied using slow positron beam [J]. Applied Surface Science, 255: 201–204.

Lue S J, Ou J S, Chen S-L, et al. 2010. Tailoring permeant sorption and diffusion properties with blended polyurethane/poly(dimethylsiloxane) (PU/PDMS) membranes [J]. Journal of Membrane Science, 356: 78–87.

Sharma S K, Pujari P K. 2017. Role of free volume characteristics of polymer matrix in bulk physical properties of polymer nanocomposites: A review of positron annihilation lifetime studies [J]. Progress in Polymer Science, 75: 31–47.

Zhang R, Cao H, Chen H M, et al. 2000. Development of positron annihilation spectroscopy to test accelerated weathering of protective polymer coatings [J]. Radiation Physics and Chemistry, 58: 639–644.

Zhang R, Mallon P E, Chen H, et al. 2001. Characterization of photodegradation of a polyurethane coating by positron annihilation spectroscopy: Correlation with cross-link density [J]. Progress in Organic Coatings, 42: 244–252.

第4章

太赫兹时域光谱

虽然早在 19 世纪就发现了太赫兹辐射，但由于一直没有制造出稳定的太赫兹光源和太赫兹光探测器，电磁波研究领域在微波与红外区之间长期留下了一个太赫兹的空白区。直到 20 世纪 80 年代太赫兹光源和探测器的相继出现，太赫兹光谱技术才得以实现并得到了迅速发展。太赫兹光谱技术主要包括太赫兹时域光谱（terahertz time-domain spectroscopy，THz-TDS）和太赫兹频域光谱（terahertz frequency-domain spectroscopy，THz-FDS）。其中 THz-TDS 是出现最早、应用范围最广的技术。

高分子材料的内部结构相对复杂。一般来说高分子在微观上不是纯无定形或完全结晶结构，而是半结晶结构。半结晶结构是由或多或少的规则折叠链组成致密结晶区，结晶区又被随机缠结的高分子线团的无定形区包围着。这些结构区通过一些相当长的高分子链连接着，并且高分子长链可以延伸到多个结构区甚至与其他结构区形成化学键。由于高分子结构的复杂性，发生分子内和分子间的各种振动都是可能的。显著的振动包括分子骨架振动、氢键振动和基团定向取向极化振动，其中许多振动的光谱范围出现在太赫兹区域。

4.1 太赫兹光波的特点

太赫兹（Tera Hertz，THz）光波一般指频率在 0.1~10 THz 范围内，介于微波与红外之间的电磁波（图 4.1）。太赫兹频率的光谱通常也称为远红外或亚毫米光谱。其波数范围约为 3.34~334 cm^{-1}，对应的波长范围约为 3~0.03 mm，所以太赫兹光波具有宽带性。该波长范围使得太赫兹光对无机材料、高分子材料和生物大分子体系都具有良好的穿透性。此外，太赫兹光波也具有相干性。

与其他光波相比太赫兹光子的能量很低，比如 1 THz 光子的能量仅为 4.14 meV，这使其对于生物分子具有很高的安全性，因此太赫兹光可用在无损安全检测方面。但是，太赫兹频率下的低光子能量也能够激发分子间运动，这可用于对氢键晶体结构以及极性液体体系进行表征与分析。对于有机小分子和高分子，太赫兹吸收光谱与一些分子特征振动模式有关，也就是太赫兹光谱具有一定的指纹性（见图 4.1 的灰色区）。当然，由于太赫兹光谱中可能包含分子内振动模式和分子间作用模式的混合效果，这使得有时对太赫兹光谱的分析变得更为复杂。

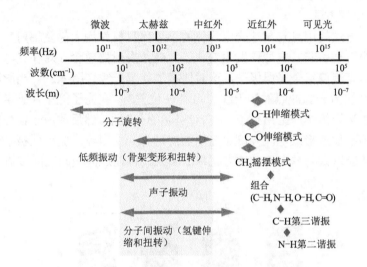

图 4.1　光谱范围与分子吸收频率

4.2　透射式太赫兹时域光谱仪

太赫兹时域光谱（THz-TDS）技术是一种相干检测技术，它是从测量到的太赫兹光波电场强度随时间的变化得到样品的振动光谱。其工作原理是通过对太赫兹时域信号的傅里叶变换获得太赫兹光波的频域强度和相位信息，并确定出样品的太赫兹光谱特征。THz-TDS 谱仪一般采用宽带太赫兹短脉冲辐射，覆盖的频率范围在 0.1～5 THz。当太赫兹光脉冲照射到样品后既可以穿透样品也可以被样品反射，所以 THz-TDS 的测量方式包括透射模式和反射模式。大多数 THz-TDS 光谱研究都采用透射模式，该模式可以得到样品材料的本体光谱特征。对于太赫兹光透过性差或者较厚的样品需要用到反射模式。本节主要介绍透射式 THz-TDS 谱仪的结构和工作原理。

4.2.1　光谱仪的主要部件

构成 THz-TDS 光谱仪的主要部件包括超快脉冲激光器（飞秒激光器）、太赫兹发射器（太赫兹源）、太赫兹探测器、延迟线、信号收集器及计算机等。太赫兹源包括宽带太赫兹源和窄带太赫兹源两种类型，以宽带太赫兹源为主。

1. 宽带太赫兹源

光电导偶极天线（简称光电导）技术与光整流技术是产生宽带脉冲太赫兹光束最常用的两种方法。

1）光电导方法

光电导方法使用具有高速光电导体的半导体材料作为太赫兹辐射基体，此类材料在光照下会引起其电导率发生变化。太赫兹发射器包含一对在光电导衬底上形成图案的直流偏置金属偶极子，这对偶极子就是天线（图 4.2）。当脉冲时间小于 1 ps 的超快激光脉冲照射到天线的间隙 G 位置时，在光子能量大于半导体材料带隙时能在半导体中产生出电子-空穴对引起的载流子。然后载流子在外加静偏置电场的作用下加速形成电流强度迅速增加的瞬态光生电流，驱动偶极子天线将储存的静电势能以太赫兹电磁脉冲方式释放出来，再通过天线向空间传播。

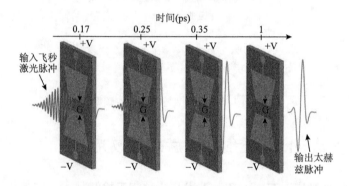

图 4.2　光电导偶极天线结构及输出太赫兹脉冲辐射示意图

图 4.3（a）是安装在硅透镜上的典型太赫兹光电导偶极天线的等距图。整个组件包括光电导衬底、偶极子天线电极和高电阻率硅透镜。图 4.3（b）显示出偶极子天线是通过两条平行的细带线连接到四个更大的金属垫上。

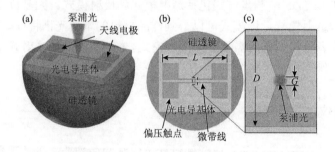

图 4.3　（a）安装在硅透镜上的典型光电导偶极天线的等距图；（b）太赫兹光电导偶极天线的全俯视图；（c）位于天线中心位置的偶极子结构扩展俯视图（仅显示间隙尺寸和偶极子长度）

　　这四个金属垫可作为焊接点或者连接点用于通过导线把天线连接到施加直流偏置电压的外电路中。装置的总体横向尺寸 L 通常在几毫米到大约一厘米范围内。天线偶极子长度 D 通常为 100 μm，间隙尺寸 G 的范围为几微米到差不多与 D 相同。太赫兹辐射在天线偶极子处产生[图 4.3（c）]，聚焦辐射沿着透镜的轴线传播后进入空气。光电导材料、天线结构样式和激光脉宽等因素决定了光电导方法产生太赫兹辐射的性能。当飞秒激光脉冲入射到光电导偶极天线的间隙时，产生的电子–空穴对与入射光脉冲的强度成正比。电子–空穴载流子沿直流偏置场方向加速，然后在短距离内重新结合。这在器件上诱导出时变的表面电流进而产生出电场强度为 E_{THz} 的太赫兹波：

$$E_{\mathrm{THz}}(r,t) = -\frac{1}{4\pi\varepsilon_0 c^2 \partial t}\int \frac{J_{\mathrm{s}}\left(r', t - \frac{|r - r'|}{c}\right)}{|r - r'|}\mathrm{d}s' \tag{4.1}$$

式中，J_{s} 为发射极表面上与空间和时间相关的表面电流；r 为太赫兹场的空间位置矢量；r' 为表面电流的空间位置矢量，需要从发射极表面 $\mathrm{d}s'$ 上积分得到；c 为真空中的光速；ε_0 为真空介电常数。从公式（4.1）可以看出辐射的太赫兹场强度取决于发射器上的净表面电流。图 4.4 给出了一个光电导偶极天线偶极子间隙处产生载流子的横截面示意图。典型器件的结构是在厚约 500 μm 的半导体 Si-GaAs 衬底上制造出厚约 1 μm 的 LT-GaAs 光电导层，再在层上制备出金属阳极和阴极。产生太赫兹辐射的第一个原因是光电半导体中电荷的产生和加速，即在间隙中产生的电子–空穴对分离运动。它们沿着偏置电场方向加速形成浪涌电流，并在持续短时间后重新组合。

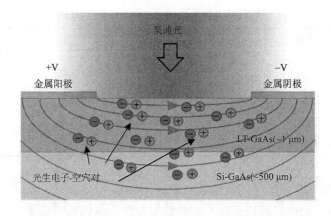

图 4.4　LT-GaAs 基光电导偶极天线偶极子间隙处产生载流子的横截面示意图

产生太赫兹辐射的第二个因素是器件在光激发之前的状态。由于器件内的平行线布置使得在阳极和阴极分别以正电荷和负电荷累积的形式在间隙中存储一定电容能量。电容的大小取决于器件几何结构、偏置电压和间隙电阻率。间隙电阻率取决于光电半导体内部的载流子浓度，决定了光电半导体中的偏置电场分布。当用光脉冲激励间隙后，载流子浓度急剧上升并引起电阻率下降。作为对偏置电场的响应，这会引发天线金属中出现太赫兹频率的振荡。

产生太赫兹辐射的第三个因素是直接向天线电极注入的电流。在与天线电极足够接近时产生的任何光生载流子将在重新结合之前被天线收集，这会起到驱动电流的作用。如果感应电流的脉冲足够短，也会在天线中引起太赫兹频率的振荡。

光电导半导体材料的一些参数会影响太赫兹辐射的强度和带宽。由于发射器要具有宽带性能，半导体材料必须具有生成亚皮秒载流子寿命的性能。除了较短的载流子寿命外，维持相对较高的载流子迁移率、适当的带隙、耐高击穿电压、抑制零偏压光电流和暗电阻率最大化等性能，在生成太赫兹辐射的复杂关系中也都起着一定作用。这些性质均会影响天线的输出功率、带宽和信噪比。载流子迁移率通常受到带内散射率的限制。击穿电压决定了可能施加的最大偏压。由于太赫兹辐射能量主要来源于以静态偏置电场形式存储的表面能，因此辐射能量会随偏压和光通量的增大而增大。

研究最多且最有前景的太赫兹天线材料包括砷化镓（GaAs）、铟镓砷化物（InGaAs）和铟铝砷化物交替纳米多层膜（InAlAs），以及其他Ⅲ-Ⅵ族半导体。有效产生太赫兹辐射需要有快速的光电流上升和衰减时间，因此具有小的有效电子质量的半导体材料，如 InAs 和 InP 也具有一定优势。表 4.1 列出了几种光电导半导体材料的一些相关性能。

表 4.1　几种光电导半导体材料的性能

性能	InP	GaAs	Si
禁带宽度（eV）	1.36	1.43	1.12
载流子寿命（ns）	<1	<1	10^5
击穿电场强（MV/m）	20	21	30
电子迁移率[cm²/(V·s)]	4500	8600	1500
相对介电常数	12.4	13.18	11.9

2）光电导太赫兹发射器的性能

有多个描述光电偶极天线系统性能的参数，包括系统信噪比、太赫兹信号强度、太赫兹信号带宽以及激光到太赫兹辐射的转换效率。信噪比定义为频域频谱中的峰值信号与系统噪声强度的比率，即当太赫兹光束被阻断时探测器处测得的信号强度。太赫兹信号强度取决于太赫兹发射器的材料和配置，以及施加的偏置电压和入射激光的功率。信号强度表示为输出太赫兹功率的时间平均值或输出太赫兹电场强度的峰值。随着更高功率太赫兹发射器的出现，激光到太赫兹转换效率也成为一个性能指标，它是比较总输入光功率和总输出太赫兹功率的有用指标。光电导发射器一般具有几百微瓦的平均功率，而飞秒激光光源的平均功率在 1 W 范围内，因此光源的转换效率还很低。带宽取决于太赫兹系统中除发射器之外的多个因素。增加带宽对于研究材料独特的太赫兹光谱特性是非常重要的，宽带信号有助于发现基于太赫兹的其他分子振动模式。

3）光整流方法

光整流是产生脉冲太赫兹辐射的另外一种机制。该方法利用到具有二阶非线性光学性质的电光晶体和两束频率不同的激光束。当用一束连续激光照射电光晶体时电光晶体会产生与激光强度成比例的直流电场，此过程称为光整流。另一方面，当用另一束超短宽带激光脉冲（<100 fs）照射该晶体时，由于该光束与连续激光之间频率差导致的差频振荡效应会辐射出一个低频的电磁脉冲，这就是太赫兹辐射。该现象可用以下方程式描述：

$$\left(\nabla^2 - \frac{\varepsilon(\omega)}{c^2}\frac{\partial^2}{\partial t^2}\right)E_{\text{THz}}(z,t) = \frac{4\pi}{c^2}\frac{\partial^2 P_{\text{NL}}(z,t)}{\partial t^2} \tag{4.2}$$

式中，$\varepsilon(\omega)$ 为介电函数；E_{THz} 为非线性作用产生的太赫兹场；P_{NL} 为电光晶体的非线性极化度。方程（4.2）的解为：

$$
\begin{aligned}
E_{\text{THz}}(z,\omega) = &\frac{\sqrt{2}\pi\chi^{(2)}(\omega)}{n_{\text{THz}}^2 - n_{\text{g}}^2}\tau\exp\left[-\frac{\omega^2\tau^2}{4}\right]E_0^2\left[\frac{1}{2}\left(1+\frac{n_{\text{g}}}{n_{\text{THz}}}\right)\exp(\mathrm{i}\omega n_{\text{THz}}z/c)\right.\\
&\left.+\frac{1}{2}\left(1-\frac{n_{\text{g}}}{n_{\text{THz}}}\right)\exp(-\mathrm{i}\omega n_{\text{THz}}z/c) - \exp(\mathrm{i}\omega n_{\text{g}}z/c)\right]
\end{aligned}
\tag{4.3}
$$

式中，$\chi^{(2)}$ 为二阶非线性极化率；n_{THz} 为晶体材料的太赫兹折射率；n_{g} 为激光组折射率；τ 为脉冲宽度。根据公式（4.3）可得到产生的太赫兹场是三项之和：第一项是相速度为 $v_{\text{THz}} = c/n_{\text{THz}}$ 的正向传播场；第二项是在 v_{THz} 下的反向传播场，但其振幅较低可以忽略；第三项也是正向传播场，但相速度为 c/n_{g}。

电光晶体材料要具有较大的有效非线性光学系数和较小的吸收系数，还要具有较宽的透光范围和良好的机械性能。常用的电光晶体有 $LiNbO_3$、GaAs、ZnTe 等。表 4.2 列出了以上三种晶体的一些光学性质。

表 4.2　三种电光晶体的光学性质

名称	非线性系数 d_{eff}（pm/V）	800 nm n_g	1 THz n_{THz}	吸收系数 a_{THz}（cm^{-1}）
LiNbO$_3$	168	2.18	5.11	17
GaAs	65.6	4.18	3.61	0.5
ZnTe	68.5	3.13	3.17	1.3

由于光整流方法产生的太赫兹辐射的能量仅来源于入射的激光脉冲能量，而光电导天线辐射的太赫兹能量主要来自外加的偏置电场，所以用光电导天线产生的太赫兹辐射能量比用光整流方法产生的太赫兹辐射能量强。光整流法产生的太赫兹功率一般在几十微瓦，但是用光整流方法产生的太赫兹脉冲比光电导法产生的脉冲频率更高，频谱范围更宽，其频率可达 100 THz。

2. 窄带太赫兹源

窄带太赫兹源对于高分辨率太赫兹光谱的应用至关重要。常用于产生低功率（<100 μW）连续波窄带太赫兹辐射的技术是低频微波振荡器的上转换，如压控振荡器和介电谐振振荡器。上转换通常是使用一系列平面 GaAs 肖特基二极管来实现。另外，气体激光器也是一种常见的窄带太赫兹源。

3. 太赫兹辐射探测器

太赫兹时域光谱仪中最常用的探测器是光电导型探测器和电光型探测器。探测器能够测量到太赫兹辐射电场的信号时域波形。

1）光电导型探测器和延迟线

光电导型探测器的工作原理是光电导偶极天线发射太赫兹辐射的逆过程，其结构与发射器类似（图 4.5）。两者的不同之处在于探测器没有施加外部直流偏压。当太赫兹脉冲传播到探测器的天线中时，它会在间隙中产生一个瞬态偏压。由于皮秒级的太赫兹脉冲时间明显短于电路的毫秒级响应时间，导致无法从单一的太赫兹脉冲中直接实现信号采集。

通过引入延迟线形成光程差就能实现对太赫兹脉冲电信号的提取并重构出信号。具体做法就是把一部分飞秒激光脉冲从源激光束中分离出来，通过可调节的光学延迟线后聚焦在接收器天线的间隙中。这就提供了一个窄脉冲的光生载流子时间，并且光学延迟线是可控制的。当光生载流子脉冲和入射太赫兹场诱导的瞬时电压在时间上重叠时就能测量到微弱的太赫兹信号。

当扫描光延迟线后就会得到光载波脉冲信号与太赫兹场诱导的瞬态电压信号的卷积。通过收集和关联光延迟位置和感应光电流等数据，就可以测量出太赫兹脉冲的时间分布。这种检测方法的相干特性能提供高信噪比，大大降低黑体辐射和其他太赫兹辐射对探测器的影响。

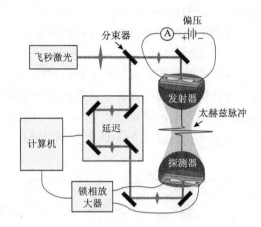

图 4.5　含有光电导型探测器的 THz-TDS 示意图

2）电光型探测器

该探测方法的原理就是光整流方法的逆过程。图 4.6 展示了一个含有电光型探测器的 THz-TDS 系统结构示意图。太赫兹辐射场会引起电光晶体的折射率发生变化。通过对电光晶体施加一束探测光后，探测光与在电光晶体中激发的线性光电效应会发生等比例的信号改变，能够把线性偏振的脉冲信号转换为椭圆偏振脉冲信号。通过对偏振光的椭偏度进行测量就能得到瞬态太赫兹场的信息。电光型探测方法中使用的材料包括 GaP、ZnTe、DAST 等。总的说来，光电导型探测器和电光型探测器在探测不同频谱范围的灵敏度方面有所不同。对大于几个太赫兹的信号，电光型探测器具有更快速的响应能力。

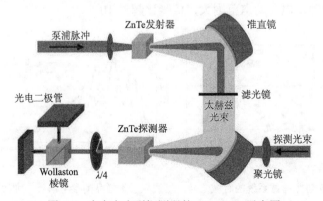

图 4.6　含有电光型探测器的 THz-TDS 示意图

4.2.2　光谱仪工作原理

图 4.7 是常见透射式光谱仪结构示意图，该类光谱仪的工作原理如下。首先，一束来自飞秒激光器的超快激光脉冲束经过分束器后被分成两路光，其中能量较大的一束是泵浦光，另一束能量较低的是探测光。泵浦光入射到太赫兹发射器上产生出太赫兹辐射，即太赫兹脉冲。太赫兹辐射经过抛物面镜准直后聚焦到样品上，之后太赫兹辐射透过样品后被准直并重新聚焦在太赫兹探测器上。探测激光经过延迟线后与锁相放大器处理的太赫兹发射器发出的信号一起到达探测器，用以对探测器进行选通并测量太赫兹电场强度随时间的变化。

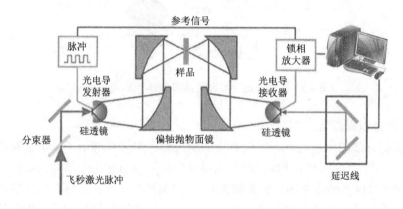

图 4.7　常见透射式 THz-TDS 谱仪结构示意图

通过调节泵浦光和探测光之间的脉冲时间延迟，扫描时间延迟后就能得到太赫兹的时域波形。再对波形进行傅里叶变换后就会得到样品的频谱（图 4.8）。典型 THz-TDS 系统的频带宽度在 0.1～5 THz 之间，频谱分辨率为 50 GHz，采集时间不超过 1 分钟，电场动态范围大，信噪比超过 10^5。

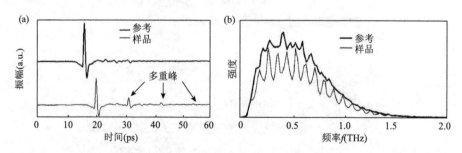

图 4.8　（a）来自太赫兹系统的时域信号，粗线表示无样品的参考信号，细线表示 0.51 mm 厚硅片样品；（b）对（a）图信号进行离散傅里叶变换后的频率–强度图

4.3 样品的太赫兹光谱参数

利用 THz-TDS 谱仪可以得到样品在太赫兹频域内的吸收系数、折射率和介电常数等光谱参数。

4.3.1 光谱参数

测量透射光谱性质时需要分别测量有样品和无样品的两种时域波形 $E_{sam}(t)$ 和 $E_{ref}(t)$，并分别将其傅里叶变换为频域复振幅 $\tilde{E}_{sam}(\omega)$ 和 $\tilde{E}_{ref}(\omega)$。$\tilde{E}_{sam}(\omega)$ 与 $\tilde{E}_{ref}(\omega)$ 的比值由下式给出：

$$\frac{\tilde{E}_{sam}(\omega)}{\tilde{E}_{ref}(\omega)} = \left|\sqrt{T(\omega)}\right| \exp\left\{-i\left[\Delta\phi(\omega) - \frac{\omega}{c}d\right]\right\}$$

$$= \frac{4\tilde{n}(\omega)}{[\tilde{n}(\omega)+1]^2} \frac{\exp\left\{-i[\tilde{n}(\omega)-1]\frac{\omega}{c}d\right\}}{1 - \frac{[\tilde{n}(\omega)-1]^2}{[\tilde{n}(\omega)+1]^2}\exp\left[-i2\tilde{n}(\omega)\frac{\omega}{c}d\right]} \tag{4.4}$$

式中，$\tilde{n}(\omega) = n(\omega) - ik(\omega)$ 是复折射率；$T(\omega)$ 为测量的功率透射率；$\Delta\phi(\omega)$ 为本征相移；d 为样品厚度；c 为真空中光速；$n(\omega)$ 为样品折射率；$k(\omega)$ 为样品的消光系数。从公式（4.4）可以得到透射太赫兹波的幅值表达式为：

$$\rho(\omega) = \frac{4\left[n^2(\omega) + k^2(\omega)\right]^{0.5}}{[n(\omega)+1]^2 + k^2(\omega)} \exp\left[-k(\omega)\frac{\omega}{c}d\right] \tag{4.5}$$

以及相位表达式为：

$$\varphi(\omega) = \frac{[n(\omega)-1]\omega d}{c} + \arctan\left[\frac{k(\omega)}{n(\omega)[n(\omega)+1] + k^2(\omega)}\right] \tag{4.6}$$

当样品对太赫兹波吸收较弱时消光系数远小于折射率，公式（4.5）简化为：

$$\rho(\omega) = \frac{4n(\omega)}{[n(\omega)+1]^2} \exp\left[-k(\omega)\frac{\omega}{c}d\right] \tag{4.7}$$

公式（4.6）可简化为：

$$\varphi(\omega) = \frac{[n(\omega) - 1]\omega d}{c} \tag{4.8}$$

从公式（4.7）可得到消光系数为：

$$k(\omega) = \frac{-\ln\left(\rho(\omega)\dfrac{[n(\omega) + 1]^2}{4n(\omega)}\right)c}{\omega d} \tag{4.9}$$

从公式（4.8）可得到折射率为：

$$n(\omega) = \frac{\varphi(\omega)c}{\omega d} + 1 \tag{4.10}$$

从消光系数可得到吸收系数为：

$$a(\omega) = \frac{2k(\omega)\omega}{c} = \frac{2}{d}\ln\left(\frac{4n(\omega)}{\rho(\omega)[n(\omega) + 1]^2}\right) \tag{4.11}$$

从复折射率还可以得到复相对介电常数：

$$\tilde{\varepsilon}(\omega) = \varepsilon'(\omega) - i\varepsilon''(\omega) \tag{4.12}$$

复相对介电常数与复折射率间的关系为：

$$\tilde{\varepsilon}(\omega) = \tilde{n}^2(\omega) \tag{4.13}$$

这样就可以分别得到复相对介电常数的实部和虚部：

$$\varepsilon'(\omega) = n^2(\omega) - k^2(\omega) \tag{4.14}$$

$$\varepsilon''(\omega) = 2n(\omega)k(\omega) \tag{4.15}$$

从反射光谱中提取样品太赫兹参数的方法与透射光谱提取样品参数方法相似。首先把从样品和反射镜上测得的波形 $E_{sam}(t)$ 和 $E_{ref}(t)$ 经傅里叶变换转换为复振幅 $\tilde{E}_{sam}(\omega)$ 和 $\tilde{E}_{ref}(\omega)$。$\tilde{E}_{sam}(\omega)$ 与 $\tilde{E}_{ref}(\omega)$ 的比值由下式给出：

$$\frac{\tilde{E}_{sam}(\omega)}{\tilde{E}_{ref}(\omega)} = \frac{\left|\sqrt{R(\omega)}\right|\exp[-i\Delta\phi(\omega)]}{\left|\sqrt{R_{ref}(\omega)}\right|\exp[-i\Delta\phi_{ref}(\omega)]} = \frac{[1 - \tilde{n}(\omega)][1 + \tilde{n}_{ref}(\omega)]}{[1 + \tilde{n}(\omega)][1 - \tilde{n}_{ref}(\omega)]} \tag{4.16}$$

式中，$\tilde{n}_{ref}(\omega)$ 为反射镜的折射率。当样品内部存在多次反射贡献时，公式（4.16）可重写为：

$$
\frac{\tilde{E}_{\text{sam}}^{(R)}(\omega)}{\tilde{E}_{\text{ref}}^{R}(\omega)} = \frac{\left[\tilde{n}^2(\omega)-1\right]\left\{1-\exp\left[-2\mathrm{i}\frac{\omega}{c}\tilde{n}(\omega)d\right]\right\}}{\left[\tilde{n}(\omega)+1\right]^2-\left[\tilde{n}(\omega)-1\right]^2\exp\left[-2\mathrm{i}\frac{\omega}{c}\tilde{n}(\omega)d\right]} \cdot
$$

$$
\frac{\left[\tilde{n}_{\text{ref}}(\omega)+1\right]^2-\left[\tilde{n}_{\text{ref}}(\omega)-1\right]^2\exp\left[-2\mathrm{i}\frac{\omega}{c}\tilde{n}_{\text{ref}}(\omega)d\right]}{\left[\tilde{n}_{\text{ref}}^2(\omega)-1\right]\left\{1-\exp\left[-2\mathrm{i}\frac{\omega}{c}\tilde{n}_{\text{ref}}(\omega)d\right]\right\}} \tag{4.17}
$$

4.3.2　样品中的回波

对于厚度在毫米级的样品，太赫兹光从样品前表面入射后会在后表面进行反射，而反射光又会在前表面内发生二次反射（图4.9）。这种样品内部的多次反射也伴随着多次透射波的出现，这类透射波称为回波。回波会导致多个等时间间隔太赫兹脉冲信号的出现，如图4.8（a）所示。图4.9中旋转样品是为了放大非法线入射效果并展示出多重反射路径。该示意图描述了每个透射或反射界面的相互作用以及波通过材料的传播，最终信号包括通过样品的第一次传输和由内部反射引起的两次回波。

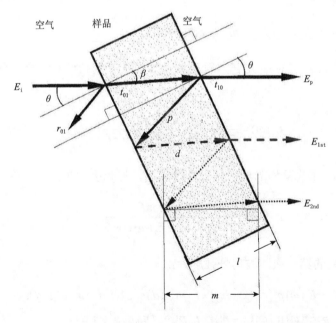

图4.9　太赫兹波通过平面均质材料的透射和反射路径示意图

可以用以下公式对图 4.9 所示的各级回波信号强度进行计算。计算过程是首先引入与光程长度 d 和太赫兹光波频率 ω 有关的延迟量 p：

$$p(\omega, d) = \exp\left(\frac{-\mathrm{i}\tilde{n}(\omega)\omega d}{c}\right) \tag{4.18}$$

其中 d 与样品厚度存在以下关系：

$$d = \frac{l}{\cos\beta} \tag{4.19}$$

公式（4.19）中的 β 可由入射角 θ 计算出来：

$$\beta = \arcsin\left(\frac{n_0 \sin\theta}{n_1}\right) \tag{4.20}$$

公式（4.20）中的下标 0 表示空气相，1 表示样品。主透过太赫兹信号强度为：

$$E_{\mathrm{p}}(\omega) = E_{\mathrm{i}}(\omega) p_{\mathrm{a}}[\omega, (x-m)] \times t_{01} p(\omega, d) t_{10} \tag{4.21}$$

式中，p_{a} 为太赫兹光在空气中的延迟；p 为太赫兹光在样品中的延迟。m 与 d 之间有以下关系：

$$m = d\cos(\theta - \beta) \tag{4.22}$$

公式（4.21）中的 t_{01} 是在入射角为 θ 时光从空气到样品的透过系数，计算公式为：

$$t_{01}(\omega) = \frac{2\tilde{n}_0(\omega)\cos\theta}{\tilde{n}_0(\omega)\cos\theta + \tilde{n}_1(\omega)\cos\theta} \tag{4.23}$$

类似的 t_{10} 是光从样品到空气的透过系数，计算公式为：

$$t_{10}(\omega) = \frac{2\tilde{n}_1(\omega)\cos\theta}{\tilde{n}_1(\omega)\cos\theta + \tilde{n}_0(\omega)\cos\theta} \tag{4.24}$$

太赫兹光的第一次回波信号强度为：

$$\begin{aligned}
E_{\mathrm{1st}}(\omega) &= E_{\mathrm{i}}(\omega) p_{\mathrm{a}}[\omega, (x-m)] \times t_{01} p(\omega, d) r_{10} p(\omega, d) \times r_{10} p(\omega, d) t_{10} \\
&= E_{\mathrm{i}}(\omega) p_{\mathrm{a}}[\omega, (x-m)] \times t_{01} p(\omega, d) t_{10} r_{10}^2 p^2(\omega, d)
\end{aligned} \tag{4.25}$$

式中，r_{10} 为从样品到空气的折射系数：

$$r_{10}(\omega) = \frac{\tilde{n}_1(\omega)\cos\theta - \tilde{n}_0(\omega)\cos\beta}{\tilde{n}_0(\omega)\cos\beta + \tilde{n}_1(\omega)\cos\theta} \tag{4.26}$$

太赫兹光的第二次回波信号强度为：

$$E_{2nd}(\omega) = E_i(\omega)p_a[\omega,(x-m)] \times t_{01}p(\omega,d)t_{10}r_{10}^4 p^4(\omega,d) \tag{4.27}$$

图 4.10 是正己烷为样品的含有回波反射峰的 THz-TDS 脉冲信号图。A 段为含有系统噪声的无信号区，B 区包含了直接透过样品的太赫兹脉冲信号，C 区是经过多次反射后的回波太赫兹脉冲信号区。C 区信号弱说明样品具有高的太赫兹光透过率；C 区范围越长说明系统的频率分辨率越高。

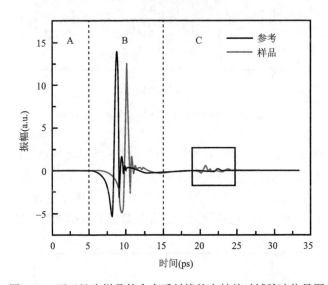

图 4.10　正己烷为样品的含有反射峰的太赫兹时域脉冲信号图

4.3.3　水的太赫兹吸收光谱

许多极性气体在太赫兹范围内会表现出由分子旋转跃迁引起的窄带吸收特性。这一性质可用于痕量气体检测，但也会给在环境空气中太赫兹瞬态的自由空间测量带来问题。由于水分子是极性分子，即使光谱仪中没有插入样品也可以在测量中看到水蒸气的吸收线。图 4.11 展示了在干燥空气中和 31%湿度下得到的吸收光谱，可见湿空气的谱图中有大量因水分子旋转运动引起的窄带吸收线。图 4.11 的内插图显示的是时域测量中记录的原始数据，包括干空气基准线。

干空气基准线是一个小于 1 ps 的单周期脉冲,之后没有任何回波调制。原始数据经傅里叶变换后就给出了大图所示的光谱信息。在实际测量中即使光谱仪的腔体被完全吹扫干净,但干燥空气中的残余水分仍会导致参考光谱中出现微小的下降吸收峰。

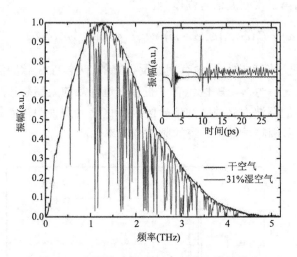

图 4.11　环境空气湿度对太赫兹光谱的影响

　　如果太赫兹光束的路径中存在空气水分,对于样品吸收峰来说单个窄线叠加在主峰后会产生强烈的调制,会产生特定频率被切断的样品频谱。利用图 4.11 中的数据可以计算出 100%湿度下水的频域吸收系数(如图 4.12 所示)。当研究未知样品时必须要用干燥空气吹扫测量室,或者从数值上移除水蒸气的吸收线。

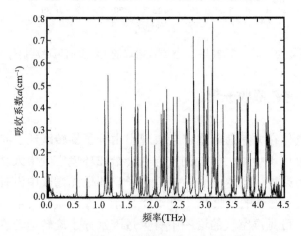

图 4.12　湿度 100%的水蒸气频域吸收系数

4.4 透射式 THz-TDS 在高分子方面的应用

通常近红外和中红外是高分子光谱的主要特征频率范围。该频率范围的吸收峰主要是由高度局域化的分子内变形引起的，比如共价键的旋转或伸缩振动。许多高分子材料对太赫兹波都是透明的，它们可用于制造在太赫兹频率下使用的光学元件，比如光学窗口、布拉格滤波器、透镜、波导和分光器等。但对于高分子链的分子间和一些分子内振动，特别是一些与分子链有关的聚集体运动，太赫兹时域光谱比传统的红外光谱技术更具有表征优势，比如低于 3 THz 的信噪比要高于大多数传统表征技术。另外，由于使用了脉冲性质的太赫兹辐射源和相干检测方案，THz-TDS 技术能同时提取出高分子材料的复介电常数、复折射率以及样品厚度等信息。这样就能利用这些参数对高分子元件进行质量检查，比如检测材料缺陷、检查塑料焊接和粘接的接头以及研究纤维增强塑料的结构。此外，水在太赫兹频段的高吸光度性质使得 THz-TDS 还能够以极高的灵敏度测定出高分子中的微量水分。

4.4.1 高分子材料的太赫兹光谱特征

图 4.13 显示了一些常见高分子材料在室温下的太赫兹折射率和消光系数，消光带的中心频率在 k 曲线的顶部。测量中使用的是一种标准透射式 THz-TDS 谱仪，其太赫兹发射器和探测器采用了 LT-GaAs 为衬底的光电导偶极天线。光谱仪在钛蓝宝石激光器驱动下发射出带宽为 4.3 THz 的辐射，动态范围为 50 dB。所有测量均在氮气气氛下进行以防止由于水蒸气在时域信号上引起的叠加振荡。

图 4.13 中的高分子材料分为非极性和极性两组，这两组谱图的差别是非常明显的。左侧的非极性高分子材料包括 PE、环烯烃共聚物（COC）、PP、PMP、PTFE。它们没有整体偶极矩，仅产生非常低的介电损耗和相对较低的折射率。右侧的极性高分子材料包括 PA6、PVDF、PVC、PMMA、PC、POM。它们显示出明显更高的介电损耗和整体上更高、更色散的折射率。一个特殊材料是 PS，它不能明确地被分配到这两组中的任何一组。

谱图中折射率拐点的位置是消光特征的频率值。消光带和折射率曲线上的台阶都是分子共振行为或定向极化引起的。对于每种高分子材料，这些谱带的起源原因可能都不同。PMMA、PC 和 PS 的宽消光带和折射率曲线中的相应色散行为是由基团取向极化造成的，比如 PMMA 的酯基、PC 和 PS 的苯基振动引起的。

PS 可视为一种杂化材料，它几乎没有任何色散[图 4.13（b）]，并且仅显示出很低、很宽的消光性[图 4.13（c）]。这是由于 PS 主链和苯环超共轭的诱导效应使得苯环侧的电子密度略有增加，因此产生一个小的偶极矩并引起光谱图上出现了这些特征。

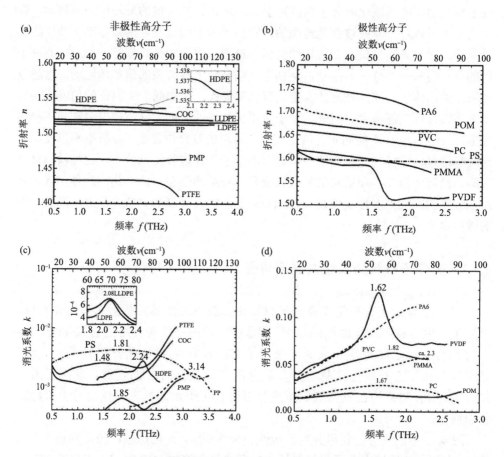

图 4.13　常见高分子材料的室温太赫兹光谱性质图
（a）非极性材料的折射率；（b）极性材料的折射率；（c）非极性材料的消光系数；（d）极性材料的消光系数

　　POM 具有相对柔性的分子构象。C–O 键使分子链形成螺旋状结构，使得 C–O 键比 C–C 键具有更强的旋转运动性。与 PS 和 PMMA 相比，POM 较小的侧基也有利于增加分子链的运动性。因此与 PMMA 的光谱相比 POM 消光带的中心频率值要低得多。与之类似，PP 光谱中约 3.14 THz 的宽消光带也是分子链骨架扭转振动引起的。PTFE 的 k 谱显示出一个非常宽的频带，其中心频率为 1.48 THz，频率高于 2.5 THz 时有一个非常陡的上升，这归因于与 CF$_2$ 基团扭转运动有关的相互作用。1.48 THz 左右的较弱频带是几个独立分子振动导致的，因为在较低的温度下可以明确观察到该谱带出现的分裂现象。PVC 谱图中有一个中心频率为 1.82 THz 的宽消光带，这是晶格振动导致的。

　　PE 材料最能体现出分子结构与形态对介电性能的影响，其影响作用主要来自于结晶区的晶格构型和构象变化。图 4.13 中包含三种 PE，分别是 HDPE、LDPE 和 LLDPE。HDPE 的分子链没有明显的分支点，结构高度规整，分子链堆积紧密，这使得 HDPE 具有高结晶度、相对较高的密度和折射率。与 LLDPE 相比，LDPE 具有更高的支化度。按照 HDPE、LDPE 和 LLDPE 排序，它们的结晶度随着支化点数量的增加而降低，对应着折射率的降低。HDPE 的结晶度为 51.5%，LLDPE 和 LDPE 的结晶度较低，分别为 38.9% 和 32.2%。HDPE 的 k 谱图在 2.24 THz 附近显示出明显的频带，谱线展宽是片层中的链折叠和主链的少量分支引起的无序晶格导致的。对于 LLDPE，由于分子链上更多的分支导致了晶格畸变增加，引起中心频率降低到 2.08 THz。

　　虽然聚偏氟乙烯（PVDF）的结构与 HDPE 相似，但强电负性的氟原子取代结构单元中两个氢原子后导致结构单元呈现出不对称性并产生了强偶极矩，这使得其介电性明显不同于 HDPE。在 PVDF 的结晶模式中，一种主要形式是分子链围绕其纵轴相对对称的旋转，且纵轴平行于晶格的排列方向。与其他极性高分子相比，PVDF 表现出强烈的反常色散性。其在 1.0 THz 下的折射率为 1.59，而在 2.0 THz 下折射率为 1.52。这一显著特征反映出 PVDF 分子具有强偶极性和强的分子间耦合作用。

　　与非晶态高分子材料相比，半结晶态高分子材料中的玻璃化转变并不明显取决于冷却或加热速率。通过不同温度下的太赫兹吸收谱图能够分析出温度对晶格结构的影响。图 4.14 给出了温度对 PVDF 和 HDPE 的折射率与消光系数的影响。测量中变温的方法是把样品放置在液氦低温恒温器内以实现能在较宽的温度范围内进行测量。装置采用空的低温恒温器为参考，两个相邻温度间的加热时间为 13 分钟，平均加热速率为 0.5 K/min。光谱仪采用了电光检测方案，其带宽为 4.0 THz，动态范围为 54 dB，每个太赫兹谱的采集时间为 7 分钟。

　　图 4.14 的消光系数温度相关曲线揭示了两个特征：一是温度升高导致频带的振幅减小。虽然频带的振幅通常是样品结晶度的指标，但结晶度在所研究的温度范围内不会发生显著变化。因此，振幅减弱是晶格的热致畸变引起的。二是加热时频带的中心频率向较低值移动，即发生红移。这种行为可以用晶域中单晶胞尺寸热膨胀来解释。由于主链轴向的膨胀可以忽略，所以只需考虑晶胞参数的变化。以上这些特性也同样反映在折射率光谱中。正常情况下由于样品密度的降低，折射率会随温度的升高而降低。

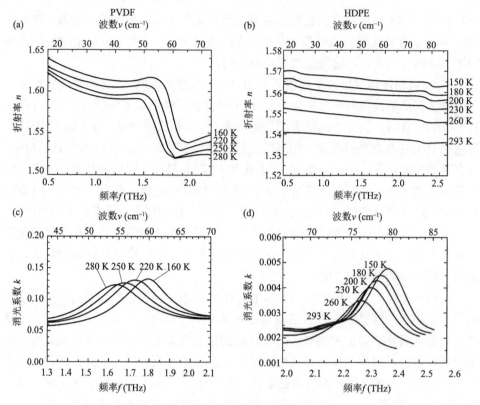

图 4.14　温度对折射率与消光系数的影响
（a）PVDF 的折射率；（b）HDPE 的折射率；（c）PVDF 的消光系数；（d）HDPE 的消光系数

4.4.2　超宽带透射式 THz-TDS

对于基于光电导天线和电光晶体的传统 THz-TDS 系统，其可利用的光谱窗口通常限制在 2～5 THz。由于太赫兹发射器和探测器的材料限制，用于产生太赫兹的超短脉冲激光的大部分带宽未转换为太赫兹信号。对于基于非线性电光晶体的系统，这些限制来源于太赫兹光谱仪中使用的非线性电光晶体的声子模式和太赫兹范围折射率的色散性和吸收性。

随着太赫兹空气光子学的出现，可以避免传统 THz-TDS 系统的带宽限制从而提供出将超短脉冲激光的全带宽有效转换为太赫兹信号的方法，也使得把频率范围扩展到 20 THz 及以上成为可能，从而揭示出新频率范围（即超宽带）内的材料特征。图 4.15 为一种超宽带 THz-TDS 装置结构图。该装置采用的钛蓝宝石激光系统能在 1 kHz 频率下产生波长为 800 nm、脉冲时间约 40 fs 的超短激光脉冲。在空气等离子体中约 1 mJ 的激光脉冲能量用于产生太赫兹辐射，约 40 μJ 的脉冲能量用于在空气偏置相干探测器中探测太赫兹信号。

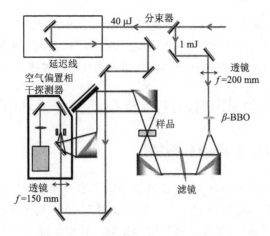

图 4.15　超宽带 THz-TDS 装置结构图

　　该装置应用了双色激光混频技术。方法是将激光器产生的激光束通过透镜聚焦并在透镜和光束焦点之间放置一个倍频 β-BBO 晶体,这样在 β-BBO 晶体中的基本光束及二次谐波会沿着聚焦区域共同传播并产生等离子体。空气在这种双色激光场中的电离会导致产生与初始超短激光脉冲带宽基本相同的太赫兹信号。与之类似,对这些超短太赫兹瞬态信号的检测方法是利用了太赫兹辐射诱导出的空气二阶非线性光学特性。与太赫兹辐射产生机制不同,空气在探测过程中不会被激光或太赫兹场电离。此外,探测器中光学选通光束和太赫兹光束都要聚焦在两个电极之间的同一点上。图 4.16(a)给出了用该超宽带 THz-TDS

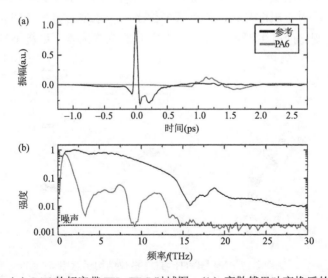

图 4.16　(a)PA6 的超宽带 THz-TDS 时域图;(b)离散傅里叶变换后的频域谱图

谱仪测定的 0.47 mm 厚 PA6 样品的时域数据。经傅里叶变换后的频谱延伸至约 30 THz，这与用于产生太赫兹的激光脉冲的持续时间和带宽都非常匹配。图 4.16（b）中清晰地出现了与 PA6 不同极性振动模式相关的共振吸收线。

4.5 反射式 THz-TDS 及在高分子方面的应用

4.5.1 反射式 THz-TDS 谱仪的结构

图 4.17 是反射式 THz-TDS 谱仪的结构示意图。系统由钛蓝宝石激光器提供频率为 75 MHz、中心波长为 790 nm、脉冲宽度为 10 fs 的激光脉冲。激光脉冲分成用于产生太赫兹辐射的泵浦光束和探测光束，其中泵浦光束照射到 GaAs 光电导天线上激发产生太赫兹脉冲，天线的偏压在 70～100 V 之间。从天线发射出的太赫兹光束通过一系列偏轴抛物面镜后聚焦在样品表面上，光束的入射角为 50°。另外一对偏轴抛物面镜对反射的太赫兹光束进行重新调节并将其聚焦到 2 mm 厚的 ZnTe 电光晶体探测器上。由于太赫兹场能调制 ZnTe 晶体的双折射，这样当激光束通过探测晶体时其线性偏振会发生相应改变。在晶体后面设置一个四分之一波片就能通过从入射探测光束产生的圆形或椭圆形偏振得到激光束的偏振变化。然后用 Wollaston 棱镜对探测光束的两个正交偏振分量进行分离，两个分量强度的差异就是太赫兹电场强度值。采用一对平衡光电二极管记录两个光束的强度。二极管的信号是锁相放大器的输入。锁相的参考信号是由 20 kHz 泵浦光的调制电信号提供的。通过改变泵浦光束和探测光束之间的延迟值就能测量到太赫兹脉冲的时域信息。反射镜表面必须与样品表面位于同一水平位置，任何未对准都会导致很大的相位变化而产生严重误差。两者之间的位置偏差要尽量小到 1 μm 以下。

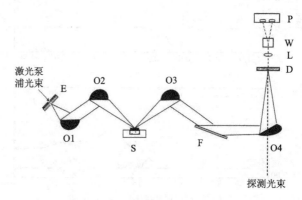

图 4.17 反射式 THz-TDS 谱仪结构示意图

E：发射器；O：偏轴抛物面镜；F：平面反射镜；S：样品；D：探测器；L：透镜；
W：Wollaston 棱镜；P：光电二极管

4.5.2 高分子溶胀的实时测量

对液体溶剂分子进入固体高分子过程的研究，无论是在高分子制造还是其最终应用等方面都具有重要意义。但将透射式 THz-TDS 应用于含有极性液体或粉末样品时会遇到巨大困难，而反射式 THz-TDS 谱仪却能用于对这些体系的研究。用反射式谱仪能观察到太赫兹脉冲在渗透液体前沿产生的反射。由于这种测量很容易应用于任何形状的高分子样品，所以非常适合于在线测量。

图 4.18 展示了用于实时测量高分子样品片溶胀行为的专用样品支架。它包括两个部件，一个是容纳溶剂的装置，另一个是支撑高分子片的多孔支撑环。测量时需要将高分子片放置在支撑环上，然后将其放入加满溶剂的容纳器内以使高分子片的下表面接触到溶剂，这样就能使样品的上表面暴露在空气中。

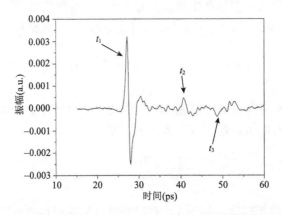

图 4.18　容纳溶剂的 PTFE 装置和支撑高分子样品片的 PTFE 环

当太赫兹脉冲施加到高分子片的上表面时，部分太赫兹光会从表面反射掉，其余部分进入样品。对于进入样品的太赫兹光，当遇到具有不同折射率特征的新界面时就会发生部分反射，得到如图 4.19 所示的时域信号图。

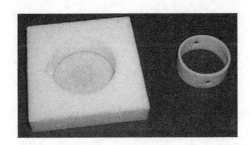

图 4.19　在反射式谱仪中获得的典型时域太赫兹信号（峰值对应的时间来自不同界面）
t_1：高分子片上表面；t_2：高分子片内前进液相的前沿；t_3：高分子片下表面

在溶剂渗透过程中能够观察到三个不同的太赫兹反射信号（图 4.19）。t_1 是来自高分子片上表面的反射，并且随着溶剂渗入高分子引起的体积膨胀导致 t_1 反射时间缩短。t_2 来自干态高分子和湿态高分子之间的内部界面，对应于溶剂扩散前沿的位置。随着溶剂从高分子片的下表面进一步向内渗透，该界面会向上移动并导致 t_2 变短。t_3 来自高分子下表面的反射，该反射随着时间的增加而逐渐减弱，这是由于随着更多溶剂被高分子吸收，到达该表面的太赫兹光束会逐渐衰减。图 4.20 是高分子片被溶剂溶胀时的横截面和太赫兹光束路径示意图。

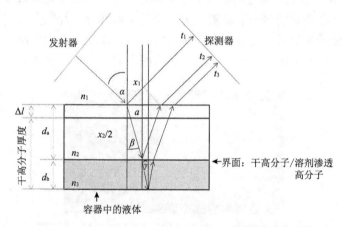

图 4.20　高分子样品片反射太赫兹光束的横截面示意图

n_1：空气折射率；n_2：干态高分子的折射率；n_3：被溶剂渗透的高分子折射率；α：太赫兹光束从空气的入射角；β：太赫兹光束的折射角；a：反射处的偏移；x_1：空气中的路径长度差；x_2：干态高分子中的路径长度差；d_a：未渗透高分子层的厚度；d_b：溶剂渗入高分子层的厚度；Δl：溶胀量

由于在不同界面处会发生太赫兹光束的折射，所以到达探测器的反射光包含了一些因光束路径长度变化产生的额外延迟量。到达探测器的空气-干态高分子和干态高分子-湿态高分子的反射路径间长度差 Δx 可由下式给出：

$$\Delta x = x_2 - x_1 = \frac{2d_a}{\cos\beta}(1 - \sin\beta\sin\alpha) \tag{4.28}$$

式中，d_a 为未渗透高分子层的厚度；α 为 50°空气入射角；β 为太赫兹光束从空气传播至高分子片时的折射角，可用斯涅尔定律确定出来：

$$\frac{\sin\alpha}{\sin\beta} = \frac{n_2}{n_1} \tag{4.29}$$

式中，n_1 为空气的折射率，等于 1。利用透射几何路径信息能确定出高分子片的折射率 n_2。路径长度差 Δx 在探测器处引入的时间延迟为：

$$\Delta t = t_2 - t_1 = \frac{x_2 n_2}{c} - \frac{x_1 n_1}{c} = \frac{2d_a(t)}{c\cos\beta}(n_2 - n_1\sin\beta\sin\alpha) \quad (4.30)$$

用公式（4.30）可以计算出$d_a(t)$的值，然后可计算出溶剂-湿态高分子层的厚度d_b，它是时间的函数：

$$d_b(t) = d + \Delta l(t) - d_a(t) \quad (4.31)$$

式中，d 表示完全干燥的高分子片的厚度；$\Delta l(t)$表示高分子片因膨胀而增加的厚度。$\Delta l(t)$可作为时间的函数计算出来：

$$\Delta l(t) = \frac{c(t_1(0) - t_1)}{2\cos\alpha} \quad (4.32)$$

式中，$t_1(0)$是在引入溶剂之前从高分子片上面开始的反射时间。由于高分子片的下部由 PTFE 环支撑着，因此高分子片膨胀的总厚度变化仅仅发生在向上增加。溶剂前沿位置d_b可以说明是否发生膨胀。如果高分子没有膨胀，则需要用校正前d_{bc}来对应假设的上表面位置：

$$d_{bc}(t) = d_b(t) - \Delta l(t) \quad (4.33)$$

图 4.21（a）显示了室温下丙酮在聚碳酸酯中渗透的太赫兹时域谱，来自 t_1 时的上表面反射、t_2 时的渗透前界面反射和 t_3 时的高分子下表面反射信号都很明显。在相对较短的时间内（<42 min）很难分辨时间 t_2 和 t_3 的反射。随着丙酮渗透的进行，来自 t_2 处的反射向高分子的上表面移动。作为丙酮渗透时间的函数，计算出的渗透前沿位置 d_b 和 d_{bc} 如图 4.21（b）所示。两者的差异反映了高分子片的溶胀程度。图中误差条是由反射的时间宽度在最大值的一半处确定的。

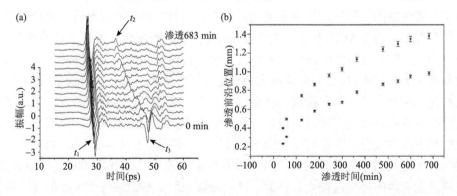

图 4.21 （a）室温下丙酮在聚碳酸酯中渗透的太赫兹时域谱：在 5 min、23 min、42 min、58 min、124 min、180 min、243 min、300 min、365 min、473 min、545 min、600 min 和 683 min 记录的波形（从干燥的 0 min 开始），（b）丙酮前沿位置 d_b(●)和 d_{bc}(▼)显示为丙酮渗透时间的函数

　　溶剂分子向高分子体系的渗透速度取决于溶剂分子的扩散特性和高分子中由于溶胀产生的构象变化。溶剂扩散和高分子构象变化的弛豫贡献可以根据以下渗透深度 d_b 和时间 t 之间的唯象关系来确定：

$$d_b(t) = Kt^m \tag{4.34}$$

式中，K 和 m 是常数。将公式（4.34）应用于图 4.21（b）中聚碳酸酯的 d_b 测量结果后得到的 m 和 K 值分别为 0.45 和 6.7×10^{-6} ms^{-1}，这说明聚碳酸酯上表面位置大约随着时间的平方根增加。聚碳酸酯最初处于非晶态，其结晶温度远高于室温。丙酮的渗入会使高分子链具有更高的运动性，显著降低结晶所需的能量，所以丙酮渗透进聚碳酸酯后会导致聚碳酸酯结晶。由于结晶过程中的时间延迟，在渗透沿后面会出现一定距离的信号反射延迟。

4.5.3　太赫兹时域衰减全反射光谱

　　将太赫兹反射光谱与衰减全反射光谱（attenuated total reflection spectroscopy，ATR）的优势相结合能得到一种全新的太赫兹时域衰减全反射光谱（THz TD-ATR，或 THz-ATR）技术。THz-ATR 系统是在 THz-TDS 谱仪中加入相应的透镜组和 ATR 棱镜模块构成的，其优势是无须安排专门光路即可获得参考波，从而能精确评估出样品的复反射系数。THz-ATR 能提供几乎等同于透射式 THz-TDS 的功能，此外还能观察到传统 THz-TDS 中难以探索的样品纵向模式信息。

　　THz-ATR 的装置结构如图 4.22 所示。该系统与传统的透射式 THz-TDS 光谱仪基本相同。在 THz-ATR 谱仪中仅需将一种多夫棱镜插入太赫兹光束的聚焦位置，样品放置在距离棱镜全反射面 d 的位置。棱镜底面满足全反射条件。来自钛蓝宝石激光器的飞秒脉冲作为泵浦光用于产生太赫兹辐射和检测时间脉冲，其中太赫兹辐射是用 InAs 光电导天线产生的，并通过标准电光法进行信号检测。

　　当太赫兹光透过棱镜与样品表面后，由于棱镜折射率大于样品折射率，若折射角再大于入射角时，当入射角增大到一定程度时就会发生全反射现象（图 4.23）。此时光并不会全部反射回棱镜，而会透入一定深度的样品内并沿着界面通过波长量级的距离后再次返回棱镜，最后沿着反射光方向射出。透入样品的光在样品吸收的频率范围内会被吸收而发生强度衰减形成倏逝波，也就是在 THz-ATR 谱仪中倏逝波与全反射平面平行传播。倏逝波和样品之间有一个有限的相互作用长度，在样品无吸收的范围内被全部反射。这样测量入射太赫兹波强度大小的变化后再经数据处理就可以得到样品的太赫兹时域谱图。由于该方法中反射能量变化不大，所以非常适合测量如水的极性液体和水溶液样品。

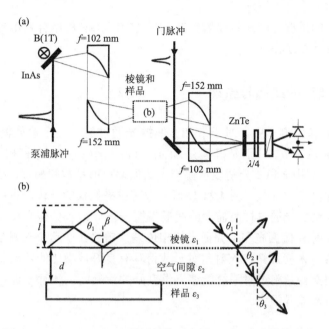

图 4.22 （a）THz-ATR 装置结构示意图；（b）多夫棱镜光路图

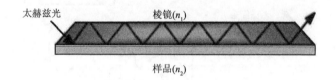

图 4.23 样品和棱镜间的反射示意图

此外，根据入射太赫兹波的偏振方向不同（p 偏振或 s 偏振），倏逝波可为纵向波或横向波。其中纵向波可以激发纵向模式，例如表面等离子体极化。对于用硅和氧化镁制造的棱镜，它们在 0.2～2.5 THz 范围内均能良好工作。THz-ATR 已用于检测液体、粉末及薄膜样品等方面，它能有效解决极性液体在太赫兹波段因强吸收性产生的不利于太赫兹波直接检测的弊端。

4.6 太赫兹椭偏仪

光学测量方法的一个重要特征是对于一束固定频率的光，可同时测量到光线的振幅和相位两种信息。椭圆偏振光谱（spectroscopic ellipsometry，SE）就是通过测量线偏振光经材料表面反射后，从光的相对振幅与相位改变量计算出椭偏参数，再通过椭偏参数拟合后获取样品光学性质的光谱技术。SE 技术中已经涉及了紫外、可见光和红外区的光源。椭偏仪也成为一种探测薄膜厚度、获得材料光学常数及微结构的重要光学测量仪器。将 THz-TDS 与 SE 相结合就得到一种新颖的太赫兹椭偏仪（THz-SE）。

4.6.1　THz-SE 的结构与原理

在传统的椭偏测量中，对于 p 和 s 偏振光通过旋转一个检偏器能够从实验上获得两个重要参数，分别是椭偏角 $\varphi(\omega) = \tan^{-1} |r_{\mathrm{p}}(\omega)|/|r_{\mathrm{s}}(\omega)|$ 和相位差 $\theta_{\mathrm{el}}(\omega) = \phi_{\mathrm{p}}(\omega) - \phi_{\mathrm{s}}(\omega)$，其中 r 和 ϕ 分别表示偏振光的振幅反射系数和相位，然后从椭偏参数导出材料的复光学常数。图 4.24 显示了太赫兹椭偏仪的结构示意图。从光电导天线发射的太赫兹光通过样品前面的线栅偏振器被分为 p 偏振光和 s 偏振光。为了检测样品反射 p 偏振光和 s 偏振光的相位差，需要在样品和探测器之间放置一个线栅分析器。太赫兹光的入射角对于获得具有良好信噪比的数据非常重要。当入射角在布儒斯特角附近时系统能够提供良好的信噪比，此时 p 偏振光和 s 偏振光之间的反射率差异很大。

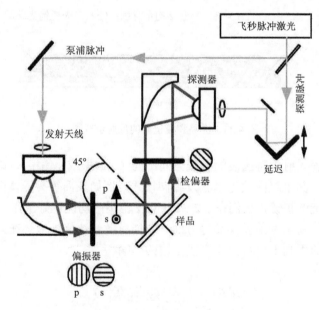

图 4.24　太赫兹椭偏仪的结构示意图

样品的太赫兹折射率可通过以下方程式导出：

$$n^2 - k^2 = \sin^2 \theta_{\mathrm{in}} \left(1 + \frac{\tan^2 \theta_{\mathrm{in}} (\cos^2 2\varphi - \sin^2 2\varphi \sin^2 \theta_{\mathrm{el}})}{(1 + \sin 2\varphi \cos \theta_{\mathrm{el}})^2} \right) \tag{4.35}$$

$$2nk = \sin^2 \theta_{in} \frac{\tan^2 \theta_{in} \sin 4\varphi \sin \theta_{el}}{(1 + \sin 2\varphi \cos \theta_{el})^2} \qquad (4.36)$$

式中，θ_{in} 为太赫兹光的入射角；φ 为椭偏角；θ_{el} 为相位差。

4.6.2　THz-SE 的应用

为了全面理解导电聚合物在宽光谱范围光学响应的物理模型，科研人员曾使用聚 3,4-亚乙基二氧噻吩:甲苯磺酸酯（PEDOT:Tos）薄膜作为模型系统，测定了薄膜从 0.41 meV 太赫兹到 5.90 eV 紫外线超宽光谱范围内的光学性质。实验中使用的太赫兹椭偏仪能在 0.41 meV 到 4.1 meV，即 0.1 THz 到 1 THz 的光谱范围内，以 40°、50°和 60°三个入射角进行光谱性质测量（图 4.25）。

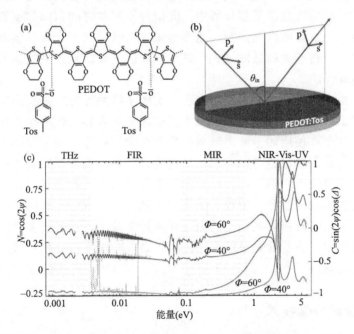

图 4.25　（a）PEDOT:Tos 化学结构式；（b）太赫兹椭偏测量示意图；
（c）PEDOT:Tos 膜的超宽光谱图

4.7　太赫兹成像

太赫兹成像是一种能提供样品二维和三维太赫兹吸收特征的光学技术。这项技术对于分析目标材料中化学物质的分布和含量非常有用。自从 20 世纪 90 年代首次获得二维太赫兹透射图像以来，随后开发出了能在视频速率下用于成像的快速电光探测器，开启了二维和三维太赫兹成像技术的开端。早期太赫兹成像技术采用的是宽带脉冲太赫兹时域光谱，后来发展出了窄带太赫兹成像技术以及连续波成像技术。

4.7.1　太赫兹时域光谱成像技术

在传统的 THz-TDS 系统中，由于太赫兹光束的功率非常小，必须采用高动态范围传感器才能实现成像。然而，由于没有有效的二维相干太赫兹探测器，大多数时域成像系统都是基于对样品的二维电动机械扫描和一系列单点测量后图像重建来完成成像的。不同种类的电动扫描设备，如旋转或振动镜设备可以产生几百皮秒的延迟范围，这样扫描速率通常可达到几百赫兹。但在重建反射或透射光束的时间响应数据采集步骤中，光谱分辨率与时间窗口的倒数有关。这意味着会有一个明显的时间限制，需要在采集持续时间和光谱分辨率之间进行权衡。总之，用传统太赫兹时域光谱进行成像的主要缺点是采集速度较慢，不适合于许多场合。

随着自由空间电光探测方法的出现，实现了以并行方式采集图像的可能。与上述技术不同，电光检测过程能将太赫兹辐射从太赫兹频率相干地上转换为光学频率，这允许使用如多通道阵列的标准光学探测器。利用二维光学成像法捕获二维太赫兹图像已经得以实现。在这类方法中，首先采用太赫兹场调制电光晶体中的探测光束，然后使用电荷耦合器件（CCD）摄像机对调制光束进行成像从而可以同时采集图像中每个像素的信息。把飞秒激光器用作产生和检测太赫兹脉冲的光源时探测光束中的调制深度通常较小，需要在多个帧上平均数据。如果使用放大飞秒激光系统作为光源，则调制深度可以相对较大，从而允许单次激发检测。

4.7.2　连续波成像技术

基于连续激光产生连续波相干太赫兹辐射后再进行成像，是另一种太赫兹成像技术。该技术通过混合两个单模激光器或者通过单个激光器内的拍频，实现在太赫兹频率下产生拍频。然后通过驱动在高速半导体上制造的偏置光电导天线，将该振幅调制光束转换为基带频率。这种方法的一个显著优点是能够创建一种廉价、紧凑、窄线宽的光源，能够在太赫兹频域进行高分辨率光谱分析。其他重要的优点还包括能够在宽光谱带宽上调谐并获得具有高光谱亮度的太赫兹光束。这种技术要使用热辐射计来检测信号。虽然这种检测方法已被证明是非常有效的，但必须要在低温下操作热辐射计以减少噪声。此外，热辐射计是平方律型探测器，会丢失有关太赫兹场相位的所有信息。图 4.26 是一种具有电光探测器的连续波太赫兹成像系统结构示意图。仪器中使用光电导天线来产生太赫兹辐射，使用标准电光方法来检测信号。由于 CCD 摄像机对太赫兹波不敏感，需要在 CCD 相机前面放置如 ZnTe 的电光晶体以利用电光晶体对太赫兹波作出响应。

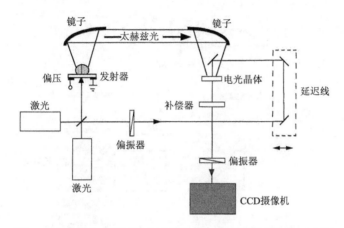

图 4.26　具有电光探测器的连续波太赫兹成像系统结构示意图

4.7.3　太赫兹衍射成像方法

因为透过样品的太赫兹波分布和样品折射率之间存在关系，衍射成像的原理是通过测量衍射太赫兹场来确定出样品折射率的空间分布。衍射成像的基础是基于超声成像系统中常用的假设，即将逆散射方程线性化。衍射成像中探测光束与目标相互作用，然后利用目标散射的波即折射率分布建立出样品的三维图像。图 4.27 是一个太赫兹衍射成像系统的结构示意图。该系统中飞秒激光单元是由一个锁模钛蓝宝石激光器和一个再生放大器组成的。该激光装置能产生 800 nm 的脉冲，脉冲宽度 130 fs，脉冲能量 700 μJ，重复频率 1 kHz。来自激光装置的激光束通过偏光立方分束器（CB）分为泵浦光和探测光。利用可旋转半波片（HW）来调节泵浦光和探测光之间的强度比。

泵浦光通过负透镜 L4 后被扩展放大，然后入射到 2 mm 的 ZnTe 电光晶体上，在该晶体中通过光学整流原理产生太赫兹光束。产生的太赫兹光束通过 90°偏轴抛物面镜进行准直。准直后的太赫兹光束照亮目标，光束在目标上被散射。散射的太赫兹光再由掺锡二氧化铟（ITO）反射镜反射，反射的太赫兹光束与探测光束结合。探测光束通过由负透镜 L1 和正透镜 L2 组成的望远镜扩束器扩展为 2.5 cm 高斯光束。探测光束和散射太赫兹光束通过一个 4 mm 厚、2 cm 直径的 ZnTe 晶体共线传播。由于电光效应，探测光束的偏振被 ZnTe 晶体中形成的太赫兹二维衍射图案调制，这样太赫兹衍射图案就被编码到探测光束上。可通过垂直于偏振器 P1 的偏振分析器 P2 来测量偏振调制。透镜 L3 用于将携带太赫兹衍射图案的探测光束聚焦到 CCD 相机上。样品可以沿 y 轴旋转，并通过由旋转和两个线性平移台组成的位置控制系统沿 x 轴或 z 轴移动。

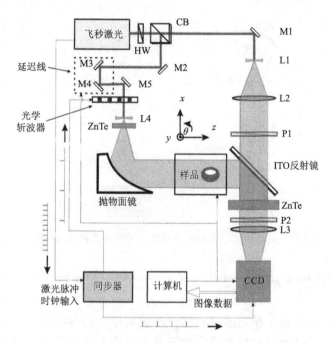

图 4.27 太赫兹衍射成像系统结构示意图
CB：偏光立方分束器；M1～M5：介质镜；L1～L4：透镜

与其他成像方法相比，该技术更适用于具有精细结构的复杂样品，其中衍射效应需在测量中占主导地位。但由于缺少合适的重建算法和信号解释方面的问题，太赫兹衍射成像通常提供了较差的重建图像。此外，该方法假设目标是无色散的，这却消除了太赫兹技术的一个关键优势，即关于目标光谱信息的提取。

4.7.4 太赫兹成像的应用

太赫兹成像可用于分析覆盖有对太赫兹波透明但不透可见光的物品或材料，比如通常用作包装的纸张或一些高分子材料。图 4.28 展示了一个纸质信封的信件炸弹模型在太赫兹光照下的成像照片，从中可以清晰地看到信封内部的芯片电路等器件。

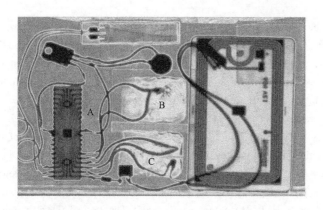

图4.28　信件炸弹模型的太赫兹成像照片

　　该方法在筛选邮件中的药物时也非常有用，这是因为药物分子往往具有独特的太赫兹指纹光谱，所以能用窄带光谱进行快速分类。太赫兹光波的另一个值得注意的特性是它们对材料造成的损害很小，因此可以用来探测脆弱的生物材料。这使得太赫兹成像成为分析生物和医学样本（如牙齿、皮肤和癌组织）的特别有前途的成像工具。在高分子工业中太赫兹成像系统可以有效地进行在线生产控制，比如实时对油漆性能进行测量，实现对塑料焊接接头的质量、导电性能、湿度水平、纤维取向和高分子玻璃化转变温度等进行监测。

参 考 文 献

曹灿, 张朝晖, 赵小燕, 等. 2018. 太赫兹时域光谱与频域光谱研究综述 [J]. 光谱学与光谱分析, 38: 2688–2699.

王鹏骥, 何明霞. 2019. 大分子聚集态的高灵敏太赫兹频谱特性研究 [D]. 天津: 天津大学.

郑彦顺, 周俊. 2020. 基于飞秒激光的超快太赫兹光谱技术研究 [D]. 成都: 电子科技大学.

Burford N M, El-Shenawee M O. 2017. Review of terahertz photoconductive antenna technology [J]. Optical Engineering, 56: 010901.

Chen S, Kuhne P, Stanishev V, et al. 2019. On the anomalous optical conductivity dispersion of electrically conducting polymers: Ultra-wide spectral range ellipsometry combined with a Drude-Lorentz model [J]. Journal of Materials Chemistry C, 7: 4350–4362.

D'Angelo F, Mics Z, Bonn M, et al. 2014. Ultra-broadband THz time-domain spectroscopy of common polymers using THz air photonics [J]. Optics Express, 22: 12475–12485.

Dorney T D, Baraniuk R G, Mittleman D M. 2001. Material parameter estimation with terahertz time-domain spectroscopy [J]. Journal of the Optical Society America A, 18: 1562–1571.

Guillet J P, Recur B, Frederique L, et al. 2014. Review of terahertz tomography techniques [J]. Journal of Infrared Millimeter & Terahertz Waves, 35: 382–411.

Hirori H, Yamashita K, Nagai M, et al. 2004. Attenuated total reflection spectroscopy in time domain using terahertz coherent pulses [J]. Japanese Journal of Applied Physics, 43: 1287–1289.

Huang Y, Singh R, Xie L, et al. 2020. Attenuated total reflection for terahertz modulation, sensing, spectroscopy and imaging applications: A review [J]. Applied Sciences, 10: 4688.

Nagashima T, Hangyo M. 2001. Measurement of complex optical constants of a highly doped Si wafer using terahertz ellipsometry [J]. Applied Physics Letters, 79: 3917–3919.

Nahata A, Yardley J T, Heinz T F. 1999. Free-space electro-optic detection of continuous-wave terahertz radiation [J]. Applied Physics Letters, 75: 2524–2526.

Nahata A, Yardley J T, Heinz T F. 2002. Two-dimensional imaging of continuous-wave terahertz radiation using electro-optic detection [J]. Applied Physics Letters, 81: 963–965.

Obradovic J, Collins J H P, Hirsch O, et al. 2007. The use of THz time-domain reflection measurements to investigate solvent diffusion in polymers [J]. Polymer, 48: 3494–3503.

Theuer M, Harsha S S, Molter D, et al. 2011. Terahertz time-domain spectroscopy of gases, liquids, and solids [J]. ChemPhysChem, 12: 2695–2705.

Tomasino A, Parisi A, Stivala S, et al. 2013. Wideband THz time domain spectroscopy based on optical rectification and electro-optic sampling [J]. Scientific Reports, 3: 3116.

Ueno Y, Ajito K. 2008. Analytical terahertz spectroscopy [J]. Analytical Sciences, 24: 185–192.

Wang S, Zhang X-C. 2004. Pulsed terahertz tomography [J]. Journal of Physics D: Applied Physics, 37: 1–36.

Wietzke S, Jansen C, Reuter M, et al. 2011. Terahertz spectroscopy on polymers: A review of morphological studies [J]. Journal of Molecular Structure, 1006: 41–51.

Wu Q, Hewitt T D, Zhang X-C. 1996. Two-dimensional electro-optic imaging of THz beams [J]. Applied Physics Letters, 69: 1026–1028.

第 5 章

和频振动光谱

　　高分子材料在使用过程中会与许多不同的介质接触，如水、水溶液、金属和其他高分子材料。两相之间的界面区是不同性质材料相遇和相互作用的地方。界面性质受到界面分子结构的影响，它往往决定着高分子在不同使用环境中的性能，认识高分子界面的分子结构是必要的研究方面。由于缺乏合适的技术，通常情况下很难从界面上获得分子水平的信息。一些表面敏感的测定技术如 X 射线光电子能谱（XPS）或二次离子质谱（SIMS），却不能用来研究包埋在两相之间的界面。要使用这些技术来探测包埋界面传统的方法是破坏界面并分析产生的表面，但这样却显著改变了原先界面处分子的结构。衰减全反射傅里叶变换红外光谱（ATR FT-IR）虽然可以测量包埋的界面，但其探测的是倏逝波范围内的总面积，因此不能反映界面特异性。表面增强拉曼光谱（SERS）的原理是利用粗糙的金属表面增强电磁场来探测沉积在金属表面的分子结构，因此具有很大的局限性。

　　和频振动光谱（sum frequency generation vibrational spectroscopy，SFG-VS 或SFG）是表界面科学领域中一个相对较新的技术。SFG 是一种二阶非线性光学技术，它能提供出界面上分子的振动光谱。虽然非线性光谱学的理论基础早在 1962 年就提出了，但对这类现象的实验观察却一直等到可靠的高功率脉冲激光器出现后才得以实现。在 20 世纪 80 年代末获得到了第一个和频光谱图。20 世纪末首次报道了用和频光谱对高分子材料进行的界面研究。SFG 在研究包埋界面方面显示出明显的优势。首先，SFG 是一种基于激光的技术，因此可以在不需要暴露界面的情况下原位测量包埋的界面。其次，SFG 本质上是表面敏感的，因为信号只能从具有非中心对称性的位置产生。第三，利用中红外光束激发分子振动能提供分子水平的信息。第四，SFG 的信号是偏振相关的，因此可以从对偏振敏感的测量中提取出分子取向信息。SFG 已经成为研究高分子界面性质的重要技术手段。

5.1　和频光产生的原理

5.1.1　和频振动光谱原理简介

　　和频振动光谱依赖于非线性光谱技术。产生和频光谱需要用到两个脉冲激光束，一个是固定频率的可见光束，频率记为ω_{VIS}，另一个是频率可调的红外光束，频率记为ω_{IR}。这两束入射光在界面上得到时空叠加后产生出频率加和的一束光，其频率为$\omega_{SF} = \omega_{VIS} + \omega_{IR}$。当可调红外光束的频率与界面分子的振动模式一致时和频光的强度就会因共振而增强。通过检测和频光作为红外频率的函数就能得到一个振动光谱图。对和频光谱的分析方法不同于线性振动光谱（如红外或拉曼光谱）的分析方法。

要使分子共振振动模式能产生和频光，分子必须处于不对称环境中。对于不对称性的要求则是在宏观和分子水平上同时出现。在宏观尺度上体相中的分子是各向同性分布的，因此缺乏不对称性不能引起和频光。但在各向同性的体相中引入界面则会产生一个非对称平面，界面分子就会导致和频光的生成。此外，要使界面分子能够生成和频光，它们必须具有极性取向。具有相等数量的相反方向排列的分子或完全无序的表界面结构是不会产生和频光的。因此和频光谱具有内在的界面特性，不会遇到与来自表面的信号以及体相信号难以区分的困难，而这类问题却是线性振动光谱的一个明显缺点。在分子水平上产生和频光的不对称条件有助于对界面分子有序度的量化研究。此外，在含有非共振信号的系统中和频信号的谱线形状还能反映出所研究分子结构的取向状况。最后，由于和频光是一个相干过程并且在界面处产生的和频光具有与入射激光束强度、方向和相位有关的量值，因此通过分析不同入射光束的偏振光谱可以确定出界面分子的平均倾斜角度。

5.1.2 非线性光学及和频光的产生原理

在介质中传播的光波的电场（E）对构成介质的分子的价电子会施加一个力，对于环境中的低强度非相干光来说该力是很小的。在各向同性介质中分子在E场中因静电作用产生的诱导偶极μ为：

$$\mu = \mu_0 + \alpha E \tag{5.1}$$

式中，μ_0为介质分子的永久偶极；α为分子的极化率。在凝聚相中单位体积内分子偶极的加和会产生一个偶极矩，也就是体相的极化度P。少数驻极体材料会有静态的极化度。一般情况下由振荡电场诱导产生的极化度为：

$$P = \varepsilon_0 \chi^{(1)} E \tag{5.2}$$

式中，ε_0为真空介电常数；$\chi^{(1)}$为介质的α的平均值，称为一阶或线性极化率。诱导偶极以与施加的电场相同的频率振荡并导致介质以入射电场的频率发光。这会产生反射和折射等线性光学现象。随着E场强度的增加通常不显著的非线性性质开始增加，此时要在诱导偶极公式中引入附加项：

$$\mu = \mu_0 + \alpha E + \beta E^2 + \gamma E^3 + \cdots \tag{5.3}$$

式中，β 和 γ 分别为一阶和二阶超极化率。体相材料的极化度变成：

$$P = \varepsilon_0(\chi^{(1)}E + \chi^{(2)}E^2 + \chi^{(3)}E^3 + \cdots) = P^{(1)} + P^{(2)} + P^{(3)} + \cdots \tag{5.4}$$

式中，$\chi^{(2)}$ 和 $\chi^{(3)}$ 分别为二阶和三阶非线性极化率，它们比 $\chi^{(1)}$ 小得多。只有当外加电磁场与分子中电子所经受的场强度相当时非线性效应才会变得显著。这种量级的电磁场通常只有用脉冲激光才能获得。1961 年报道的第一个成功的非线性光学实验是在红宝石激光器照射下由石英晶体产生的二次谐波。通过用入射电磁场的频率表示光的电场强度，产生二次谐波的原因可用以下公式解释：

$$E = E_1 \cos \omega t \tag{5.5}$$

式中，E_1 为光束 1 的电场强度；ω 为入射光的频率，诱导极化度成为：

$$P = \varepsilon_0 \left[\chi^{(1)}(E_1 \cos \omega t) + \chi^{(2)}(E_1 \cos \omega t)^2 + \chi^{(3)}(E_1 \cos \omega t)^3 + \cdots \right] \tag{5.6}$$

公式（5.4）可重写为：

$$P = \varepsilon_0 \left(\chi^{(1)}E_1 \cos \omega t + \frac{\chi^{(2)}}{2} E_1^2 (1 + \cos 2\omega t) + \frac{\chi^{(3)}}{4} E_1^3 (3\cos \omega t + \cos 3\omega t) + \cdots \right) \tag{5.7}$$

公式（5.7）表明诱导极化度以及因此发射的光包含入射电场 E 的频率的二次项（二次谐波）、三次项（三次谐波）等。此外，和频光谱的起源还可以通过一个类似的论证来给予证明。当把介质表面的 E 场表示为来自频率 ω_1 和 ω_2 的两个入射激光束的振荡场之和时有以下公式：

$$E = E_1 \cos \omega_1 t + E_2 \cos \omega_2 t \tag{5.8}$$

当仅考虑二阶极化度时可得到：

$$P^{(2)} = \varepsilon_0 \chi^{(2)} (E_1 \cos \omega_1 t + E_2 \cos \omega_2 t)^2 \tag{5.9}$$

对于不包含时间变量的情况，描述二阶非线性极化度和频成分的公式为：

$$P^{(2)} = \varepsilon_0 \chi^{(2)} E_1 E_2 \tag{5.10}$$

5.2　光束与界面间的作用

对光束与界面间相互作用的分析采用遵循右手规则的笛卡儿坐标系，也就是右手从 x 到 y 的螺旋对应着正的 z 方向，入射和发射光束是在 xz 平面中传播的（图 5.1）。

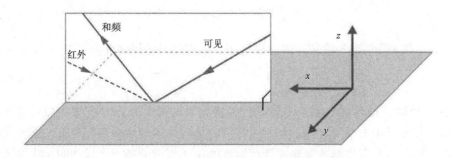

图 5.1　入射和发射光束在 xz 平面中传播

当描述一个在界面上入射的电磁波时，可将其相关的电场 E 分解成与入射面平行（p）和垂直（s）的两个偏振分量（图 5.2）。E^{I} 的上标 I 表示所示 E 场源于入射到表面的光束。为了清楚起见在图 5.2 中已省略了反射和透射光束。

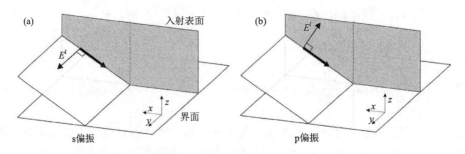

图 5.2　入射光 E 场的 s 偏振和 p 偏振
（a）s 偏振光分解成垂直于入射面的分量；（b）p 偏振光分解成平行于入射面的分量

电磁方程通常分别考虑 s 偏振和 p 偏振，因为它们在界面上的行为不同。根据图 5.1 所示的坐标轴和图 5.2 所示的光束几何形状，由 s 偏振光在界面产生的 E 场可以由仅沿 y 轴的表面束缚电场 E 来描述，而入射的 p 偏振光产生的电场可以分解为 x 轴和 z 轴上的表面电场（图 5.3）。图 5.3 中的 θ_{I} 是入射光束与界面法线之间的角度，为清楚起见图中未标出反射和透射光束。

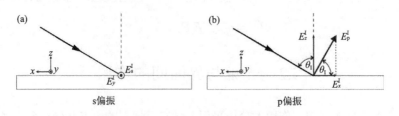

图 5.3　界面上的 s 偏振光和 p 偏振光

入射光的电场在界面上的 x、y 和 z 分量分别由以下方程给出：

$$E_x^I = E_x^I \cdot \hat{x} \tag{5.11}$$

$$E_y^I = E_y^I \cdot \hat{y} \tag{5.12}$$

$$E_z^I = E_z^I \cdot \hat{z} \tag{5.13}$$

式中，E_i^I 为沿 i 轴（$i = x$，y，z）分解的分量大小；$\hat{\imath}$ 是沿该轴的单位矢量。分量的相对大小可以用图 5.3 所示的三角形计算出来：

$$E_x^I = \pm E_p^I \cos \theta_I \tag{5.14}$$

$$E_y^I = E_s^I \tag{5.15}$$

$$E_z^I = E_p^I \sin \theta_I \tag{5.16}$$

如果入射光束在正 x 方向传播公式（5.14）中则采用正号，如果入射光束在负 x 方向传播则采用负号。光束在界面上的反射或透射程度可以用菲涅耳系数和菲涅耳方程来确定。对于抗磁性材料菲涅耳方程涉及光束相对于界面法线的入射角和透射角（分别为 θ_I 和 θ_T）以及两种介质的折射率（分别为 n_I 和 n_T），如图 5.4 所示。图 5.4 中的 E^I、E^R 和 E^T 分别是入射、反射和透射的 E 场矢量。r 和 t 分别是反射和透射的菲涅耳振幅系数。

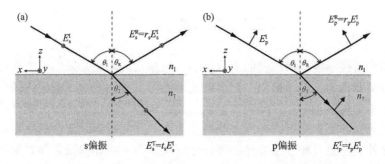

图 5.4　s 偏振光和 p 偏振光的入射、反射和透射光束图

s 偏振光和 p 偏振光的反射和透射的菲涅耳振幅系数由下式给出：

$$r_s \equiv \left(\frac{E_s^R}{E_s^I} \right) = \frac{n_I \cos \theta_I - n_T \cos \theta_T}{n_I \cos \theta_I + n_T \cos \theta_T} \tag{5.17}$$

$$r_p \equiv \left(\frac{E_p^R}{E_p^I} \right) = \frac{n_T \cos\theta_I - n_I \cos\theta_T}{n_I \cos\theta_T + n_T \cos\theta_I} \tag{5.18}$$

$$t_s \equiv \left(\frac{E_s^T}{E_s^I} \right) = \frac{2n_I \cos\theta_I}{n_I \cos\theta_I + n_T \cos\theta_T} \tag{5.19}$$

$$t_p \equiv \left(\frac{E_p^T}{E_p^I} \right) = \frac{2n_I \cos\theta_I}{n_I \cos\theta_T + n_T \cos\theta_I} \tag{5.20}$$

界面上的总电场是入射光和反射光的电场之和。界面上电场分量的大小可由下式给出：

$$E_x = E_x^I + E_x^R = E_x^I + r_p E_x^I = \mp\left(E_p^I \cos\theta_I - r_p E_p^I \cos\theta_I \right) = \mp E_p^I \cos\theta_I \left(1 - r_p \right) \tag{5.21}$$

$$E_y = E_y^I + E_y^R = E_y^I + r_s E_y^I = E_s^I + r_s E_s^I = E_s^I \left(1 + r_s \right) \tag{5.22}$$

$$E_z = E_z^I + E_z^R = E_z^I + r_p E_z^I = E_p^I \sin\theta_I + r_p E_p^I \sin\theta_I = E_p^I \sin\theta_I (1 + r_p) \tag{5.23}$$

对于图 5.4 所示的光束方向，当其对应于图 5.1 所示的和频光谱实验中的红外光束时产生的 E_x^I 为负、 E_x^R 为正的场方向，从而使公式（5.21）为负。如果入射光束沿相反方向传播（如图 5.1 所示的可见光束），则 E_x^I 为正 E_x^R 为负，从而使公式（5.21）为正。

5.3　和　频　公　式

和频光谱技术需要探测界面上分子的共振振动，因此要采用一个在红外频率范围内自动可调的光为入射光。在电磁光谱的可见光区域中精确检测低强度的光在实验技术上是容易的，因此第二个入射光束选择为固定频率的可见光或近红外光。当红外光的频率接近表界面分子的某个红外共振频率时就会产生振动的和频信号。红外、可见及和频三束光都可以分别控制为 s 或 p 偏振方向并得到多种偏振组合。通过选择与分析不同的偏振组合就可以得到该偏振组合下的和频振动光谱信息，从而进一步分析出表界面分子的结构信息。

5.3.1　和频光的几何路线公式

从公式（5.9）可以得到发射出的和频光的频率只是可调红外光和固定可见光

频率的总和：

$$\omega_{\text{SF}} = \omega_{\text{IR}} + \omega_{\text{VIS}} \tag{5.24}$$

公式（5.10）可以重写成：

$$P_{\text{SF}}^{(2)} = \varepsilon_0 \chi^{(2)} E_{\text{VIS}} E_{\text{IR}} \tag{5.25}$$

为了实现和频光，红外和可见光束在表界面上要实现空间和时间的重叠，随后在与表界面法线成一定角度处（θ_{SF}）产生相干的和频信号。利用平行于界面的所有三个光束的动量守恒（也称为相位匹配）条件进行以下计算：

$$n_{\text{SF}} \omega_{\text{SF}} \sin \theta_{\text{SF}} = n_{\text{VIS}} \omega_{\text{VIS}} \sin \theta_{\text{VIS}} \pm n_{\text{IR}} \omega_{\text{IR}} \sin \theta_{\text{IR}} \tag{5.26}$$

或者有：

$$n_{\text{SF}} k_{\text{SF}} \sin \theta_{\text{SF}} = n_{\text{VIS}} k_{\text{VIS}} \sin \theta_{\text{VIS}} \pm n_{\text{IR}} k_{\text{IR}} \sin \theta_{\text{IR}} \tag{5.27}$$

式中，n 为相关光束通过的介质的折射率；ω 为光的频率；θ 为每个光束与表面法线的夹角；k 的单位是波数，通常倾向于优先使用公式（5.27）。正号表示同向传播的光束，即来自同一 x 方向的可见光和红外光；负号表示反向传播的光束，即来自相反 x 方向的可见光和红外光（图 5.5）。产生的和频光既可以从表界面反射出来又可以透射进入表界面。通常会检测两个光束中更容易获得的那个光。在和频光谱实验中由于和频光的强度较低，红外与和频光束都是肉眼不可见的。为了清楚起见图 5.5 中略去了反射的红外和可见光，进入基底的和频光也未被画出来。和频光束与表界面法线间的角度值可利用公式（5.26）和（5.27）计算出来。

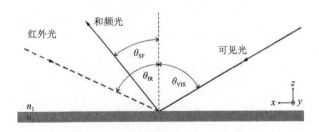

图 5.5　反向传播的和频光束几何路径图

5.3.2　表面约束坐标系下的诱导极化

尽管公式（5.25）完全描述了从表面生成和频光的过程，但它是以独立于坐标系的方式进行描述的。为了描述和频光在表界面的生成，需要使用表面约束坐标系来定义公式（5.25）与表面 E 场，以及入射和产生和频光束的关系。表面约束坐标系使用 i、j、k 来表示 x、y、z 坐标方向。$\chi^{(2)}$ 是一个三阶张量，它在笛卡儿空间中有 27 个不同的分量，每个分量对应一个不同的应用矢量组合。公式（5.25）可以按照表面约束坐标系重写成公式（5.28）所示的形式，即仅考虑 j 和 k 轴上的 E 场在 i 方向上的诱导极化时采用应用矢量的单个代表性组合为：

$$P_{i,\text{SF}}^{(2)} = \varepsilon_0 \chi_{ijk}^{(2)} E_{j,\text{VIS}} E_{k,\text{IR}} \tag{5.28}$$

然而公式（5.28）仅描述来自表面和频光信号的 1/27，例如由 $E_{y,\text{VIS}}$、$E_{z,\text{IR}}$ 和 $\chi_{xyz}^{(2)}$ 产生的 $P_{x,\text{SF}}$，或者由 $E_{z,\text{VIS}}$、$E_{z,\text{IR}}$ 和 $\chi_{zzz}^{(2)}$ 产生的 $P_{z,\text{SF}}$。完整描述从表面形成的和频光则必须考虑所有 27 个可能的张量分量，即：

$$P_{\text{SF}}^{(2)} = \sum_i^{x,y,z} P_{i,\text{SF}}^{(2)} = \varepsilon_0 \sum_i^{x,y,z} \sum_j^{x,y,z} \sum_k^{x,y,z} \chi_{ijk}^{(2)} E_{j,\text{VIS}} E_{k,\text{IR}} \tag{5.29}$$

为了简单起见进一步介绍和频公式时将只考虑由公式（5.28）给出的代表性分量的单一组合，总和频光信号只能通过对所有分量的求和才能计算出来。

5.3.3 入射电场产生的表面电场

公式（5.28）具体涉及表面的电场矢量 E，它不是通过空间传播的电场矢量 E。利用菲涅耳方程，即公式（5.17）、（5.18）、（5.21）、（5.22）和（5.23），对 s 偏振和 p 偏振可计算出由入射 E 场产生的表面 E 场：

$$E_x = E_x \hat{x} = \mp E_p^{\text{I}} \cos \theta_{\text{I}} (1 - r_p) \hat{x} = K_x E_p^{\text{I}} \hat{x} \tag{5.30}$$

$$E_y = E_y \hat{y} = (1 + r_s) E_s^{\text{I}} \hat{y} = K_y E_s^{\text{I}} \hat{y} \tag{5.31}$$

$$E_z = E_z \hat{z} = E_p^{\text{I}} \sin \theta_{\text{I}} (1 + r_p) \hat{z} = K_z E_p^{\text{I}} \hat{z} \tag{5.32}$$

公式（5.30）中 K_x 为：

$$K_x = \mp \cos \theta_{\text{I}} (1 - r_p) = \mp \cos \theta_{\text{I}} \left(1 - \frac{n_{\text{T}} \cos \theta_{\text{I}} - n_{\text{I}} \cos \theta_{\text{T}}}{n_{\text{I}} \cos \theta_{\text{T}} + n_{\text{T}} \cos \theta_{\text{I}}} \right) = \mp \frac{2 n_{\text{I}} \cos \theta_{\text{I}} \cos \theta_{\text{T}}}{n_{\text{I}} \cos \theta_{\text{T}} + n_{\text{T}} \cos \theta_{\text{I}}} \tag{5.33}$$

对于图 5.5 所示的反向传播光束的几何路径，K_x 对于可见光束为正值，对于红外光束为负值。类似地可以得到 K_y 和 K_z 的计算公式如下：

$$K_y = \frac{2n_I \cos\theta_I}{n_I \cos\theta_I + n_T \cos\theta_T} \tag{5.34}$$

$$K_z = \sin\theta_I(1 + r_p) = \frac{2n_I \sin\theta_I \cos\theta_I}{n_I \cos\theta_T + n_T \cos\theta_I} \tag{5.35}$$

对于公式（5.28）描述的通用方程，根据公式（5.30）、（5.31）和（5.32），可以用入射光束的偏振量表示为：

$$P_{i,SF}^{(2)} = \varepsilon_0 \chi_{ijk}^{(2)} \hat{j} K_j E_{p/s,VIS}^I \hat{k} K_k E_{p/s,IR}^I \tag{5.36}$$

隐含掉单位矢量后给出的表达式为：

$$P_{i,SF}^{(2)} = \varepsilon_0 \chi_{ijk}^{(2)} K_j E_{p/s,VIS}^I K_k E_{p/s,IR}^I \tag{5.37}$$

5.3.4　诱导极化产生的和频光电场

公式（5.37）给出的入射光在界面上引起的非线性诱导极化度 $P_{i,SF}^{(2)}$，其产生出表面束缚的和频光电场。由于公式（5.26）和（5.27）的相位匹配原则，产生的和频光会以特定角度从界面发射出来。为了将诱导极化度与发射的和频光 E 场联系起来，可在考虑相位匹配的条件下采用非线性和频光菲涅耳因子（L 因子）：

$$E_{i,SF} = L_i P_{i,SF}^{(2)} \tag{5.38}$$

式中，$i = x$、y 或 z。一共存在六个 L 因子，三个用于描述在稀薄反射介质（L_i^R）中的和频发射光，三个用于描述在致密透过介质（L_i^T）中的和频发射光：

$$L_x^R = -\frac{i\omega_{SF}}{c\varepsilon_0} \frac{\cos\theta_{SF}^T}{n_T \cos\theta_{SF}^I + n_I \cos\theta_{SF}^T} \tag{5.39}$$

$$L_y^R = \frac{i\omega_{SF}}{c\varepsilon_0} \frac{1}{n_I \cos\theta_{SF}^I + n_T \cos\theta_{SF}^T} \tag{5.40}$$

$$L_z^R = \frac{i\omega_{SF}}{c\varepsilon_0} \frac{(n_T/n_{layer})^2 \sin\theta_{SF}^T}{n_I \cos\theta_{SF}^T + n_T \cos\theta_{SF}^I} \tag{5.41}$$

$$L_x^T = \frac{i\omega_{SF}}{c\varepsilon_0} \frac{\cos\theta_{SF}^I}{n_T \cos\theta_{SF}^I + n_I \cos\theta_{SF}^T} \tag{5.42}$$

$$L_y^{\mathrm{T}} = \frac{\mathrm{i}\omega_{\mathrm{SF}}}{c\varepsilon_0} \frac{1}{n_{\mathrm{I}}\cos\theta_{\mathrm{SF}}^{\mathrm{I}} + n_{\mathrm{T}}\cos\theta_{\mathrm{SF}}^{\mathrm{T}}} \tag{5.43}$$

$$L_z^{\mathrm{T}} = \frac{\mathrm{i}\omega_{\mathrm{SF}}}{c\varepsilon_0} \frac{(n_{\mathrm{I}}/n_{\mathrm{layer}})^2 \sin\theta_{\mathrm{SF}}^{\mathrm{I}}}{n_{\mathrm{I}}\cos\theta_{\mathrm{SF}}^{\mathrm{T}} + n_{\mathrm{T}}\cos\theta_{\mathrm{SF}}^{\mathrm{I}}} \tag{5.44}$$

式中出现 ω_{SF}、c 和 ε_0 是为了使和频方程具有正确的量纲单位；i 的作用是引入一个常数相位项。三角因子是振幅系数，与线性菲涅耳因子中的振幅系数相同；n_{layer} 是两个体相界面处吸附层的折射率，它不一定与体相材料的折射率相同；$\theta_{\mathrm{SF}}^{\mathrm{I}}$ 和 $\theta_{\mathrm{SF}}^{\mathrm{T}}$ 分别是和频光发射到入射介质和发射介质中的角度。从表面发射并随后被检测到的 s 偏振或 p 偏振和频光的强度可以表示为和频光 E 场分量大小的平方和，即：

$$I_{\mathrm{p,SF}} \propto \left|E_{x,\mathrm{SF}}\right|^2 + \left|E_{z,\mathrm{SF}}\right|^2 \tag{5.45}$$

$$\propto \left|L_x P_{x,\mathrm{SF}}^{(2)}\right|^2 + \left|L_z P_{z,\mathrm{SF}}^{(2)}\right|^2 \tag{5.46}$$

$$\propto \left|L_x \sum_j^{x,y,z}\sum_k^{x,y,z} \varepsilon_0 \chi_{xjk}^{(2)} K_j E_{\mathrm{p,VIS}}^{\mathrm{I}} K_k E_{\mathrm{p,IR}}^{\mathrm{I}}\right|^2 + \left|L_z \sum_j^{x,y,z}\sum_k^{x,y,z} \varepsilon_0 \chi_{zjk}^{(2)} K_j E_{\mathrm{p,VIS}}^{\mathrm{I}} K_k E_{\mathrm{p,IR}}^{\mathrm{I}}\right|^2 \tag{5.47}$$

$$I_{\mathrm{s,SF}} \propto \left|E_{y,\mathrm{SF}}^{\mathrm{I}}\right|^2 \tag{5.48}$$

$$\propto \left|L_y P_{y,\mathrm{SF}}^{(2)}\right|^2 \tag{5.49}$$

$$\propto \left|L_y \sum_j^{x,y,z}\sum_k^{x,y,z} \varepsilon_0 \chi_{yjk}^{(2)} K_j E_{\mathrm{p,VIS}}^{\mathrm{I}} K_k E_{\mathrm{p,IR}}^{\mathrm{I}}\right|^2 \tag{5.50}$$

5.3.5 二阶非线性极化率

尽管公式（5.47）和（5.50）包含许多项，但只有二阶非线性极化率 $\chi^{(2)}$ 是随红外波数显著变化的，$\chi^{(2)}$ 仅对从和频光谱获得的振动信息有响应。$\chi^{(2)}$ 是界面上分子的超极化率 β 的宏观平均值。当红外激光束的频率通过共振进行调谐时，正是 β 分量也就是 $\chi^{(2)}$ 增加并产生了在探测器上观察到的和频信号强度变化。下面给出从 β 得到 $\chi^{(2)}$ 的基本过程，以及因共振产生增强和频光的原理。与迄今使用的表面约束笛卡儿坐标系（x、y、z）相比，在分子水平上使用分子约束坐标系更方便。这里采用通用的符号（α、β、γ）来表示分子约束坐标系，取值为 a、b、c。

以与 $\chi^{(2)}$ 相当的方式可以得到 $\beta_{\alpha\beta\gamma}$ 总共有 27 个可能的分量，它们描述了分子对所有入射和发射的 E 场极化组合的非线性响应。然而，基于对称性考虑时会大大减少非零 $\beta_{\alpha\beta\gamma}$ 分量的数量。每个非零 $\beta_{\alpha\beta\gamma}$ 都与特定的分子振动有关，所有非零 $\beta_{\alpha\beta\gamma}$ 分量之和描述了分子对可见光和红外光 E 场的完全响应。在界面上的分子的对称轴通常与平面法线成一定角度，因此分子和表面约束坐标系很少重合。对于和频光谱实验，计算施加在表面上的 E 场时总是采用相对于表面约束的坐标系而不是分子约束的坐标系。因此，尽管表面坐标系中的 E 场相对于分子系统而言可能处于特定的方向，但它可以分解成所有三个分子方向上的分量。为了描述两个坐标系之间的关系需要三个欧拉角 $(\theta,\ \phi,\ \psi)$，并且要用三个旋转矩阵完成两个坐标系之间的转换，其中每个欧拉角需要一个旋转矩阵。图 5.6 提供了仅考虑一个欧拉角和一个旋转矩阵的简化示意图。

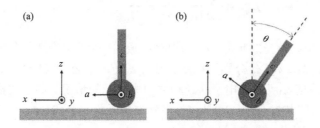

图 5.6　由欧拉角 θ 和旋转矩阵关联的表面和分子约束坐标系示意图
（a）垂直于表面的吸附分子（表面和分子约束坐标系并排，在 a 轴和 c 轴方向上分子受到 E_x 和 E_z）；（b）以 θ 角吸附到表面法线的分子

图 5.6（a）表示了一个吸附的分子，其对称轴垂直于表面，表面和分子约束坐标系是对齐的。分子在 a 轴和 c 轴上受到的 E_x、E_y、E_z 有以下关系：

$$E_x = E_a \qquad E_y = E_b \qquad E_z = E_c \qquad\qquad (5.51)$$

图 5.6（b）描绘了与表面法线成 θ 角吸附的分子。这两个坐标系不再对齐而是通过一个简单的欧拉角为 θ 的旋转矩阵相关联：

$$E_x = E_a \cos\theta - E_c \sin\theta \qquad\qquad (5.52)$$

$$E_y = E_b \qquad\qquad (5.53)$$

$$E_z = E_a \sin\theta + E_c \cos\theta \qquad\qquad (5.54)$$

或者表示为：

$$\begin{pmatrix} E_x \\ E_y \\ E_z \end{pmatrix} = \begin{pmatrix} \cos\theta & 0 & -\sin\theta \\ 0 & 1 & 0 \\ \sin\theta & 0 & \cos\theta \end{pmatrix} \begin{pmatrix} E_a \\ E_b \\ E_c \end{pmatrix} \tag{5.55}$$

$\chi_{ijk}^{(2)}$ 是 $\beta_{\alpha\beta\gamma}$ 的宏观平均值，即给定体积内全部分子的 $\beta_{\alpha\beta\gamma}$ 加和：

$$\chi_{ijk}^{(2)} = \frac{N}{\varepsilon_0} \sum_{\alpha\beta\gamma} \langle R(\psi)R(\theta)R(\varphi)\beta_{\alpha\beta\gamma} \rangle \tag{5.56}$$

式中，$R(\psi)R(\theta)R(\varphi)$ 为使用所有三个欧拉角将分子坐标系转换为表面坐标系后得到的三个旋转矩阵的乘积；$\langle \ \rangle$ 括号表示取向平均值；N 表示单位体积内的分子数。

用微扰理论可以导出 $\beta_{\alpha\beta\gamma}$ 的量子力学表达式：

$$\beta_{\alpha\beta\gamma} = \frac{1}{2\hbar} \frac{M_{\alpha\beta}A_\gamma}{(\omega_v - \omega_{IR} - i\varGamma)} \tag{5.57}$$

式中，ω_{IR} 为可调红外光的频率；ω_v 为振动共振的频率；$\varGamma$ 为涉及共振的振动激发态的弛豫时间；$M_{\alpha\beta}$ 和 A_γ 分别为拉曼和红外跃迁矩。公式（5.57）适用于当 ω_{IR} 接近振动共振并且 ω_{VIS} 被从电子跃迁频率中去除掉的情况。该公式揭示了和频选择规则的起源，即共振必须同时具有拉曼和红外活性。公式（5.58）和（5.59）给出了 $M_{\alpha\beta}$ 和 A_γ 的定义。

$$M_{\alpha\beta} = \sum_s \left[\frac{\langle g|\mu_\alpha|s\rangle\langle s|\mu_\beta|v\rangle}{\hbar(\omega_{SF} - \omega_{sg})} - \frac{\langle g|\mu_\beta|s\rangle\langle s|\mu_\alpha|v\rangle}{\hbar(\omega_{VIS} + \omega_{sg})} \right] \tag{5.58}$$

$$A_\gamma = \langle v|\mu_\gamma|g\rangle \tag{5.59}$$

式中，μ 为电偶极算符；$|g\rangle$ 为基态；$|v\rangle$ 为激发振动态；$|s\rangle$ 为任何其他态。图 5.7 给出了共振增强过程的能级示意图。

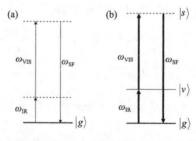

图 5.7　导致和频光的八个刘维尔路径之一的能级示意图

（a）入射光束能量不对应任何分子能级；（b）红外辐射与分子振动能级匹配使和频过程得到共振增强

通过将公式（5.57）中 $\beta_{\alpha\beta\gamma}$ 的频率相关项代入公式（5.56）可得到 $\chi_{ijk}^{(2)}$ 的一个常用表达式为：

$$\chi_{ijk}^{(2)} = \frac{N \sum\limits_{\alpha\beta\gamma} \langle R(\psi)R(\theta)R(\phi)\beta_{\alpha\beta\gamma}\rangle}{\varepsilon_0(\omega_{\mathrm{v}} - \omega_{\mathrm{IR}} - \mathrm{i}\Gamma)} \tag{5.60}$$

可见当红外频率 ω_{IR} 与界面分子的振动模式 ω_{v} 的频率一致时 $\omega_{\mathrm{v}} - \omega_{\mathrm{IR}}$ 变为零并且 $\chi_{ijk}^{(2)}$ 值增大，因此在共振频率处和频光将增加。当检测和频光作为红外频率的函数后就得到了界面分子的振动光谱。

5.4　和频公式的实验意义

和频振动光谱实验中直接测量的参数是不同偏振组合下的有效二阶非线性极化率。当以发射的和频光强度为纵轴，以红外光的频率（一般用波数为单位）为横轴就得到和频振动光谱图。

5.4.1　表面特异性

尽管非线性极化率 $\chi_{ijk}^{(2)}$ 最多有 27 个分量，但由于对称性限制（即 ij 面上各向同性），唯一贡献分量或非零分量的数量较少。在中心对称环境中所有方向都是相等的，因此两个相反方向的 $\chi_{ijk}^{(2)}$ 值相同：

$$\chi_{ijk}^{(2)} = \chi_{-i-j-k}^{(2)} \tag{5.61}$$

由于 $\chi_{ijk}^{(2)}$ 是一个三阶张量，三个下标符号的变化就相当于反转坐标系，因此 $\chi_{ijk}^{(2)}$ 所描述的物理现象必须反转符号：

$$\chi_{ijk}^{(2)} = -\chi_{-i-j-k}^{(2)} \tag{5.62}$$

在满足公式（5.61）和（5.62）时 $\chi_{ijk}^{(2)}$ 必须等于零，其结果就是在中心对称介质中禁止了和频光。尽管大多数体相是中心对称的，但两种材料间的边界面本质上是非中心对称的，因此是和频的活跃区。以上分析中考虑的平面是各向同性且具有表面法线对称性，即包含 C_∞ 旋转轴（图 5.8）。

对于一个 C_∞ 表面有 $z \neq -z$，但是有 $x \equiv -x$ 与 $y \equiv -y$。如果 x 或 y 轴反转 $\chi_{ijk}^{(2)}$ 对于 C_∞ 表面的一个非零贡献将不会改变符号，因为实际上没有发生任何变化，公式（5.62）

所示的基本张量规则仍然适用。如果任何单个轴的方向反转，则依赖于 $\chi_{ijk}^{(2)}$ 的与方向相关的值必须改变符号。只有有限数量的矢量组合才能满足这两个规则，表 5.1 中给出了用于识别贡献组合方法的一些例子，这些组合包括 $\chi_{xxz}^{(2)} = \chi_{yyz}^{(2)}$，$\chi_{xzx}^{(2)} = \chi_{yzy}^{(2)}$，$\chi_{zxx}^{(2)} = \chi_{zyy}^{(2)}$。

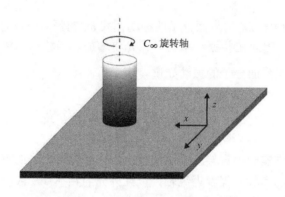

图 5.8　表面法线对称的平面示意图

表 5.1　各向同性表面的 $\chi_{ijk}^{(2)}$

$\chi_{ijk}^{(2)}$	操作	结果
zxx	x 轴反转产生 $z{-}x{-}x$。$\chi_{z-x-x}^{(2)} \equiv -\chi_{zx}^{(2)} \equiv \chi_{zxx}^{(2)}$。坐标轴反转后 $\chi^{(2)}$ 的符号没有整体变化，两个规则都满足。用 x 代替 y 并反转 y 轴具有相同的效果	有贡献
zzz	反转 x 或 y 轴都没有效果	有贡献
zzx	x 轴反转产生 $zz{-}x$，$\chi_{zz-x}^{(2)} = -\chi_{zzx}^{(2)}$。坐标轴反转后 $\chi_{zzx}^{(2)}$ 的符号改变，两个规则都不满足，除非等于零	无贡献
yyy	y 轴反转产生 $-y{-}y{-}y$，$\chi_{-y-y-y}^{(2)} \equiv -\chi_{y-y-y}^{(2)} \equiv \chi_{yy-y}^{(2)} \equiv -\chi_{yyy}^{(2)}$。符号改变，两个规则都不满足	无贡献

5.4.2　共振和非共振极化率

前面介绍的公式都是适用于界面分子系统的，也就是表面为不能产生和频光的平面。如果基底层的表面能产生和频光，则需要用额外的极化率参数来描述基底的行为。这里把基底的极化率称为 $\chi_{NR}^{(2)}$，其中下标 NR 表示非共振。由于前面使用的极化率 $\chi^{(2)}$ 仅与界面分子的共振行为有关，这里将其命名为 $\chi_R^{(2)}$。这样描述基底与样品界面处对所施加 E 场矢量的响应公式为：

$$\chi^{(2)} = \chi_R^{(2)} + \chi_{NR}^{(2)} \tag{5.63}$$

对于介电型基底材料 $\chi_{NR}^{(2)}$ 通常非常小，除非 ω 与分子的跃迁相匹配。对于金属基底的表面，由于表面的等离子共振使得 $\chi_{NR}^{(2)}$ 具有显著的量值，并且能产生相当大的和频信号，其在很大程度上不随频率改变。这样界面处的和频光是共振和非共振信号的组合，因此有必要掌握 $\chi_R^{(2)}$ 和 $\chi_{NR}^{(2)}$ 的复杂性质。

1. 共振极化率 $\chi_{R,ijk}^{(2)}$

公式（5.60）中 $\chi_R^{(2)}$ 的单个非零分量中的频率依赖项由下式给出：

$$\frac{1}{\omega_v - \omega_{IR} - i\Gamma} \tag{5.64}$$

$\chi_{R,ijk}^{(2)}$ 频率依赖的实部和虚部可通过将公式（5.64）乘以其共轭复数来分离：

$$\frac{1}{\omega_v - \omega_{IR} - i\Gamma} \cdot \frac{\omega_v - \omega_{IR} + i\Gamma}{\omega_v - \omega_{IR} + i\Gamma} = \frac{\omega_v - \omega_{IR} + i\Gamma}{(\omega_v - \omega_{IR})^2 + \Gamma}$$
$$= \frac{\omega_v - \omega_{IR}}{(\omega_v - \omega_{IR})^2 + \Gamma^2} + i\frac{\Gamma}{(\omega_v - \omega_{IR})^2 + \Gamma^2} \tag{5.65}$$

图 5.9 给出了在 2900 cm^{-1} 处任意共振红外波数区域中 $\chi_{R,ijk}^{(2)}$ 的实部和虚部分量函数，常数 Γ 被任意设置为 1。

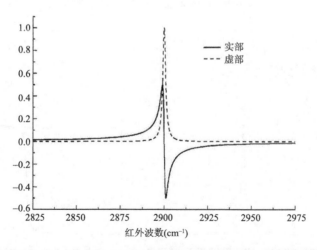

图 5.9　在 2900 cm^{-1} 处任意共振的 $\chi_{R,ijk}^{(2)}$ 的实部和虚部分量

另外，由于在阿干特图上绘制的幅度和相位可以直接与实验观测值相关联，所以使用极坐标更便于描述极化率。用极坐标表示的 $\chi_{R,ijk}^{(2)}$ 公式为：

$$\chi_{R,ijk}^{(2)} = \left|\chi_{R,ijk}^{(2)}\right|e^{i\delta} \tag{5.66}$$

式中，$\left|\chi_{R,ijk}^{(2)}\right|$ 和 δ 分别是共振极化率的绝对值和相对于入射光束的相位变化。对于图 5.9 所示的情况即 2900 cm⁻¹ 处的任意共振，在图 5.10 的阿干特图上是将 $\chi_{R,ijk}^{(2)}$ 的实部绘制在 x 轴上虚部绘制在 y 轴上，并再次任意设置 Γ 最大值为 1。随着波数的增加一个圆可以沿着坐标轴被绘制出来。

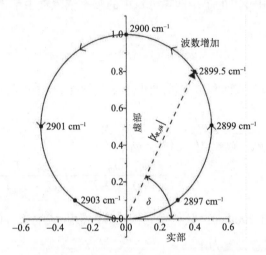

图 5.10　说明 $\chi_{R,ijk}^{(2)}$ 和 δ 起源的阿干特图

基于图 5.10，$\left|\chi_{R,ijk}^{(2)}\right|$ 和 δ 的起源可以通过图 5.11（a）的振幅与波数图和图 5.11（b）的相位与波数图得到证明。

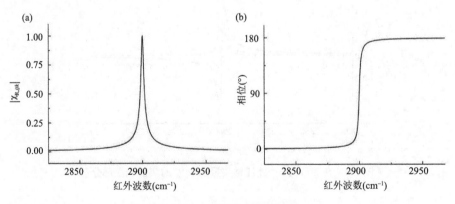

图 5.11　$\chi_{R,ijk}^{(2)}$ 和 δ 的起源图

（a）$\chi_{R,ijk}^{(2)}$ 的绝对量 $\left|\chi_{R,ijk}^{(2)}\right|$；（b）$\chi_{R,ijk}^{(2)}$ 的相位 δ

2. 非共振极化率 $\chi_{\mathrm{NR},ijk}^{(2)}$

虽然非共振极化率与入射光束具有幅值和相位的关系，但在红外波数范围内不会发生显著变化，并且其变化是可以通过实验确定的。相位在很大程度上取决于基底金属的性质、激发光的频率和基底表面等离子体共振的性质。对于两种常用的基底金属金和银，波长为 532 nm 的激光光束的非共振相位通常分别为 $\pi/2$ 和大约 $-\pi/4$。对于固定幅度和相位的关系，非共振极化率的阿干特图很简单。图 5.12 为金和银基底的非共振相位和振幅的阿干特图，绘制时采用了任意的非共振幅值 2 来表示这两个相位角。

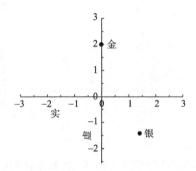

图 5.12　金和银基底的非共振相位和振幅

在极坐标中 $\chi_{\mathrm{NR},ijk}^{(2)}$ 可表示为：

$$\chi_{\mathrm{NR},ijk}^{(2)} = \left| \chi_{\mathrm{NR},ijk}^{(2)} \right| \mathrm{e}^{\mathrm{i}\varepsilon} \tag{5.67}$$

式中，ε 为固定的基底的非共振相位。这样基底与样品界面处的总极化率是共振项和非共振项的总和：

$$\chi_{ijk}^{(2)} = \left| \chi_{\mathrm{R},ijk}^{(2)} \right| \mathrm{e}^{\mathrm{i}\delta} + \left| \chi_{\mathrm{NR},ijk}^{(2)} \right| \mathrm{e}^{\mathrm{i}\varepsilon} \tag{5.68}$$

为了能看到共振项和非共振项之间的相互作用，实用的做法是只考虑极化率的一个一般非零分量，然后发射的和频光的强度可以表示为：

$$I_{\mathrm{SF}} \propto \left\| \chi_{\mathrm{R},ijk}^{(2)} \right| \mathrm{e}^{\mathrm{i}\delta} + \left| \chi_{\mathrm{NR},ijk}^{(2)} \right| \mathrm{e}^{\mathrm{i}\varepsilon} \right|^2 \tag{5.69}$$

图 5.13 给出了不同基底的阿干特图以及计算出的单层和频光谱。和频光谱图是通过 ppp 激光偏振组合获得的，并使用公式（5.64）和（5.70）进行计算。由图 5.13 可见对于吸附在介电物质（例如二氧化硅）上的单层 $\left| \chi_{\mathrm{NR},ijk}^{(2)} \right| \approx 0$，获得的

光谱是如图 5.13（a）所示的纯粹共振极化率光谱。对于图 5.13（b）和（c），非共振极化率的大小被任意设置为 2。对于吸附在金上的同一单层，由较大的非共振信号和公式（5.69）描述的强度方程中的平方项导致共振信号显著放大。非共振放大也会发生在银基底上。但是由于非共振相位是大约$-\pi/4$，这将导致更差的峰形，如图 5.13（c）所示。

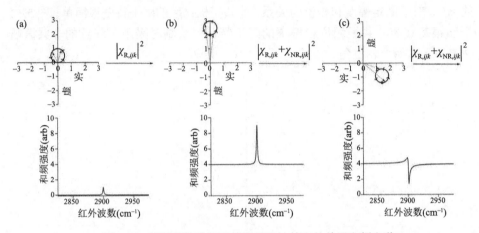

图 5.13　不同基底的阿干特图以及计算出的单层和频光谱

（a）SiO$_2$基底上$\left|\chi_{NR,ijk}^{(2)}\right|\approx 0$；（b）金基底上$\left|\chi_{NR,ijk}^{(2)}\right|\neq 0$；（c）银基底上$\left|\chi_{NR,ijk}^{(2)}\right|\neq 0$，$\varepsilon=-45°$

图 5.13 的阿干特图提供了对共振和非共振极化率作用的可视解释，描述它们的数学公式如下：

$$
\begin{aligned}
I_{SF} &\propto \left\|\chi_{R,ijk}^{(2)}\left|e^{i\delta}+\left|\chi_{NR,ijk}^{(2)}\right|e^{i\varepsilon}\right\|^2\right. \\
&\propto \left\|\chi_{R,ijk}^{(2)}\left|e^{i\delta}+\left|\chi_{NR,ijk}^{(2)}\right|e^{i\varepsilon}\right|\cdot\left\|\chi_{R,ijk}^{(2)}\right|e^{-i\delta}+\left|\chi_{NR,ijk}^{(2)}\right|e^{-i\varepsilon}\right\| \\
&\propto \left|\chi_{R,ijk}^{(2)}\right|^2+\left|\chi_{NR,ijk}^{(2)}\right|^2+2\left|\chi_{R,ijk}^{(2)}\right|\left|\chi_{NR,ijk}^{(2)}\right|\cos[\varepsilon-\delta]
\end{aligned}
\tag{5.70}
$$

公式（5.70）右侧的前两项总是正的，但第三项交叉项可能是正或负。该交叉项产生了图 5.13 中观察到的共振放大和相位效应，它是为模拟实际和频光谱提供基础的方程。另外，共振线的形状可能以多种形式出现，具体取决于基底材料。

3. 特定共振极化率分量

前面提到的基于对称性的考虑表明具有C_∞对称性的表面只有七个非零$\chi_{ijk}^{(2)}$分量，它们是$\chi_{zxx}^{(2)}(=\chi_{zyy}^{(2)})$，$\chi_{xzx}^{(2)}(=\chi_{yzy}^{(2)})$，$\chi_{xxz}^{(2)}(=\chi_{yyz}^{(2)})$，$\chi_{zzz}^{(2)}$。由于 p 偏振光可以在表面分解为$x$和$z$分量，s 偏振光仅在$y$方向上有一个分量，通过特定的入射偏振

组合就能选择性地探测到特定的极化率，而发射的和频光束的偏振度完全是由产生和频信号的非零 $\chi_{ijk}^{(2)}$ 分量决定的。表 5.2 中列出的所有偏振组合都是可以实现的。通过调节三束光的偏振方向，比如 ssp（按和频光、可见光和红外光的顺序）、sps、pss 和 ppp，就可以得到相应偏振组合下的和频光谱。

表 5.2　对和频光有贡献的偏振组合及 $\chi_{ijk}^{(2)}$

偏振组合	$\chi_{ijk}^{(2)}$
pss	$\chi_{zyy}^{(2)}$
sps	$\chi_{yzy}^{(2)}$
ssp	$\chi_{yyz}^{(2)}$
ppp	$\chi_{zzz}^{(2)},\ \chi_{zxx}^{(2)},\ \chi_{xzx}^{(2)},\ \chi_{xxz}^{(2)}$

对于二氧化硅介电表面，s 和 p 入射激光偏振都会产生大量的表面 E 场。然而对于金属基底，其在红外波长区域中的反射率通常特别高，并且可以表明入射光束在 z 方向能产生大的表面 E 场，但是在 x 和 y 方向产生的表面 E 场却可以忽略。例如对于金基底超过 97% 的入射红外光束会从表面反射，而只有 z 红外分量的共振极化率才能产生实质性的和频信号（表 5.3）。

表 5.3　金基底上产生和频光的偏振组合

偏振组合	$\chi_{ijk}^{(2)}$ 元素
ssp	$\chi_{yyz}^{(2)}$
ppp	$\chi_{zzz}^{(2)}, \chi_{zxx}^{(2)}$

5.5　和频光谱的解释

5.5.1　振动共振

和频光谱的三个特征，即振动共振的位置、强度和相位提供了有关界面分子的信息。尽管可以探测到许多振动共振，但具有强红外和拉曼跃迁矩的振动共振才能产生最强烈的光谱。由于 C–H 具有非常强的红外和拉曼跃迁，探测含碳氢物质的 C–H 振动模式是主要的研究手段。对于观测到的和频光谱的 C–H 振动模式的归属问题，可通过与烷烃的红外光谱和拉曼光谱进行比较来获得。表 5.4 列出了一些与甲基振动有关的 C–H 振动模式。

表 5.4　和频光谱观测到的 C–H 伸缩振动模式的共振归属和波数

模式	描述	在空气中波数（cm^{-1}）	在水中波数（cm^{-1}）
r^+	对称甲基伸缩	2878	2874
r^+_{FR}	对称甲基伸缩（费米共振）	2942	2933
r^-	反对称甲基伸缩	2966	2962
d^+	对称亚甲基伸缩	2854	2846
d^+_{FR}	对称亚甲基伸缩（费米共振）	2890～2930	2890～2930
d^-	反对称亚甲基伸缩	2915	2916

对于脂肪族烃链的末端甲基，它能产生三种振动模式（图 5.14）。图 5.14 中每个振动模式的内位移矢量用箭头表示，为了清晰起见只显示了氢原子的位移。对称伸缩模式被费米共振与甲基对称弯曲模式的谐波所分裂，从而产生一个低频分量 r^+（2878 cm^{-1}）和一个高频分量 r^+（2942 cm^{-1}）。反对称伸缩模式 r^- 由平面内和平面外两个分量组成，这两个分量在和频光谱中通常是不可区分的，因此在 2966 cm^{-1} 处表现为单一共振。

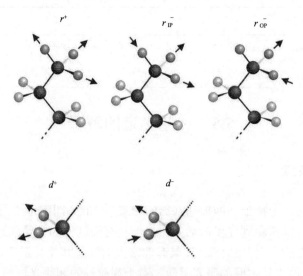

图 5.14　甲基和亚甲基的 C–H 伸缩振动模式
IP：平面内；OP：平面外（平面由 C–C 键定义）

脂肪族烃链中的亚甲基也能产生三种振动模式。对称亚甲基的伸缩模式被形变谐波引起的费米共振所分裂，从而产生 d^+ 和 d_{FR}^+ 两个共振。在和频光谱中 d^+ 模式在 2852 cm^{-1} 处呈现出尖锐带，而 d_{FR}^+ 模式在 2890～2930 cm^{-1} 呈现出宽带。虽然反对称亚甲基的伸缩模式 d^- 可在约 2915 cm^{-1} 处产生和频光谱，然而由于在线性红外光谱和拉曼光谱中都能在不同波数下观察到 d^- 模式，所以该模式只具有很弱的和频性质。

5.5.2　界面构象

烷烃链的最高有序构象是碳原子位于同一个平面上形成一种完全反式的构象。如果有一个 C–C 键旋转 120° 就会形成一个缺陷，碳原子将不再位于同一个平面上。当出现这种缺陷时烷烃链就会占据相当大的体积。图 5.15 是关于表面构象和模拟的 ppp 和频光谱示意图，该图展示了随着表面吸附无序性的增加而发生的和频光谱定性变化趋势。在全反式构象中大多数亚甲基位于局部中心对称的环境中，根据公式（5.57）的互斥规则和频光谱的生成会被禁止，d^+ 和 d_{FR}^+ 模式都不能产生和频光。因此，对于由全反式烷烃链形成的良好堆积的单层结构，其和频光谱仅能包含来自链端甲基的 r^+、r_{FR}^+ 和 r^- 共振 [图 5.15（a）]。

室温下烷烃链的锯齿构象和反式构象（～3.3 kJ/mol）的能量差约为 kT。因此在低密度烷烃化合物的单分子膜中，烷烃链可以扭转和弯曲并出现反式构象和锯齿构象。由烷烃链扭转和弯曲导致的缺陷比其他缺陷更多。分子动力学模拟和红外光谱测量表明当同一条烷烃链中存在另一个缺陷时，在链中间更容易发生缺陷。这种锯齿–反式–锯齿构象被称为扭结，可以在相对较高的表面密度下出现。扭结是一种对称缺陷，因此不会产生和频光。孤立的锯齿状缺陷通常发生在烷烃链的末端，在那里它们不会显著增加被吸附分子占据的表面积。一个孤立的锯齿缺陷会破坏烷烃链的对称性并导致产生和频光的 d^+ 和 d_{FR}^+ 共振。

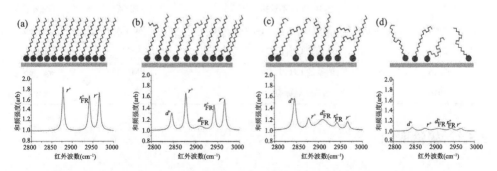

图 5.15　表面无序性增加对和频光谱影响示意图，表面无序性从（a）增加到（d）

烷烃链末端锯齿缺陷的第二个影响是使相邻的甲基向表面倾斜从而降低其和频信号。图 5.15（b）示意性地表示出来自包含孤立锯齿缺陷的单层分子的和频光谱。在较低的烷烃分子层表面密度下孤立锯齿缺陷的比例增加，使得最初 d^+ 和 d_{FR}^+ 共振强度增加但相应的 r^+ 信号减少[图 5.15（c）]。如果界面分子的无序度进一步增加，烷烃链开始在表面呈现出基本上随机的构象，并且由于取向平均的作用所有共振的强度会降低[图 5.15（d）]。在完全无序的极限情况下界面分子链的构象基本上是随机的，所有的共振都是不能产生和频光的。图 5.15 表明通过分析和频光谱来定性推断界面分子的一般构象情况是可能的。表 5.5 列出了一些与高分子界面振动峰归属有关的基本信息。

表 5.5　高分子界面和频光谱的振动峰归属

峰位置（cm^{-1}）	峰归属	材料	偏振组合
1720~1740	C=O	PMEA	ssp
2835~2840	OCH_3 中 C–H 对称振动	PET/ATMS	ssp
2850~2855	CH_2 中 C–H 对称振动	PBMA	ssp
2870~2875	CH_3 中 C–H 对称振动	d-PMMA/OTCS PBMA	ssp
2910~2920	CH_2 中 C–H 不对称振动	PBMA	ssp, ppp
~2930	α-CH_3 中 C–H 对称振动	PBMA	sps
~2930	CH_2 中 C–H 不对称振动	d-PS/OTCS	ssp
~2940	CH_3 中 C–H 费米共振	PBMA	ssp
~2945	OCH_3 中 C–H 不对称振动	d-PMMA/OTMS	ssp
~2955	酯基的 CH_3 中 C–H 对称振动	PMMA	ssp
~2960	酯基的 CH_3 中 C–H 不对称振动	PBMA	ssp, sps
~2960	CH_3 中 C–H 不对称振动	PBMA	sps, ppp
~2960	CH_2 中 C–H	PET	ssp
~2990	α-CH_3 中 C–H 不对称振动	PBMA	sps
~2990	α-CH_3 和酯基的 CH_3 中 C–H 不对称振动	PMMA	sps, ppp
~2990	酯基的 CH_3 中 C–H	PMA	ppp
~3016	酯基的 CH_3 中 C–H	PMMA	sps, ppp
~3016	N–H 对称振动	PET	ssp

5.5.3　极性取向

对于图 5.15 中所示的两亲分子链，其表示方法是从极性端基（用球形表示）

向通常正的 z 方向（即远离界面方向）延伸。对于各向同性表面（C_∞ 对称），有 $z \neq -z$。这样将图 5.15 中的分子旋转 $180°$ 向负 z 方向延伸后，所有共振极化率将改变符号（见表 5.6）。

表 5.6　分子方向反转时共振极化率符号的变化

$\chi^{(2)}_{R,zxx}$	$\chi^{(2)}_{R,-zxx} = -\chi^{(2)}_{R,zxx}$
$\chi^{(2)}_{R,xzx}$	$\chi^{(2)}_{R,x-zx} = -\chi^{(2)}_{R,xzx}$
$\chi^{(2)}_{R,xxz}$	$\chi^{(2)}_{R,xx-z} = -\chi^{(2)}_{R,xxz}$
$\chi^{(2)}_{R,zzz}$	$\chi^{(2)}_{R,-z-z-z} \equiv \chi^{(2)}_{R,-zzz} \equiv -\chi^{(2)}_{R,zzz}$

当 $\chi^{(2)}_{R,ijk}$ 改变符号时它的实部和虚部都要反转符号。对于绘制在图 5.16（a）所示的阿干特图上的相圆，其轨迹方向变为与图 5.10 的相反并且位于虚轴的负半部分。此外，尽管分子极性取向的反转不会改变共振极化率的大小，但会造成相位偏移 $180°$（图 5.11）。如果分子吸附在介电基底上则有 $\chi^{(2)}_{NR} = 0$，此时和频信号完全依赖于 $\chi^{(2)}_{R}$，和频光的强度与共振极化率的平方简单相关。分子链发生取向反转时对极化率的相位变化没有明显影响。极性方向的反转只会对从表面生成的整个和频信号产生净相位偏移。由于此相位偏移不影响和频光的强度所以无法检测。此种情况下为了确定介质基底的极性取向，必须将表面的共振和频信号与已

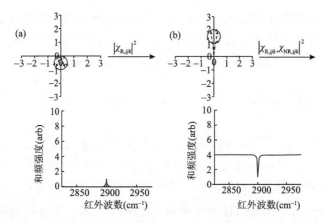

图 5.16　吸附烷烃分子链（朝向表面）的阿干特图和模拟的 ppp 和频光谱
（a）在电介质表面；（b）在金表面

知相位的外部和频信号相结合。如果分子吸附在具有显著非共振极化率的表面上（如金表面）则有 $\chi_{NR}^{(2)} \neq 0$，此时和频光的强度就取决于公式（5.70）所描述的共振和非共振极化率之间的关系，整个极性取向的变化相对容易确定。如果分子的取向反转，公式（5.70）中 180°到 δ 的相位偏移反转交叉项的符号会导致和频信号强度发生整体变化，如图 5.16（b）所示。

5.5.4 分子倾斜角

和频光谱可用于确定吸附在表界面上分子的平均取向度和倾斜角。图 5.17 给出了一个分子取向的示意图。

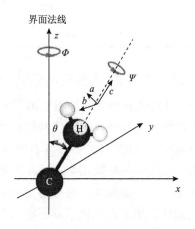

图 5.17 分子取向示意图

从分子的对称性出发能够确定出 $\beta_{\alpha\beta\gamma}$ 的独立贡献分量。将超极化率从分子坐标转换为表面约束坐标后，就能采用特定振动模式和官能团的 $\beta_{\alpha\beta\gamma}$ 分量对单个 $\chi_{R,ijk}^{(2)}$ 分量进行计算，例如 $\chi_{R,xxz}^{(2)}$ 的 $\beta_{\alpha\beta\gamma}$ 分量对于 r^+ 的贡献为：

$$\langle \beta_{xxz} \rangle = \frac{\beta_{ccc}}{8} [\langle \cos\theta \rangle (1 + 7r) + \langle \cos 3\theta \rangle (r - 1)] \tag{5.71}$$

式中，θ 为分子 c 轴与表面法线的夹角；r 为 β_{aca}/β_{ccc} 的比值。对于吸附在金表面的分子，红外区的高反射率仅允许有限数量的可行激光偏振组合（表 5.3）。对于 ssp 和 ppp 激光偏振组合，有意义的贡献极化率分量分别为 $\chi_{yyz}^{(2)}$、$\chi_{zzz}^{(2)}$ 和 $\chi_{xxz}^{(2)}$。

用 ssp 与 sps 光谱组合可以得到甲基的取向倾斜角。在甲基伸缩振动模式的分子超极化率分量中不为零的项共有三个，分别是 $\beta_{aac} = \beta_{bbc}$、$\beta_{ccc}$。通过欧拉变换后不为零的分子超极化率分量与二阶非线性极化率分量的关系为：

$$\chi_{yyz,as}^{(2)} = \chi_{xxz,as}^{(2)} = -\beta_{caa} N_s \left(\langle \cos\theta \rangle - \langle \cos^3\theta \rangle \right) \tag{5.72}$$

$$\chi_{yzy,as}^{(2)} = \chi_{xzx,as}^{(2)} = \beta_{caa} N_s \left(\langle \cos^3\theta \rangle \right) \tag{5.73}$$

$$\frac{\chi_{yyz,as}^{(2)}}{\chi_{yzy,as}^{(2)}} = \frac{\langle \cos^3\theta \rangle - \langle \cos\theta \rangle}{\langle \cos^3\theta \rangle} \tag{5.74}$$

对和频光谱的建模能提供出振动模式的强度值（S）。例如当把 ppp 偏振组合探测到的 r^+ 共振强度值标记为 $S_{ppp}(r^+)$ 时，两种振动共振强度之间的比率可用公式（5.75）进行关联：

$$\frac{S_{ssp}(r^+)}{S_{ppp}(r^+)} = \frac{L_{y,SF} K_{y,VIS} K_{z,IR} \langle \beta_{yyz} \rangle}{L_{x,SF} K_{x,VIS} K_{z,IR} \langle \beta_{xxz} \rangle + L_{z,SF} K_{z,VIS} K_{z,IR} \langle \beta_{zzz} \rangle} \tag{5.75}$$

式中，$\langle \beta_{yyz} \rangle = \langle \beta_{xxz} \rangle = (\beta_{ccc}/8) \left[\langle \cos\theta \rangle (1+7r) + \langle \cos3\theta \rangle (r-1) \right]$，$\langle \beta_{zzz} \rangle = (\beta_{ccc}/4) \left[\langle \cos\theta \rangle (3+r) - \langle \cos3\theta \rangle (r-1) \right]$。简化计算过程后就能得到强度比仅与 r 和 θ 有关。r 可以从拉曼的去偏振比 ρ 获得，通常在 1.66～3.5 的范围内。这样分子取向可以通过关联 θ 和 κ 计算出来，κ 是分子对表面法线的取向度。

与在介电表面上完成的计算相比，金属基底上有限偏振组合数量增加了分子倾斜角计算中的误差，而在介电表面上可以采用表 5.2 列出的所有四种偏振组合。即使使用介电基底而不是金属，确定分子倾斜角的固有误差也是相当大的，计算共振强度及和频菲涅耳系数时会产生误差。最大的误差通常来自 r 值，即 β_{ccc} 与 β_{aac} 的比值。这个值对结果有相当大的影响，只能通过拉曼去偏振数据或从头计算来确定。拉曼去偏振数据并不总是适用于所选的分子实体，并且 r 假设值的变化常常会导致计算出的倾斜角有很大的不确定性。

5.6 和频光谱建模

5.6.1 建模原因

对光谱数据进行建模是和频光谱实验的一个重要方面，它能提取出观察到的振动共振频率、强度和宽度，以及任何非共振信号的强度和相位。这些信息对于准确解释光谱是至关重要的，并且对于分析分子构象和取向也是基础信息。建立分析和频光谱的数学模型要用到非线性拟合技术，它能计算出光谱中任意数量的共振带中心、强度和宽度等光谱特性。公式（5.70）描述了发射的和频光强度为共振和非共振两个分量的加和，其通用形式为：

$$I_{SF} \propto \left\| \chi_R^{(2)} \mathrm{e}^{\mathrm{i}\delta} + \left| \chi_{NR}^{(2)} \right| \mathrm{e}^{\mathrm{i}\varepsilon} \right\|^2 \propto \left| \chi_R^{(2)} \right|^2 + \left| \chi_{NR}^{(2)} \right|^2 + 2 \left| \chi_R^{(2)} \right| \left| \chi_{NR}^{(2)} \right| \cos(\varepsilon - \delta) \tag{5.76}$$

式中，δ 和 ε 分别为共振项和非共振项的相位。公式（5.76）是所有光谱建模计算的基础，其适用于单个孤立的共振结果。如果光谱中存在两个或多个共振则必须用 $\sum_{\nu} \chi_R^{(2)}$ 代替 $\chi_R^{(2)}$，例如对于两个共振公式（5.76）变为：

$$\begin{aligned} I_{SF} \propto & \left| \chi_{R_1}^{(2)} \right|^2 + \left| \chi_{R_2}^{(2)} \right|^2 + \left| \chi_{NR}^{(2)} \right|^2 + 2 \left| \chi_{R_1}^{(2)} \right| \left| \chi_{NR}^{(2)} \right| \cos(\varepsilon - \delta_1) \\ & + 2 \left| \chi_{R_2}^{(2)} \right| \left| \chi_{NR}^{(2)} \right| \cos(\varepsilon - \delta_2) + 2 \left| \chi_{R_1}^{(2)} \right| \left| \chi_{R_2}^{(2)} \right| \cos(\delta_1 - \delta_2) \end{aligned} \tag{5.77}$$

5.6.2　简单洛伦兹模型

简单洛伦兹模型是一个能处理孤立共振结果的模型。在该模型中单个共振极化率可表示为：

$$\chi_R^{(2)} = \frac{B}{\omega_v - \omega_{IR} - \mathrm{i}\Gamma} \tag{5.78}$$

式中，分母项的定义与公式（5.57）中相同；B 为共振强度，它包括所有极化率和超极化率的贡献分量。共振强度 B 与上一节中使用的 S 不同，因为 S 还考虑了不同光束偏振之间的菲涅耳因子变化。公式（5.76）表示的完整模型方程还取决于共振极化率的大小，可使用关系式 $|z| = \sqrt{(z \cdot \overline{z})}$ 进行计算：

$$\left| \chi_R^{(2)} \right| = \sqrt{\frac{B}{(\omega_v - \omega_{IR} - \mathrm{i}\Gamma)} \cdot \frac{B}{(\omega_v - \omega_{IR} + \mathrm{i}\Gamma)}} = \sqrt{\frac{B^2}{(\omega_v - \omega_{IR})^2 + \Gamma}} \tag{5.79}$$

洛伦兹函数表达式为：

$$y = \frac{HW^2}{(\omega_v - \omega_{IR})^2 + W} \tag{5.80}$$

式中，H 为在 $\omega_{IR} = \omega_v$ 处的峰高；W 为最大高度（HWHM）一半处的峰宽。将公式（5.79）和（5.80）比较后可得到共振极化率大小与洛伦兹函数的平方根有关：

$$\left| \chi_{\mathrm{R}}^{(2)} \right| = \sqrt{\frac{HW^2}{(\omega_{\mathrm{v}} - \omega_{\mathrm{IR}})^2 + W^2}} \tag{5.81}$$

由于 $\varGamma = W$，$B = \sqrt{HW}$，公式（5.78）可以根据洛伦兹函数重写为：

$$\chi_{\mathrm{R}}^{(2)} = \frac{\sqrt{HW}}{\omega_{\mathrm{v}} - \omega_{\mathrm{IR}} - \mathrm{i}W} \tag{5.82}$$

通过将公式（5.82）分为实部和虚部，可从阿干特图中三角计算出共振极化率的相位为：

$$\delta = \arctan\left(\frac{\mathrm{Im}\left[\chi_{\mathrm{R}}^{(2)} \right]}{\mathrm{Re}\left[\chi_{\mathrm{R}}^{(2)} \right]} \right) = \arctan\left(\frac{-W}{\omega_{\mathrm{v}} - \omega_{\mathrm{IR}}} \right) \tag{5.83}$$

对于单个共振用最小二乘法拟合程序并使用公式（5.76）、（5.82）和（5.83）可获得以下方程：

$$I_{\mathrm{SF}} \propto \frac{HW^2}{(\omega_{\nu} - \omega_{\mathrm{IR}})^2 + W^2} + \left| \chi_{\mathrm{NR}}^{(2)} \right|^2 + 2\sqrt{\frac{HW^2}{(\omega_{\mathrm{v}} - \omega_{\mathrm{IR}})^2 + W^2}}$$

$$\times \left| \chi_{\mathrm{NR}}^{(2)} \right| \cos\left[\varepsilon - \arctan\left(\frac{-W}{\omega_{\nu} - \omega_{\mathrm{IR}}} \right) \right] \tag{5.84}$$

式中，$\left| \chi_{\mathrm{NR}}^{(2)} \right|$ 和相位 ε 都需要拟合成不随频率变化的值。公式（5.84）中的比例常数很难精确确定，因为它取决于两个激光器电场之间的重叠积分，以及线性和非线性菲涅耳系数和探测器的效率。

5.7 反射和频光谱

基于检测反射信号的和频光谱方法可以减少样品本体信号对非共振信号的贡献，因此反射和频光谱是一类常用的和频光谱技术。使用反射方法的另一个原因是只需要激光束穿透形成界面的一种材料，这使实验设计变得更容易。通过对前面介绍的和频光普遍原理进行简化处理，可以得到本节所述的适用于反射和频光谱的简化理论。

5.7.1 主要原理

对于反射和频光谱其和频光的强度为：

$$I = \frac{8\pi^3 \omega^2 \sec^2 \beta}{c^3 n_{(\omega_{SF})} n_{(\omega_{VIS})} n_{(\omega_{IR})}} \left| \chi^{(2)} \right|^2 I_{(\omega_{VIS})} I_{(\omega_{IR})} \tag{5.85}$$

其中有：

$$\chi^{(2)} = \chi_{NR}^{(2)} + F_{ijk} \chi_{ijk}^{(2)} \tag{5.86}$$

公式（5.85）中的 $n_{(\omega_{SF})}$、$n_{(\omega_{VIS})}$、$n_{(\omega_{IR})}$ 分别是反射层之上的介质对和频光、入射可见光和红外光的折射率。$I_{(\omega_{VIS})}$ 和 $I_{(\omega_{IR})}$ 分别是入射可见光和红外光的强度，β 是和频光的出射角。公式（5.86）中的 i、j、k 分别为实验坐标系下的三个坐标轴，$\chi_{ijk}^{(2)}$ 是实验坐标系下的二阶非线性极化率，F_{ijk} 是相应的菲涅耳系数。对于三束光的四种偏振组合，即 ssp、sps、pss 和 ppp，二阶非线性极化率可用以下公式计算：

$$\chi_{ssp}^{(2)} = L_{yy}(\omega_{SF}) L_{yy}(\omega_{VIS}) L_{zz}(\omega_{IR}) \sin\beta_{IR} \chi_{yyz}^{(2)} \tag{5.87}$$

$$\chi_{sps}^{(2)} = L_{yy}(\omega_{SF}) L_{zz}(\omega_{VIS}) L_{yy}(\omega_{IR}) \sin\beta_{VIS} \chi_{yzy}^{(2)} \tag{5.88}$$

$$\chi_{pss}^{(2)} = L_{zz}(\omega_{SF}) L_{yy}(\omega_{VIS}) L_{yy}(\omega_{IR}) \sin\beta_{SF} \chi_{zyy}^{(2)} \tag{5.89}$$

$$
\begin{aligned}
\chi_{ppp}^{(2)} = &-L_{xx}(\omega_{SF}) L_{xx}(\omega_{VIS}) L_{zz}(\omega_{IR}) \cos\beta_{SF} \cos\beta_{VIS} \sin\beta_{IR} \chi_{xxz}^{(2)} \\
&-L_{xx}(\omega_{SF}) L_{zz}(\omega_{VIS}) L_{xx}(\omega_{IR}) \cos\beta_{SF} \sin\beta_{VIS} \cos\beta_{IR} \chi_{xzx}^{(2)} \\
&+L_{zz}(\omega_{SF}) L_{xx}(\omega_{VIS}) L_{xx}(\omega_{IR}) \sin\beta_{SF} \cos\beta_{VIS} \cos\beta_{IR} \chi_{zxx}^{(2)} \\
&+L_{zz}(\omega_{SF}) L_{zz}(\omega_{VIS}) L_{zz}(\omega_{IR}) \sin\beta_{SF} \sin\beta_{VIS} \sin\beta_{IR} \chi_{zzz}^{(2)}
\end{aligned}
\tag{5.90}
$$

式中，$L_{ii}(i = x, y, z)$ 为相应光束的菲涅耳系数；β_{SF}、β_{VIS}、β_{IR} 分别为和频光、可见光、红外光与界面法线的夹角。菲涅耳系数由以下公式计算得到：

$$L_{xx}(\omega) = \frac{2n_1(\omega) \cos\gamma}{n_1(\omega) \cos\gamma + n_2(\omega) \cos\beta} \tag{5.91}$$

$$L_{yy}(\omega) = \frac{2n_1(\omega) \cos\beta}{n_1(\omega) \cos\beta + n_2(\omega) \cos\gamma} \tag{5.92}$$

$$L_{zz}(\omega) = \frac{2n_1(\omega) \cos\beta}{n_1(\omega) \cos\gamma + n_2(\omega) \cos\beta} \left(\frac{n_1(\omega)}{n^{int}(\omega)} \right)^2 \tag{5.93}$$

式中，$n_i(\omega)$ 为和频光在介质 i 的折射率；$n^{int}(\omega)$ 为界面层的折射率；β 和 γ 分别为

和频光的入射角和折射角。$\chi_{ijk}^{(2)}$ 可写成洛伦兹函数的形式：

$$\chi_{ijk}^{(2)} = \chi_{NR}^{(2)} + \chi_{R}^{(2)} = \chi_{NR}^{(2)} + \sum_q \frac{A_q}{\omega_{IR} - \omega_q + i\Gamma_q} \tag{5.94}$$

式中，$\chi_{ijk}^{(2)}$ 为所有非共振项的加和；A_q、ω_q 和 Γ_q 分别为 q 振动模式的振幅、振动频率以及半峰宽。A_q、ω_q 和 Γ_q 的值可通过拟合测得的和频光谱获得。另外，对于大多数和频光系统，若仅得到一个因红外输入产生的共振态，可用下面公式计算 $\chi_{ijk}^{(2)}$：

$$\chi_{ijk}^{(2)} = C + \frac{N}{2\varepsilon_0\hbar^2} \frac{\mu_{ge}^i \mu_{ev}^j \mu_{vg}^k}{(\omega_s - \omega_{eg} + i\Gamma_{eg})(\omega_{IR} - \omega_{vg} + i\Gamma_{vg})} \tag{5.95}$$

式中，N 为分子数量密度；C 为所有其他极化率项的合并值，包括非共振或者贡献小的共振项。

$$\mu_{mn} = \int_{-\infty}^{\infty} \psi^*(m) \cdot \mu \cdot \psi(n) \mathrm{d}r \tag{5.96}$$

式中，ψ 为分子的 m 或者 n 态的波方程。

5.7.2　仪器结构

1. 窄带和频光谱仪

根据激光和检测器的差别，和频光谱仪通常分为窄带谱仪和宽带谱仪。窄带光谱仪一般使用高能皮秒激光脉冲系统产生固定波长的可见光束和波长可调的中红外光束。产生高能中红外光束相对来说比产生可见光或近红外光束更困难。典型的窄带光谱仪是利用 Nd:YAG 激光器输出 1064 nm 激光束，然后把频率倍增得到波长为 532 nm 的激光。一部分 532 nm 的光束直接用作和频光的可见光束，另一部分 532 nm 光束再产生出 355 nm 的光束。1064 nm 光束的一部分随后经过光参量产生器（OPG）和光参量放大器（OPA）以产生近红外光束，该光束经差频生成器（DFG）后最终产生中红外光束。通过调整 OPG/OPA 器件中非线性晶体的角度和用于波长选择的光栅角度，可以实现中红外光束的逐步扫描以获得和频光谱。通常使用单色仪和高灵敏度光电倍增管构成信号采集系统。

皮秒窄带和频光谱系统的频谱获取速度慢，这是因为在通常需要几秒钟才能完成的每个调谐步骤中只能测量频谱中的一个频率。另一方面皮秒和频光谱系统通常具有低于 5 cm⁻¹ 的光谱分辨率，分辨率取决于皮秒脉冲的频带宽度。

2. 宽带和频光谱仪

宽带和频光谱系统通常要利用到宽带飞秒激光源。图 5.18 为一个宽带和频光谱系统的光学元件布局图。1 kHz、100 fs 的钛蓝宝石激光系统被用作主泵浦源。激光器产生的 800 nm 飞秒激光分为两部分，一部分通过光参量放大器（OPA）产生可调谐的宽带飞秒红外脉冲，另一部分通过滤光片或单色器产生窄带 800 nm 皮秒脉冲。如果将来自 OPA 中 AgGaS₂ 晶体的空载信号与 OPA 输入信号进行混合，就可以利用 DFG 把可调宽带红外进一步扩展到更长的波长。

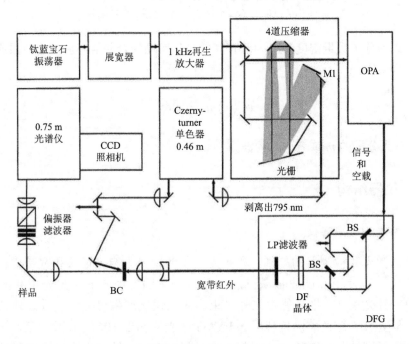

图 5.18 宽带和频光谱系统的光学元件布局图

照射到样品上的 800 nm 脉冲和宽带红外脉冲的重叠产生出和频光谱。用多通道 CCD 探测器与光谱仪组成的并行系统对和频光谱进行采集和记录。光谱分辨率主要受到 800 nm 脉冲线宽的限制。如果红外带宽能覆盖拟定的整个光谱范围，则无须调谐频率就可以记录光谱数据从而大大缩短测量时间。在每个入射光脉冲为 μJ 的情况下可以在不到 1 分钟的时间内获得单分子层烷基链在 C–H 伸缩区的光谱，并且具有良好的信噪比。图 5.19 是用宽带和频光谱仪得到的十八烷硫醇分子在金基底上的 ppp 和频光谱图。

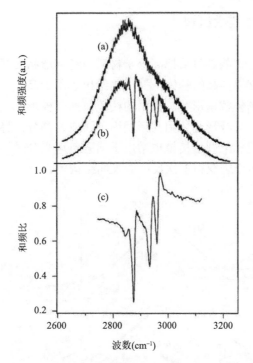

图 5.19　用宽带和频光谱仪得到的和频光谱图
（a）金基底上自组装的十八烷硫醇单分子层；（b）金基底；（c）和频比

　　由于红外光的带宽相对较宽，宽带和频光谱的分辨率通常低于窄带和频光谱系统。另外单个钛蓝宝石振荡器的脉冲能量对于界面处和频光测量来说通常太弱，需要使用放大系统进一步放大脉冲能量，但这样会牺牲激光重复频率。飞秒宽带和频光谱系统的优点是具有更高的光谱采集速度，最高可达毫秒。由于其高数据采集率和良好的信噪比以及可扩展到对超快表面动力学的研究，宽带和频光谱已成为主流技术。图 5.20 为两种和频光谱技术的光束能量对比图。两种技术的主要差别在于宽带和频光谱中利用的红外光束具有宽的频率范围。

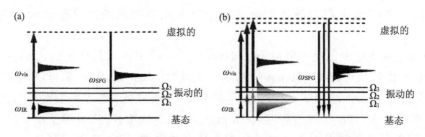

图 5.20　两种和频光谱技术的能量对比，Ω_1、Ω_2、Ω_3 表示不同振动能级
（a）窄带方法；（b）宽带方法

5.7.3 棱镜类型和基体材料

采用反射和频光谱测量时要把高分子材料与特定形状的基体棱镜相结合，通常是把透光体作为支撑样品的基体。图 5.21 给出了用于高分子研究的反射和频光谱仪中涉及的几种基体棱镜形状。常用的棱镜包括平板形、三角棱镜、半圆柱棱镜和梯形达夫棱镜。平板形基体因其形状简单而成为高分子界面研究中使用最广泛的基体。三角棱镜和半圆柱棱镜也常用于增强包埋高分子界面处和频光的反射率。梯形达夫棱镜可用于获得多次反射的表面结构。

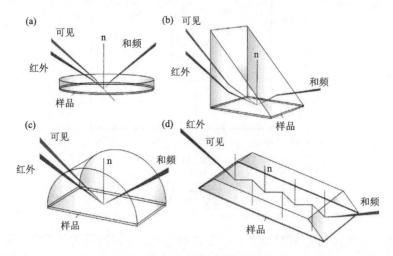

图 5.21　用于高分子研究的反射和频光谱仪中的棱镜形状，n 表示界面法线
(a) 平板形；(b) 三角棱镜；(c) 半圆柱棱镜；(d) 达夫棱镜

基体材料可以是石英、蓝宝石、CaF_2、BaF_2 或对可见光和中红外光都透明的任何材料。石英和蓝宝石都具有高硬度和良好的耐酸性（HF 除外）。它们可在强酸中清洗，清洗后可重复使用。然而石英和蓝宝石的透射截止波长分别为大约 4200 nm（2380 cm^{-1}）和大约 5000 nm（2000 cm^{-1}）。这种传输特性阻止了用石英和蓝宝石为基体来研究携带丰富化学信息的指纹振动带（500～1800 cm^{-1}）。

CaF_2 基体对于低至 10000 nm（1000 cm^{-1}）的中红外是透明的，BaF_2 基体的透射截止波长可达 13000 nm（770 cm^{-1}）。因此 CaF_2 和 BaF_2 都可以用来研究和频光谱中的低振动模式。但是 CaF_2 和 BaF_2 的硬度低，对大多数酸都有反应。CaF_2 微溶于水，20℃ 时溶解度为 16 mg/L，BaF_2 比 CaF_2 更易溶于水。当研究高分子/金属界面时由于金属对激光束不具有透光性，输入光束需要从高分子侧进入界面。

5.7.4 光谱中的噪声

在和频光谱实验中不仅和频光的信号重要，噪声问题也很重要，因为决定最终测量质量的是信噪比。散粒噪声是由激光中光子和光电探测器中电子的随机涨落引起的。散粒噪声引起的电流波动为：

$$i_{shot} = \sqrt{\frac{e(i_p + i_D)}{t}} \tag{5.97}$$

式中，i_p 和 i_D 分别代表光电流和探测器暗电流；e 为元电荷；t 为信号积分时间。大多数情况下 $i_D \ll i_p$。因为来自界面的和频信号在光谱上与输入光束分离，通常强度较弱，所以一般情况下可以忽略来自和频信号的散粒噪声贡献。但当探测器探测到来自可见光或室内光的许多光子时，来自这些光子源的散粒噪声会成为主要的噪声因素。热电噪声源于探测器中电子的热扰动，其产生的电流为：

$$i_{th} = \sqrt{\frac{2k_B T}{Rt}} \tag{5.98}$$

式中，T 为温度，单位 K；R 为电阻；k_B 为玻尔兹曼常数。激光强度波动也可导致最终和频信号产生波动，这种噪声称为激光强度噪声。激光强度波动产生的噪声电流为：

$$i_{LIN} = PG\sqrt{\frac{\sigma}{2t}} \tag{5.99}$$

式中，σ 为噪声与信号的比例因子；P 为光电探测器探测到的平均激光功率；G 为探测器的增益。总噪声电流可使用以下公式得到：

$$i_{noise} = \sqrt{\sum_m i_m^2} = \sqrt{i_{shot}^2 + i_{th}^2 + i_{LIN}^2} \tag{5.100}$$

信噪比即为和频信号电流平均值与总噪声电流的比值：

$$SNR = \frac{i_{signal}}{i_{noise}} = \frac{i_{signal}}{\sqrt{i_{shot}^2 + i_{th}^2 + i_{LIN}^2}} \tag{5.101}$$

从以上表达式可以看出信号积分时间越长，各噪声项的噪声电流越小，信噪比越大。假设和频信号水平相同则信噪比值与 $\sqrt{t}$ 呈比例，因此对光谱进行平均处理是提高信噪比最常用的方法。假设对光谱平均进行 n 次测量，则信噪比可提高一个 $\sqrt{n}$ 因子。

5.8　和频光谱用于高分子界面研究

5.8.1　高分子与水的界面

很多情况下高分子材料需要与水或水溶液接触，了解与水接触时高分子结构的变化对表面科学有重要意义。在关于高分子材料的和频光谱研究中，对高分子材料与水之间界面的研究是自该技术问世以来最受关注的方向。

1. 聚丙烯酸酯与水的界面

许多聚丙烯酸酯类高分子的表面结构在接触水后会发生变化，聚丙烯酸酯类高分子是用和频光谱研究最早的一种高分子材料。科研人员用和频光谱研究了不同环境下聚甲基丙烯酸 2-羟乙基酯（PHEMA）表面官能团的重排问题。结果表明 PHEMA 的表面在水中以亲水性羟基为主，但在空气中表面却被疏水性甲基覆盖（图 5.22）。

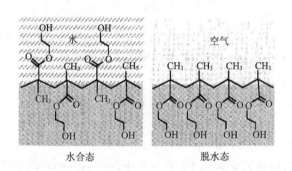

水合态　　　　　　　脱水态

图 5.22　PHEMA 表面在水和空气中的分子结构示意图

随后开展了用和频光谱对聚甲基丙烯酸甲酯等多种材料在水中表面分子结构的系统研究，包括聚甲基丙烯酸甲酯（PMMA）、聚甲基丙烯酸乙酯（PEMA）、聚甲基丙烯酸丁酯（PBMA）和聚甲基丙烯酸十八酯（POMA）。图 5.23 给出了这四种材料的分子结构式。

研究发现不同侧链的聚甲基丙烯酸酯在水中具有不同的表面构象。侧链较长的 PEMA 和 PBMA 的表面在水中容易发生结构调整，而侧链较短的 PMMA 的表面在水中则保持不变。借助和频光谱中的偏振关联测量方法能定量分析 PMMA/水和 PBMA/水界面的分子取向。结果表明水环境有降低界面疏水甲基倾斜角的趋势。由于 PMMA 的侧链较短并且酯的甲基相对更亲水，使得其侧链不需要在水中重新排列。但 PEMA 和 PBMA 的侧链较长、刚性较低、疏水性较强，因此它们在水中容易发生结构重建。当材料表面再次暴露在空气中时，这种表面结构的变化是可逆的。POMA 具有很长的疏水侧链，与水接触后表现出不可逆的表面重建。关于聚丙烯酸乙酯（PEA）的研究发现其与水接触后表面也发生了不可逆的变化。

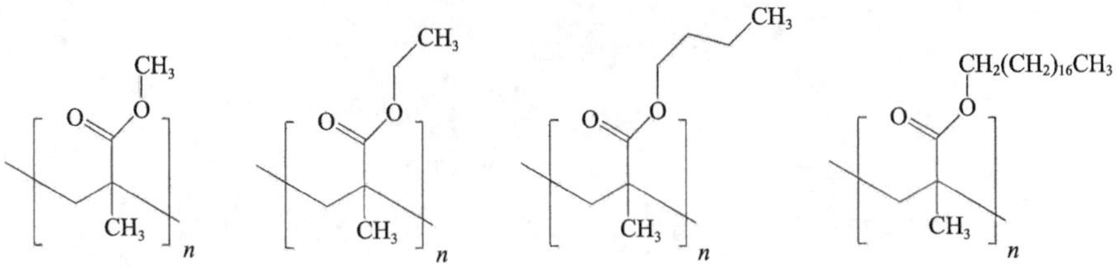

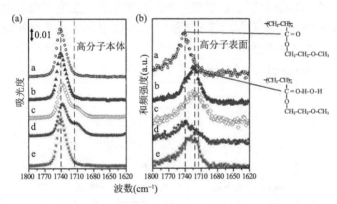

图 5.23　PMMA、PEMA、PBMA 和 POMA 的分子结构式

　　侧链的长度也会影响聚甲基丙烯酸甲酯等高分子的玻璃化转变温度，从而决定它们的表面重建行为和与水接触后的表面可逆性。由于侧链羰基的存在，聚丙烯酸酯类高分子在水环境中容易与水分子形成氢键。这种氢键的形成可以从和频光谱中 1740 cm⁻¹ 处 C=O 峰的 18 cm⁻¹ 红移得以确认（图 5.24）。基于这种红移能够发现在水溶液中 PEMA 表面的大部分 C=O 形成了氢键。

图 5.24　（a）PEMA 在空气中的红外反射吸收光谱；（b）PEMA 在空气和水中的表面和频光谱

　　对高分子侧链的选择性氘化可以改变其侧链的行为,采用这种方法能使 PMMA 在氮气和水界面处的表面行为产生差异。研究发现在与水接触时 PMMA 侧链上的羰基会朝向水形成氢键。酯的甲基有向高分子膜内迁移的趋势，而 α-甲基则沿界面取向。从和频光谱推断出的 PMMA 在水界面的分子构象如图 5.25 所示。为了研究侧链羰基对高分子界面水结构的影响，研究人员还合成了结构与 PMMA 相似但侧链中缺少羰基的聚甲基丙烯醚（PMPE）。实验发现羰基的存在使材料表面水分子形成了高度有序的状态，甲基侧链在高分子/水界面处发生了取向。

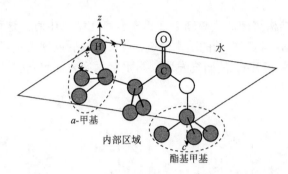

图 5.25   从和频光谱推断出的 PMMA 在水界面的分子构象

2. 聚二甲基硅氧烷与水的界面

聚二甲基硅氧烷（PDMS）是一种应用广泛的有机硅高分子材料。PDMS 材料与水的界面作用对其在水环境中的物理化学性质起着至关重要的影响。自1997 年以来和频光谱就被应用到研究含 PDMS 的界面结构方面。首先研究的是一种具有 PDMS 端基的聚氨酯基高分子材料。实验发现在与水接触时原本在空气中占据材料表面的疏水性 PDMS 端基发生了缩回现象，使得界面由亲水性聚氨酯基团占据。这一结果表明在疏水-亲水相互作用过程中界面自由能趋于最小化。采用和频光谱对各种 PDMS 材料表面重建行为的研究发现，在空气和水中所有高分子材料表面都被有序的甲基覆盖，与水接触时 PDMS 表面的甲基更倾向于平躺在界面处。另外，PDMS 的表面可以通过聚电解质进行修饰从而改变其在水中的界面性质。图 5.26 为采用两性离子型聚电解质、阴离子型丙烯酸和阳离子型二甲基丙烯酰胺修饰 PDMS 表面的示意图。

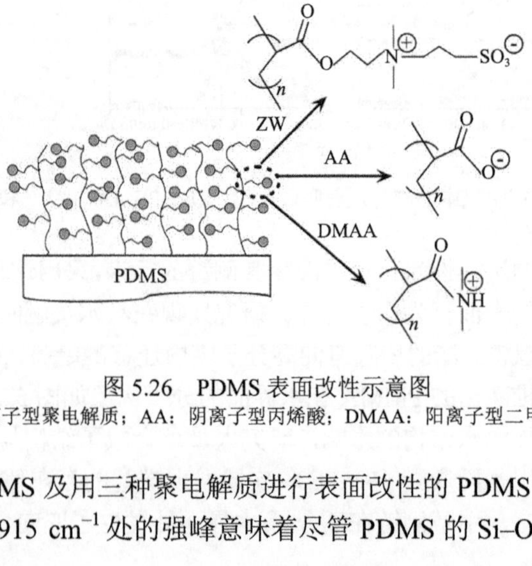

图 5.26   PDMS 表面改性示意图
ZW：两性离子型聚电解质；AA：阴离子型丙烯酸；DMAA：阳离子型二甲基丙烯酰胺

图 5.27 为 PDMS 及用三种聚电解质进行表面改性的 PDMS 与水的界面 ssp 和频光谱图。图中 2915 cm^{-1} 处的强峰意味着尽管 PDMS 的 Si–OCH$_3$ 基团占据了空

气中所有材料的表面，但聚电解质基团在水中表现出强烈的和频信号，即 CH$_3$ 和 CH$_2$ 振动峰，这说明在水中发生了大量表面重建以及接枝亲水基团的分离现象。

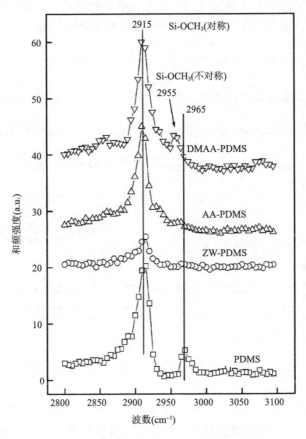

图 5.27　PDMS/水界面的 ssp 和频光谱图

5.8.2　高分子与金属的界面

在制作金属涂层和黏合等方面，高分子材料要与金属接触。对高分子/金属界面的原位研究可以揭示其界面分子结构，从而认识高分子与金属之间的结合性能。然而，这种包埋的高分子和金属界面很难探测，即使采用和频光谱技术也是困难的。测量时入射激光束必须要从高分子的本体穿过并到达界面处。厚的或不太透明的高分子膜就可以显著地衰减入射光束，特别是中红外光束。能否提取出包埋界面处清晰的和频信号是最主要的测量难点。

提取信号的一种方法是采用薄膜模型，该方法主要是考虑激光束在沉积在金属表面上的高分子薄膜中会发生多次反射。整个和频光谱来自于高分子材料表面和高分子/金属界面处的信号干涉，实验时需要从一系列不同厚度的高分子薄膜样品中测量到和频信号。高分子膜厚度的差异会导致整个和频光谱上的干涉模式不同（图 5.28），这就可用于从包埋的界面处提取出和频信号。这种方法需要在金属表面上制备出不同厚度的高分子薄膜并精确测量出膜的厚度。

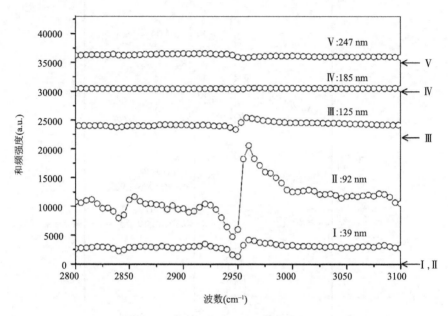

图 5.28　银基底上不同厚度聚甲基丙烯酸甲酯的 ssp 和频光谱图

另一种方法是将高分子薄膜夹在金属和二氧化硅基底之间［图 5.29（a）］，通过一次直接测量就能获得界面处的和频信号。这是因为与高分子/金属界面产生的信号相比，高分子与二氧化硅界面产生的和频信号通常可以忽略不计。另外，采用图 5.29（b）所示的结构也能得到清晰的和频信号。

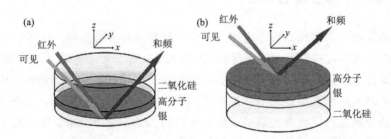

图 5.29　二氧化硅为支撑体时和频光谱研究高分子与金属界面的两种样品结构
（a）高分子薄膜夹在金属膜和二氧化硅基底之间；（b）高分子薄膜沉积在金属表面

主 要 参 数

E	光波的电场
E^{I}	入射光的电场
E_i^{I}	电场沿 i 轴分量
E^{R}	反射光的电场
E^{T}	透射光的电场
F_{ijk}	ijk 坐标系的菲涅耳系数
L	菲涅耳系数
N	单位体积的分子数
n_{I}	入射介质折射率
n_{layer}	界面处层的折射率
n_{T}	透射介质折射率
P	极化度
$P_{i,\mathrm{SF}}^{(2)}$	i 轴方向和频二阶极化度
$P^{(2)}$	二阶极化度
r	反射光菲涅耳振幅系数
S	共振强度
t	透射光菲涅耳振幅系数
α	分子极化率
β	一阶超极化率
$\beta_{\alpha\beta\gamma}$	$\alpha\beta\gamma$ 坐标系的超极化率
Γ	共振振动激发态弛豫时间
γ	二阶超极化率
δ	共振项相位
ε	非共振项相位
ε_0	真空介电常数
θ_{I}	入射光束与表面法线夹角
$\theta_{\mathrm{SF}}^{\mathrm{I}}$	和频光发射到入射介质中夹角
θ_{T}	投射光束与表面法线夹角
$\theta_{\mathrm{SF}}^{\mathrm{T}}$	和频光发射到发射介质中夹角
$\hat{i}$	单位矢量
μ	分子诱导偶极
μ_0	分子永久偶极

$\chi_{ijk}^{(2)}$	ijk 坐标系二阶非线性极化率
$\chi^{(1)}$	一阶（线性）极化率
$\chi^{(2)}$	二阶非线性极化率
$\chi^{(3)}$	三阶非线性极化率
ω	入射光频率
ω_{IR}	红外光频率
ω_{SF}	和频光频率
ω_v	共振频率
ω_{VIS}	可见光频率

参 考 文 献

Chen C, Wang J, Chen Z. 2004. Surface restructuring behavior of various types of poly (dimethylsiloxane) in water detected by SFG [J]. Langmuir, 20: 10186–10193.

Chen Q, Zhang D, Somorjai G, et al. 1999. Probing the surface structural rearrangement of hydrogels by sum-frequency generation spectroscopy [J]. Journal of the American Chemical Society, 121: 446–447.

Chen Z, Shen Y R, Somorjai G A. 2002. Studies of polymer surfaces by sum frequency generation vibrational spectroscopy [J]. Annual Review of Physical Chemistry, 53: 437–465.

Lambert A G, Davies P B, Neivandt D J. 2005. Implementing the theory of sum frequency generation vibrational spectroscopy: A tutorial review [J]. Applied Spectroscopy Reviews, 40: 103–145.

Li G, Ye S, Morita S, et al. 2004. Hydrogen bonding on the surface of poly(2-methoxyethyl acrylate) [J]. Journal of the American Chemical Society, 126: 12198–12199.

Lu X, Li B, Zhu P, et al. 2014. Illustrating consistency of different experimental approaches to probe the buried polymer/metal interface using sum frequency generation vibrational spectroscopy [J]. Soft Matter, 10: 5390–5397.

Lu X, Shephard N, Han J, et al. 2008. Probing molecular structures of polymer/metal interfaces by sum frequency generation vibrational spectroscopy [J]. Macromolecules, 41: 8770–8777.

Maia F C B, Miranda P B. 2015. Molecular ordering of conjugated polymers at metallic interfaces probed by SFG vibrational spectroscopy [J]. Journal of Physical Chemistry C, 119: 7386–7399.

Shen Y R, Ostroverkhov V. 2006. Sum-frequency vibrational spectroscopy on water interfaces: Polar orientation of water molecules at interfaces [J]. Chemical Reviews, 106: 1140–1154.

Shi Q, Ye S, Spanninga S A, et al. 2009. The molecular surface conformation of surface-tethered polyelectrolytes on PDMS surfaces [J]. Soft Matter, 5: 3487–3494.

Somorjai G A, Frei H, Park J Y. 2009. Advancing the frontiers in nanocatalysis, biointerfaces, and renewable energy conversion by innovations of surface techniques [J]. Journal of the American Chemical Society, 131: 16589–16605.

Tateishi Y, Kai N, Noguchi H, et al. 2010. Local conformation of poly(methyl methacrylate) at nitrogen and water interfaces [J]. Polymer Chemistry, 1: 303–311.

Tian C S, Shen Y R. 2014. Recent progressonsum-frequencyspectroscopy [J]. Surface Science Reports, 69: 105–131.

Wang H-F, Gan W, Lu R, et al. 2005. Quantitative spectral and orientational analysis in surface sum frequency generation vibrational spectroscopy (SFG-VS) [J]. International Reviews in Physical Chemistry, 24: 191–256.

Zhang C. 2017. Sum frequency generation vibrational spectroscopy for characterization of buried polymer interfaces [J]. Applied Spectroscopy, 71: 1717–1749.

第6章

光学超分辨率显微术

20 世纪 90 年代后期出现的光学超分辨率显微（optical super-resolution microscopy，OSRM）技术将光学显微的尺度扩展到了纳米级。OSRM 打破了传统光学显微镜大约 200 nm 的衍射极限，使得在远场使用光学手段观察到纳米尺度结构成为现实。OSRM 不仅提供了与电子显微镜相当的分辨率，而且提供了更大的视野。其时间分辨率可以在毫秒到秒的量级，这使得用 OSRM 研究分子结构随时间的变化成为可能。

OSRM 的技术特点使其可以提供有关聚合和自组装的形成机制和驱动力等信息。通过采用不同的探针进行多色成像，可以同时显示单体和高分子本体的复杂结构，从而能够揭示高分子中的生长动力学、流变学和自组装等过程。此外，与通常需要复杂样品制备并在苛刻条件下操作的电子显微镜不同，OSRM 的无损样品制备和无损远场成像方式能对高分子在自然环境中发生的相变、扩散和聚合等过程进行原位研究。通过对随时间变化过程的动态观察，高分子凝胶行为、自愈合行为等都可得到更好的阐明。OSRM 技术促进了高分子系统光学研究领域的新进展。本章主要介绍 OSRM 技术的原理及其在高分子研究领域中的应用状况。

6.1 阿贝衍射极限

6.1.1 衍射极限产生的原因

在传统光学显微镜中，当一个点光源的光经过一个具有有限孔径的透镜后，光的波动性导致焦平面上的光点会因为光波在边界上的衍射而呈现出具有同心圆环的强度分布。其强度分布的中心亮区称为艾瑞盘，外围的同心圆环称为艾瑞斑[图 6.1（a）]。此聚焦点的三维强度分布称为点扩散函数（point spread function，PSF）。如果光能汇聚成一个完美的点，两个光点不论靠得多近都能被分辨出来，但实际上存在一定的可分辨距离。根据瑞利准则的定义，当其中一个光点的峰值重叠到另一个光点的第一零点时，此距离为两光点能被分辨的最短距离，这就是光学系统的解析度[图 6.1（b）]。1873 年阿贝进一步提出在衍射限制下解析度的极限可描述为：

$$d = \frac{\lambda}{2n\sin\theta} \qquad (6.1)$$

式中，λ 为光的波长；n 为折射率；θ 为聚焦光锥的半角；$n\sin\theta$ 为系统的数值孔径。因为 $\sin\theta$ 的最大值是 1，所以在波长 400～700 nm 的可见光下光学系统能获得的最高分辨率大约是 200 nm。这个分辨率称为阿贝极限分辨率或衍射极限。

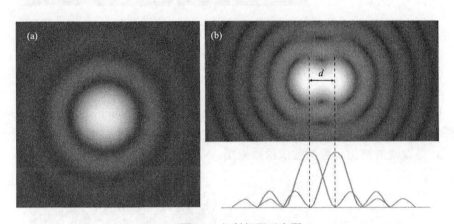

图 6.1 衍射极限示意图
（a）中心亮区的艾瑞盘与同心环的艾瑞斑；（b）光学系统的解析度

6.1.2 突破衍射极限的方法

各种突破衍射极限的方法都用到了照明光源激发样品产生荧光的现象。最早突破衍射极限的两个技术是在 20 世纪 90 年代开发出的 4Pi 共焦显微镜和 I⁵M，即图像干涉与非相干干涉照明显微镜。在这两种显微镜中都使用了两个相反放置的物镜来增加干涉。结构照明显微镜（structured illumination microscopy，SIM）是另一种通过对样品施加图案化照明场来提高衍射极限的方法。虽然这三种技术都成功降低了衍射极限，但它们的分辨率却仍然受到阿贝极限定律的限制。

1. 4Pi 共焦显微镜

4Pi 显微镜的聚焦系统是由两个孔径相同的透镜组成，这两个透镜焦距相等且共焦。其原理是将激发光以相干方式通过两个物镜聚焦到同一光斑来照明样品和/或通过两个物镜相干检测出射荧光（图 6.2）。4Pi 的结构相当于增加了系统孔径。与单透镜聚焦系统相比，4Pi 系统通过选择合适的光学参数可以获得具有三维球形结构的焦斑，能显著增大横向和纵向的分辨率。

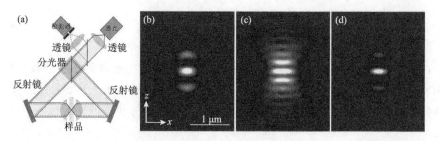

图 6.2　（a）4Pi 显微镜结构示意图；（b）激发光波长为 870 nm 的激发 PSF；
（c）检测的 PSF；（d）有效 PSF

2. I⁵M 显微镜

I⁵M 显微镜（image interference + incoherent interference illumination microscopy），
即图像干涉与非相干干涉照明显微镜，其结构和 4Pi 显微镜的结构相似。图 6.3
是 I⁵M 显微镜的结构示意图与成像效果图。

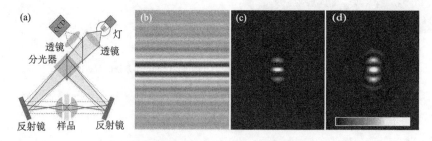

图 6.3　（a）I⁵M 显微镜结构示意图；（b）激发光波长为 480 nm 的激发 PSF；
（c）检测的 PSF；（d）有效 PSF

图 6.4 为这两种显微镜的实物照片，其中右图显示了带有两个相对物镜的干涉

图 6.4　4Pi 和 I⁵M 显微镜照片

模块。照明光通过透镜 L_1、L_2、L_3、分光器（BS）、镜子 M_1、M_2、M_3 和两个物镜 O_1 和 O_2 照射到样品上。样品产生的荧光经过同样光路返回后被检测到。为了获得最佳的干涉，两个干涉臂中的色散影响可以通过玻璃楔对 W 和相应的玻璃板 P 进行平衡。I^5M 的设备上需要在显微镜摄像端口添加一个 CCD 摄像头。

3. 结构照明显微技术

结构照明显微技术（structured illumination microscopy，SIM）的基本原理利用到了图 6.5 所示的莫尔条纹现象。当把一组条纹重叠到另一组条纹上时，在重叠的图像中会出现横向的亮暗纹。与原始图像的周期相比重叠后形成的图像周期变大、频率降低。如果将一个具有条纹的照明光照射到物体上，根据莫尔条纹现象，物体上的高频信息就会由于照明条纹而被转换为较低频的信息。利用数学方法能够从低频信息中还原出所包含的高频信息，这样就能使图像分辨率超过衍射极限。

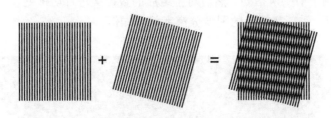

图 6.5 由两组条纹重叠后产生低周期的莫尔条纹

图 6.6 展示了 SIM 提高分辨率的机理。一个平行激发图案与样品荧光叠加后形成实空间的莫尔条纹。传统显微镜因为受到衍射的限制，能够检测到的低分辨

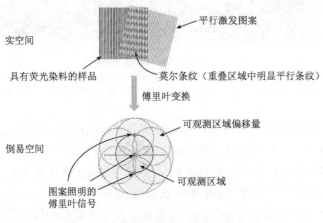

图 6.6 结构照明提高分辨率的机理图

率信息集形成一个循环倒易空间的可观测区域（黑色圆圈内部区域）。当用正弦条纹结构光照射样品时就会出现莫尔条纹，它代表了在倒易空间中位置发生变化的信息。偏移量与照明的三个傅里叶分量相对应。

除了正常信息之外，二维平面上可观测区域还包含起源于两个偏移区域的信息。因此莫尔条纹的形成提供了额外的信息，使得新的可观测区域既包含原始激发区又包含偏移区的信息。对于具有不同方向和图案相位的这类图像序列，能够从两倍于正常可观测区域大小的区域恢复信息，使得分辨率提高到原来的两倍，横向分辨率达到约 100 nm。SIM 的一个优点是对样品没有特殊要求，用于普通荧光显微镜的样品都能用在 SIM 显微镜上。此外成像速度较快是它的另一个优点。

图 6.7 是在倒易空间中的图像重构过程图。（a）、（b）两幅图像仅包含可观测区域内的信息，但结构照明图像包含来自叠加在正常信息上的其他区域的位移信息，见（b）图中箭头所指处。然后对重组后的数据集进行切趾处理，并将其重新转换为实空间。重新变换后的图像分辨率就会加倍。

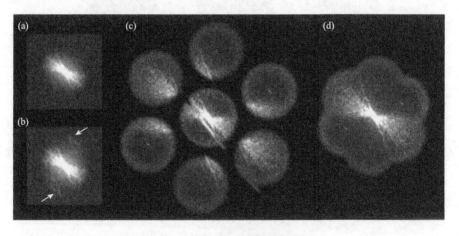

图 6.7　倒易空间中图像重构过程

（a）正常照明下显微镜图像的傅里叶变换；（b）结构照明下相同物体的单个图像的傅里叶变换；（c）从 7 个这样的图像序列中用计算法分离出 7 个不同的信息分量；（d）将信息分量在适当位置进行重新组合

图 6.8 是用常规照明显微镜和结构照明显微镜拍摄的海拉细胞边缘的肌动蛋白细胞骨架照片。可见使用结构照明可以很好地分辨出小于常规显微镜分辨率极限的纤维。最细突出纤维的表观宽度能从 280～300 nm 降低至 110～120 nm。

饱和结构照明显微技术（saturated structured illumination microscopy，SSIM）是 SIM 的一种非线性应用。该方法通过控制激发光的波长和强度能激发出荧光发射的非线性效应，可进一步把空间分辨率提高到 50 nm。

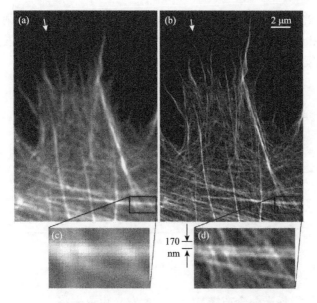

图 6.8　海拉细胞边缘的肌动蛋白细胞骨架照片
（a）和（c）为常规照明显微镜图像；（b）和（d）为结构照明显微镜图像

6.2　坐标定向显微术

通过限制同时激发和检测的含有荧光分子标记样品中的荧光分子比例，光学显微技术最终突破了衍射极限，使得显微镜的空间分辨率提高到几十纳米及以下。这些突破衍射极限的 OSRM 成像技术大致分为三类：坐标定向技术、坐标随机技术以及它们的组合技术。坐标定向方法中最重要的技术是 1994 年提出的受激发射损耗显微术（stimulated emission depletion microscopy，STED）。它是基于荧光分子的激发和去激发产生的开关特性来减小 PSF 的尺寸并突破衍射极限的。

6.2.1　STED 原理

荧光分子在吸收光子的能量后会跃迁到较高的能量态。当荧光分子由高能态回到低能量态时会将能量转化为光子释放出来并产生荧光，其在光谱上表现为一个宽带信号。如果荧光分子还处在高能态时即接收到与荧光光子能量相当的光子，那么荧光分子就会产生出与接收光子能量相同的光子，这个过程就称为受激辐射，其在光谱上表现为一个窄带信号。

图 6.9 展示了 STED 的原理。在 STED 系统中会有两束光照射到样品上。其中一束光会聚成一个圆点用来激发样品中的荧光，该光束称为激发光（excitation light)。另一束光为中空形的圆环光，用来进行荧光分子的受激辐射，该光束称为损耗光（depletion light）。损耗光形成的中空形圆环光圈覆盖在激发光束上以猝灭激发光形成焦斑周围的激发态荧光分子。

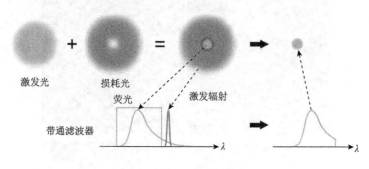

图 6.9　STED 的原理图

当激发光与损耗光叠合在样品上时，激发光束首先将荧光分子从基态激发到激发态，然后损耗光束在纳秒内将位于环区的荧光分子送回到基态，这就使得外围会产生受激辐射而中心区域则放出宽带的荧光信号。荧光信号经过带通滤波器后将受激辐射的信号滤除，保留中心激发区域的信号。通过减小中心激发区域的有效荧光发光面积，从而能够获得小于衍射极限的发光点。STED 成像系统的分辨率直接由聚焦光斑所激发的荧光光斑尺寸决定。

6.2.2　STED 结构

图 6.10 为 STED 的结构示意图，为了清楚起见图中未显示出将激光束聚焦到针孔平面的透镜。一束激发光和两束偏置光分别聚焦到样品上进行激发和受激发射，样品发射的荧光被记录在检测器中。荧光的位置是由光束的空间坐标决定的。通过扫描光

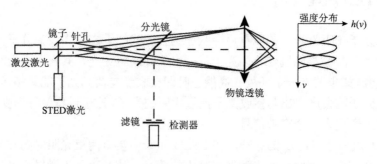

图 6.10　STED 的结构示意图

束可以依次获得整个样品的信息。横向分辨率可以通过调节损耗光的面积来调整。

早期的 STED 主要关注横向分辨率的提升。之后因为相位调制技术逐渐成熟，出现了能够同时产生横向和纵向损耗光的方法，这样就可以同时提升三维分辨率。当激发光的强度固定时，如果损耗光的强度越强则等效点扩散函数的半高峰宽越窄，分辨率就越高。此外，提高荧光分子受激辐射的效率也能提高分辨率。为了增加受激辐射的效率，通常会选择脉冲激光作为激发光和损耗光。

2D-STED 系统的横向分辨率一般为 20~70 nm。STED 的时间分辨率取决于扫描技术和荧光分子性质。时间分辨率是图像分辨率和视野之间的折中，可以从毫秒到秒。与 PLAM 和 STORM 相比 STED 一般具有成像速度快、样品制备比较简单的优点，并且可应用于对样品分子的动态实时检测。因此，STED 是发展最成熟、应用最广泛的超分辨显微技术。

6.3　坐标随机显微术

坐标随机显微术也被称为单分子定位显微技术（single-molecule localization microscopy，SMLM），其分辨率能达到 10 nm，主要包括光活化定位显微术（PALM）和随机光学重建显微术（STORM）。这两种技术的原理非常相似，都是基于荧光分子或者荧光蛋白的光开关性能和单分子定位原理。单分子定位是通过光控制每次仅有少量随机离散的单个荧光分子发光，准确定位单个荧光分子点扩散函数的中心，然后通过多张图片叠加形成一幅超高分辨率图像。

6.3.1　坐标随机显微术与 STED 的差别

图 6.11 展示了坐标随机显微术与坐标定向显微术（STED）的机理差别。在

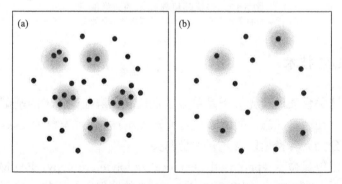

图 6.11　荧光分子密度与点扩散函数的关系示意图
（a）坐标定向显微术；（b）坐标随机显微术

坐标定向显微术中荧光分子的密度高，分子间的距离很小，在每个点扩散函数的范围内总能包含超过一个以上的荧光分子。在此范围内的分子都无法在图像中被解析，这就造成了分辨率不足。在坐标随机显微术中荧光分子间的距离都大于点扩散函数的范围，这样如果每个荧光分子的位置都能被解析出来就会使分辨率得到提升。

6.3.2 坐标随机显微术的成像原理

图 6.12 展示了坐标随机显微术的成像原理。对于含有可光活化或可光开关的荧光蛋白或荧光分子，首先随机地激发少量荧光分子并使其余大多数的荧光分子保持黑暗。对于发光的荧光分子可以通过其点扩散函数与高斯分布的理论拟合来确定其位置，记录下荧光分子的位置信息后可得到一幅图像。然后关闭这些发光的荧光分子，再使另外一些荧光分子随机发光并定位后得到另一幅图像。在该过程循环多次后，将所得到的定位点图像进行叠加重建就能得到一幅超分辨图像。形成一幅超分辨图像需要采集 5000~10000 帧图像，一般耗时约 10 min。

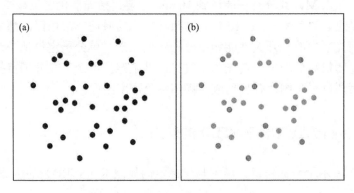

图 6.12　坐标随机显微术的成像原理
（a）样品中的荧光分子分布；（b）被开启并记录的荧光分子分布

6.3.3 PALM 技术

具有光开关性质的荧光分子是单分子定位超分辨显微技术的基础。该类荧光标记物至少存在两种状态，即能够发射荧光（开）和不能发射荧光（关）。按照其可逆特性可分为光转换型以及光开关型两类。

光活化定位显微术（photoactivated localization microscopy，PALM）中利用了一种绿荧光蛋白（GFP）。GFP 可在 413 nm 光的照射下被活化，被活化的荧光分子受到 488 nm 光的照射能激发出 510 nm 的荧光。此类可由光照活化、再激发出

荧光的分子称为可光活化荧光分子（原理见图 6.13）。GFP 虽然可由 488 nm 激发
光照射产生荧光，但长时间或高强度的照射会使分子被漂白而进入非活化状态。

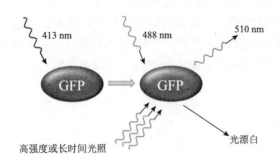

图 6.13 PALM 的原理图

利用 GFP 的光活化特点，首先采用低强度的活化光来随机活化少量的荧光分
子，每次仅激活视场中分布稀疏的荧光分子。接着以 488 nm 激发光激发这些分子
产生荧光并记录其位置。因为这些被活化的分子会随机分布，彼此间的距离可大
于点扩散函数的范围，所以在荧光图像上的每个成像点都能被视为单颗分子的图
像。等精确定位这些荧光单分子后继续用波长 488 nm 的激光照射已被激活的荧光
单分子，使它们被漂白以避免在下一个激光照射的时候再次被激活。通过利用上
述两束不同波长的激光来分别激活和漂白其他荧光单分子并重复循环该过程，把
每次循环得到的图像重构成一张图片，当循环次数达到数百次时就能构建出突破
衍射极限分辨率的显微图像。

6.3.4 STORM 技术

随机光学重建显微术（stochastic optical reconstruction microscopy，STORM）
的原理和 PALM 相似，主要通过用不同颜色的光来控制单分子的荧光开关状态并
构建出荧光图像。STORM 的成像过程也利用到荧光分子的随机激活步骤，再通
过高斯函数拟合获得其中心位置，其成像过程也要经过多次循环。

STORM 利用了 Cy5 和 Cy3 两种荧光分子组成的可光开关荧光分子对，光源
是红绿激光组合光源。方法是先用较强的红色激光把视场中的 Cy5 荧光分子全部
转换成暗态，再用强度较弱的绿色激光稀疏激活视场中的 Cy3 荧光分子使它们发
出绿色荧光，这些荧光分子能重新激活 Cy5 使其恢复荧光特性。然后用红色激光
持续照明被稀疏激活的 Cy5 以发射荧光直到再次进入暗态。当循环重复以上过程
后每次会随机引起不同的荧光团被激活，最后就能定位许多荧光团的位置并完成
整个图像的重建。

由于 STORM 成像方式与 PALM 类似，即需要多次循环获取荧光分子中心位置并完成图像重建，所以需要的时间比较长，不利于对动态分子进行成像。而且 STORM 需要使用两种荧光分子，可选的荧光探针范围较小。由于荧光分子之间的作用属于共振能量转移，这需要两种荧光分子的距离比较近，给样品的制备增加了难度。在 STORM 技术中还有一个称为 dSTORM（direct-STORM）的技术分支。dSTORM 使用传统的荧光物质如 Cy5，其原理是利用迭代光激活来实现超分辨率成像。

6.3.5　其他技术

其他光学超分辨显微术还有 i-PAINT 和 SOFI。i-PAINT 是指纳米级形貌成像的点积累（interface-point accumulation for imaging in nanoscale topography）技术，其原理利用到荧光探针分子的碰撞和结合。荧光探针分子会因静电耦合作用产生信号尖峰达到"开"的状态，当探针分子从光漂白分离后可提供"关"的状态。

SOFI 是指超分辨率光学涨落成像技术（super resolution optical fluctuation imaging），该方法基于对荧光探针分子随时间涨落的高阶分析后得到图像信息。该技术具有亚衍射极限分辨率的性能和几秒钟的采集时间。尽管这两种技术在理论上不受衍射限制，但荧光探针密度和/或探针尺寸等因素会影响其有效分辨率。表 6.1 列出了可用于高分子研究的各种 OSRM 技术的特点。

表 6.1　各种 OSRM 技术的特点

技术简称	优点	缺点
SIM	对探针要求少，多色成像方便快捷，提供高频信息，光照功率低，样品制备简单	分辨率提高有限，需要进一步的数据处理，复杂的图像重建可能引起伪影
STED	非衍射分辨率有限，能在单个焦点、大小和形状中同时收集来自多个荧光团的荧光，可调扫描点，更深的成像穿透性，易于与其他技术耦合，是动态研究的理想选择	适合标记的探针分子有限，照明功率高，扫描速度慢，仪器和校准程序复杂
PALM	空间分辨率高，对单分子观察能力强，光子计数范围宽，不需要闪烁诱导添加剂	时间分辨率差，多色成像受限，需要特殊和高密度探针，样品制备复杂，要在亮度和空间分辨率之间权衡
STORM	出色的空间分辨率，非侵入性和非破坏性，能够直接研究静态异质性或动态体系	时间分辨率差，限制多色成像，需要闪烁发射器和高探针密度，准确图像采集缓慢，通常局限于材料表面
PAINT	适合对脆弱样品的三维纳米结构成像，样品制备简单，定位精度高，对光开关探针分子控制要求高	需要与成像物体相互作用并被成像物体暂时固定，需要进一步的图像处理和分析
SOFI	低照度，快速成像，无须直接材料标记，设备简单	需闪烁荧光，分辨率提高有限，探针限制采集时间

6.4　三维成像 OSRM 技术

通过 6.3 节中所述的方法显微镜的横向分辨率能提高到分子水平，但成像深度和轴向分辨率还需要发展，以使 OSRM 能获得对更高空间维度的分辨能力。要得到三维图像就要同时对分子做轴向定位，这需要让不同深度的荧光分子信号产生显著差异。常见的方法利用到光束经柱状透镜聚焦时在轴向产生连续光形变化的特性，基于光形与纵向深度的关系分析定位出分子所在的深度信息。但对于每种类型的技术，提高轴向分辨率的具体做法是不同的。

6.4.1　衍射限制的 3D 成像技术

在 4Pi 共焦显微镜和 I^5M 等衍射限制超分辨显微技术发明之前，显微镜的轴向分辨率保持在 500～800 nm。4Pi 共焦显微镜本身的轴向分辨率约为 140 nm，横向分辨率约为 200 nm。通过图像重建 4Pi 共焦双光子显微镜能提供出大约 100 nm 的各向同性分辨率。通过结合 4Pi 图像干涉显微镜和非相干干涉照明的优点，I^5M 提高了轴向分辨率，实现了小于 100 nm 的三维成像。

三维结构照明显微镜（3D-SIM）采用了与 2D-SIM 相同的原理，即利用三种相互相干的图案照明以增加横向和轴向的相干。图 6.14 为三维结构照明显微镜装

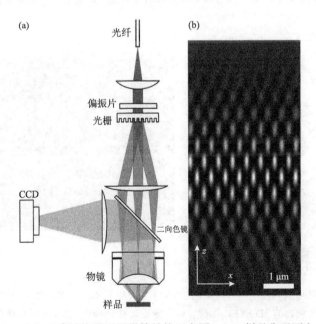

图 6.14　（a）三维结构照明显微镜结构示意图；（b）样品焦平面上的图案

置示意图和光束在样品焦平面上的图案。从多模光纤发出的激光经偏振片后被准直到一个线性相位光栅上以产生照明结构光。衍射光被重新聚焦到物镜的后焦面，在物镜的重新调节下光束在样品的焦平面上相交，它们相互干涉并产生出具有横向和轴向结构的图案。图案的有限轴向范围与其空间频率的轴向展宽有关。来自样品的发射光经过二向色镜后到达 CCD 相机。3D-SIM 可产生横向尺寸约为 100 nm和轴向方向约为 300 nm 的分辨率。

6.4.2　坐标定向 3D 成像技术

　　三维成像的整体质量要受到分辨率和穿透深度的限制。虽然二维坐标定向技术的横向分辨率可达到 20 nm 左右，但轴向分辨率仍然保持在 100 nm 左右，这限制了三维图像的整体质量。当对一个固定着的厚样品用机械方法进行减薄后，通过叠加每层的 STED 图像就能获得整个样品的高分辨 3D 图像。除了这种图像重建方法之外，利用多光束的 3D STED 技术也被开发出来。图 6.15 展示了一种 3DSTED 装置的结构原理以及其成像效果。与 2D STED 一样 3D STED 中的横向分辨率也是通过损耗光束减小 PSF 尺寸得以提高的，其中单个损耗光束的分布是通过波片和偏振分束器进行控制的，装置可产生两个独立的损耗光束。然后它们在通过两个相位板后被第二个偏振分束器非相干地重新组合，以在两个方向上提供受限的荧光点[图 6.15（c）]。在轴向上单个损耗光束通过两个相位板进行分布控

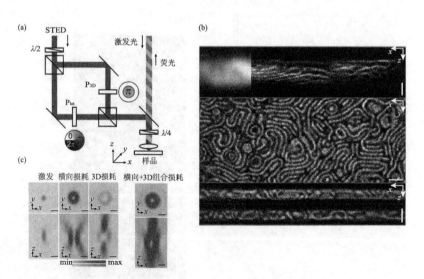

图 6.15　（a）提高横向和轴向分辨率的 3D STED 装置结构示意图；（b）具有不同横截面的 PS-*b*-P2VP 嵌段共聚物的 3D STED 图像；（c）激发、横向损耗、3D 损耗和横向+3D 组合损耗光束在不同空间平面上的焦强度分布

制，在到达样品之前产生两个独立的损耗光束。由此产生非相干叠加的焦点，这样用去激发模式就能给出小的聚焦体积和 PSF。装置的横向分辨率为 43 nm，轴向分辨率可达到 125 nm。为了进一步锐化 PSF，将 STED 与 4Pi 显微镜相结合可实现低至 33 nm 的轴向分辨率。STED-4Pi 上的样品需要放置在两个相对物镜的共同焦点上，激发光束从一个透镜通过，损耗光束从物镜的两侧通过。另外，在两个相对的物镜前加一个偏振分束器可形成 isoSTED 方法，它能产生一个各向同性分辨率约为 30 nm 的球形焦点。

6.4.3　坐标随机 3D 成像技术

对于坐标随机显微技术来说，一些技术进展有助于在所有三个空间维度上实现精确定位激活的荧光探针。最早提出的方法是通过在 STORM 成像光路上放置柱面透镜引入光学像散，使得 x 和 y 方向的焦点与 z 方向的焦点不同[图 6.16（a）]。这种方法需要通过椭圆度和依赖于垂直尺寸的 PSF 来描述单个荧光团的空间位置。

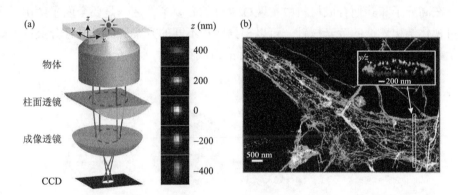

图 6.16　（a）改进荧光探针轴向定位的 3D STORM 装置示意图，右侧面板通过在不同位置成像来证明荧光团在 z 方向的定位；（b）树枝状区域肌动蛋白的 3D STORM 图像

对于 PALM 方法来说，通过将单光子多相荧光干涉仪添加到 PALM 系统中可得到干涉 PALM（iPALM）技术，该技术能够获得低于 20 nm 的三维分辨率。表 6.2 总结了一些常见的 3D OSRM 技术特点。

表 6.2　常见的 3D OSRM 技术

名称	基本原理	轴向分辨率（nm）	特点
4Pi	PSF 减小，图像恢复	~100	高效多光子激发，高灵敏度
I^5M	PSF 减小，干涉	<100	与 4Pi 相比整个 xy 平面无须扫描，更快采集速度和更大图像面积

续表

名称	基本原理	轴向分辨率（nm）	特点
3D SIM	图案化照明	~300	多色 3D 成像，一个样品中检测三个波长，使用方便
STED-4Pi	PSF 减小，干涉	33	适用于任何光稳定三能级系统
3D STED	PSF 减小，耗尽光束	~60	能揭示紧密堆积的胶体、晶体的纳米结构形态
iPALM	PSF 减小，干涉	<20	出色的横向和轴向分辨率，多色 3D 成像，高光子效率和定位精度
3D STORM	光学像散	50~60	定位精度高，多色成像

6.5　用于高分子研究的 OSRM 荧光探针

6.5.1　表征探针的参数

在高分子和其他合成材料中实现 OSRM 的必要条件之一是要全面了解用于光学可视化结构表征的荧光探针。可以根据两种不同的方案对探针进行分类：一是基于相应的 OSRM 技术，二是基于探针的组成和尺寸（图 6.17）。

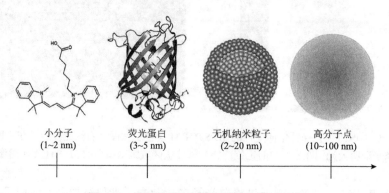

小分子
(1~2 nm)　　荧光蛋白
(3~5 nm)　　无机纳米粒子
(2~20 nm)　　高分子点
(10~100 nm)

图 6.17　不同类型 OSRM 探针的相对尺寸

每类探针都具有特定的荧光特性。在分析每种 OSRM 技术所需探针的特性、优点和缺点之前，需要对探针的吸收光谱和发射光谱、消光系数、量子产率、占空比、对比度和每个事件的光子数量等进行定量表征。特定的成像条件通常对这些参数有直接要求。

1. 探针性质

当光通过含有光学探针的溶液时，在忽略散射作用时光束将被溶解或悬浮物质吸收或者透过溶液。探针吸收给定波长光的固有能力是用消光系数（ε）描述的，也称为摩尔吸收系数或摩尔吸收率。该参数可通过朗伯-比尔定律测定出来：

$$A = \varepsilon c l \tag{6.2}$$

式中，A 为测量的吸光度；c 为探针浓度；l 为测量装置的光程长度。在相同探针浓度下消光系数越高说明探针吸收光的能力越强。高的光子吸收能力可以产生高的荧光发射特性。例如，与高亮度相关的量子点（QDs）的消光系数约为 $10^5 \sim 10^6$ L/(mol·cm)，而有机染料的消光系数通常低一个数量级。此外，表征出探针明确的吸收–发射光谱也是必要的。

荧光量子产率（Φ_f）代表从被吸收光子中发射出光子的分数，定义式为：

$$\Phi_f = \frac{k_r}{k_r + \sum k_{nr}} \tag{6.3}$$

式中，k_r 和 k_{nr} 分别为辐射衰减率和非辐射衰减率。例如 $\Phi_f = 0.1$ 对应于每吸收 10 个光子放出 1 个光子。参数 k_{nr} 包含了所有可能的非辐射衰变模式，包括分子内能量转移和系统内交换。在许多 OSRM 技术中具有高消光系数和荧光量子产率的探针被证明是具有使用优势的。量子效率不同于量子产率，尽管量子效率通常可以与量子产率互换使用。量子产率表示从吸收光子发射出的光子分数，而量子效率则表示为能量输入和能量输出。由于荧光中发射的光子通常比吸收的光子具有更长的波长也就是更低的能量，因此量子效率将低于量子产率。另一个相关参数是平均荧光寿命 $\langle \tau_f \rangle$，即辐射衰减率和非辐射衰减率之和的倒数：

$$\langle \tau_f \rangle = \frac{1}{k_r + \sum k_{nr}} \tag{6.4}$$

它表示激发和弛豫到基态之间的时间长度。对于从单重激发态发出荧光的有机染料分子，这个值通常在几纳秒量级上。表 6.3 列出了一些有机小分子荧光探针的基本性质参数。

表 6.3　有机小分子荧光探针的基本性质参数

探针名称	消光系数 [L/(mol·cm)]	最大吸收波长 (nm)	发射波长 (nm)	量子产率	荧光寿命 (ns)
Alexa 488	71000	495	519	0.92	4.1
Atto 550	120000	554	576	0.8	3.6
BODIPY FL	80000	505	513	–	5.7
Cy3	136000	550	570	0.15	0.3
Cy5	250000	649	670	0.28	1

　　表征荧光探针的一个关键参数是占空比，该参数对于应用于依赖闪烁光源的荧光探针尤其重要。占空比是指探针在荧光开状态和在暗的关状态所花费的时间之比。与此密切相关的一个参数是对比度。它描述了开和关状态之间的光强度差异，该参数有助于量化每个事件的亮度和光子数，后者会直接影响与荧光相关的 PSF 的半高宽。利用图 6.18 中不同技术给出的对比照片，可以看到具有强发射光子能力的探针具有良好的成像效果。对于具有强发射光子能力的探针，当把每次定位的较大光子输出转化为较稀少的发射状态后会产生较小的半高宽。较小的半高宽值允许提高两个点的分辨率，使两个点之间的距离低于衍射极限，这将产生更高的信噪比和更大的分辨力，并促进图像质量整体得到增强。

图 6.18　（a～c）5.0 mol%、（d～f）7.5 mol%和（g～i）10.0 mol%浓度 BIS 交联剂制备的 NIPAM 基微凝胶的透射光显微照片（a，d，g）、衍射限制荧光图像（b，e，h）、50000 帧加和的 STORM 重建图（c，f，i）（比例尺 1 μm）

2. 表征探针性质的方法

与探针内在特性同等重要的是如何表征出它们的性质。常用的定量表征技术包括用紫外–可见分光光度计测定稳态光谱，还包括时间分辨荧光和荧光相关光谱（FCS）技术。紫外–可见分光光度计涵盖了光谱的 10～380 nm 紫外和 380～750 nm 可见光两个区域，主要包括吸收光谱法和荧光发射光谱法。吸收光谱法需要将样品暴露在这个波长范围内的光下。在辐照溶液样品时一些光将透射，另一些光将被溶液中的物质吸收。在含有荧光基团的情况下吸收物将自发地以比入射光稍低的能量发射光子，这可以在荧光光谱中测量到。基于朗伯–比尔定律，从测量的紫外–可见吸收数据可确定出探针浓度或消光系数。紫外–可见光谱技术是定量表征荧光探针性质的最方便和使用最广泛的方法。

用时间分辨荧光光谱或荧光寿命谱技术能够给出探针两方面的性质：荧光寿命和分子运动。荧光探针的平均寿命 $\langle \tau_f \rangle$ 是用于定量表征 OSRM 探针的一个重要参数。测量该参数时首先要将荧光物质暴露在脉冲激发下，然后以皮秒级的分辨率测量出荧光强度的衰减。利用与时间分辨相关的激发和去激发过程，就能提供出对探针内在性质的分析。此外，基于荧光物质处于激发状态时偶极子的重新取向，用时间分辨荧光各向异性测量技术还能获得关于荧光分子局部运动和迁移率的数据，例如关于荧光分子的旋转时间数据。

荧光相关光谱的操作与流行的分子尺寸表征方法（如动态光散射技术）类似，只是它使用的是荧光而不是散射光，并且需要在显微镜物镜的焦体积中进行测量。当荧光物质通过焦体积扩散时，荧光分子电子态之间的光学跃迁会引起荧光的波动。与时间有关的自相关函数能表征出这些波动，进而反映出有效诱发这些波动的动力学过程。利用焦体积的尺寸能从自相关函数中拟合出分子的扩散系数。若假设探针形状为球形并使用 Stokes-Einstein 关系就能计算出荧光团尺寸，也就是荧光分子的流体动力学尺寸。Förster 共振能量转移（FRET）现象是荧光蛋白领域的一种重要现象。该现象描述了偶极–偶极耦合作用导致的从激发施主荧光团到受主荧光团的物理非辐射能量转移。基于 FRET 的原理可以测量不同荧光分子的相对尺寸近似度。

另外，通过将荧光相关光谱与高效液相色谱（HPLC）和凝胶渗透色谱（GPC）结合使用，能够优化合成荧光探针的条件。图 6.19 展示了在合成 Cy5-包裹二氧化硅纳米粒子实验中，利用组合技术对合成条件进行优化时的测量结果。采用以上这些表征技术仅能给出探针的一半固有性质，有时还需要利用其他技术来表征探针在使用时与其周围环境之间的相互作用。

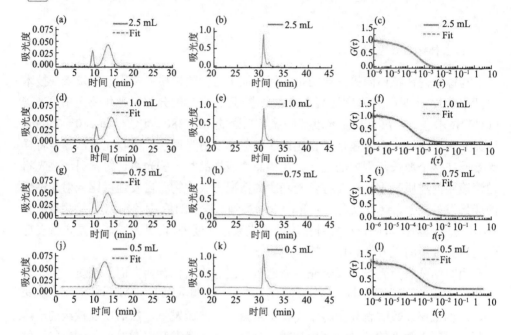

图 6.19　合成 Cy5-包裹二氧化硅纳米粒子时氨浓度变化对探针性质的影响
（a, d, g, j）GPC；（b, e, h, k）HPLC；（c, f, i, l）FCS

6.5.2　各种 OSRM 技术中的探针性质

1. 衍射限制技术的探针

与其他 OSRM 技术相比，SIM 等衍射限制技术对荧光探针的要求相对宽松，几乎所有常规荧光物质都可用在衍射限制类 OSRM 技术中。尽管衍射限制类 OSRM 技术的分辨率相对较差，但对探针类型没有限制的做法导致该类技术能够进行多色成像。事实上衍射限制类 OSRM 技术几乎完全依赖于显微光学系统而不是所使用的探针。

2. 坐标定向技术的探针

基于使用高强度激光抑制荧光的原理，坐标定向 OSRM 技术需要使用具有特定能力的探针。用于 STED 等技术的探针必须能抵抗光漂白，至少探针要表现出很强的抗疲劳性，即在光漂白前探针分子在激发态和基态之间可逆转换的能力要强，并且这种转换不是随机发生的。此外，激发态分子的受控去激发性质也同样重要。因此，STED 技术需要使用具有最小平均荧光寿命的荧光物质，在特定体系中平均荧光寿命要达到 0.8 ns。

3. 坐标随机技术的探针

与坐标定向技术不同，坐标随机OSRM成像技术对探针的要求是占空比要小，发射过程中荧光要强。STORM技术要求占空比应在0.0001～0.001之间，并能保持长期的暗状态。在坐标随机OSRM技术中，探针在关闭状态后要能伴随出短时间的强荧光爆发以提高信噪比。与坐标定向OSRM技术不同，坐标随机成像基本上依赖于荧光团的闪烁或随机激活。

6.5.3 探针成分类型

1. 有机小分子染料探针

有机小分子染料探针是最重要的探针。绝大多数高分子OSRM研究中用的荧光探针是芳香染料分子，尤其它们的羧酸、N-羟基琥珀酰亚胺酯、马来酰亚胺和叠氮化物的修饰物，这些衍生化的探针具有更广泛的性质。

罗丹明类化合物是一类重要的碱性呫吨染料，其基本化学结构式如图6.20所示。罗丹明类染料由于具有高消光系数、高荧光量子产率、长激发波长、光稳定性好、宽 pH 适用范围等优点，已经在多个领域得到广泛应用。

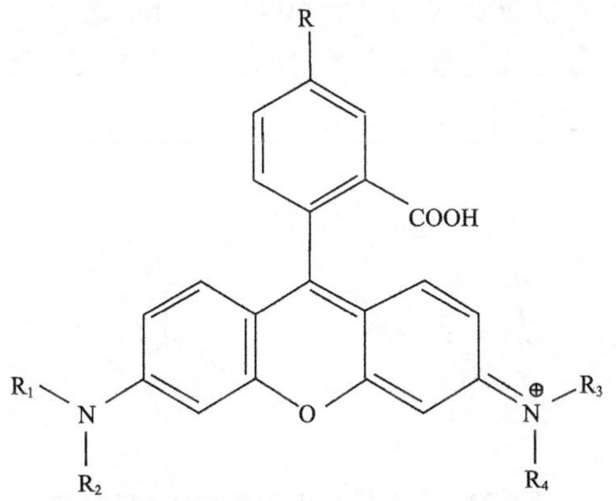

图 6.20 罗丹明的基本结构式

香豆素，又称 1,2-苯并吡喃酮、邻羟基肉桂酸内酯、邻氧萘酮等，其母体结构如图6.21所示。香豆素类母体本身不具有荧光发射性能，它的荧光功能在很大程度上取决于对母体环进行的化学修饰。研究发现在母体环的 3 位和 7 位上引入取代基后，对香豆素荧光性能的改变作用最为显著。香豆素类荧光分子因具有优良的生物活性和优异的光学特性，使得这类荧光染料也得到了广泛应用。

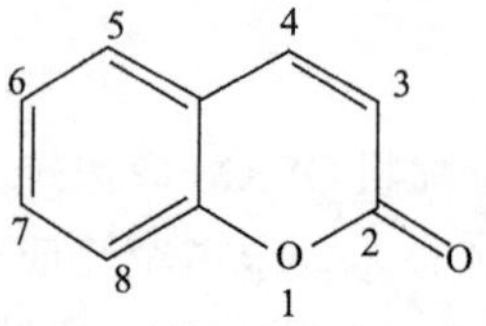

图 6.21　香豆素母体结构式

花菁染料是一类具有特殊功能的染料，其分子一般由两个氮原子中心和 n 个次亚甲基组成，可细分为三种类型。图 6.22 为一类花菁染料分子的结构通式。

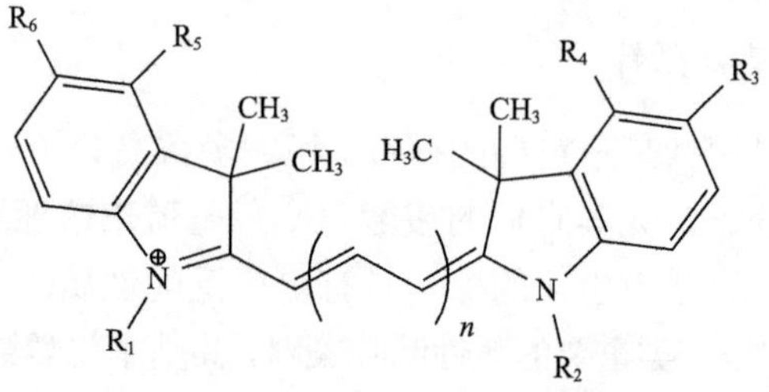

图 6.22　一类花菁染料的结构通式

花菁染料的最大吸收波长大都位于 600～850 nm 之间，而且消光系数大，同时此类染料也具有很高的荧光量子产率。图 6.23 为 OSRM 研究中经常用到的 Cy3 和 Cy5 花菁染料基本分子结构式。

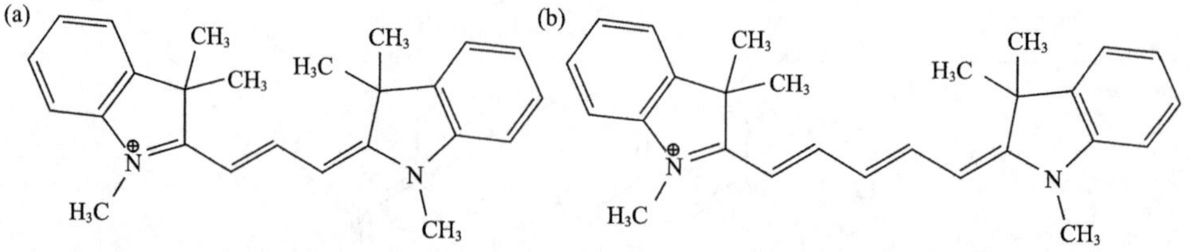

图 6.23　Cy3 和 Cy5 的基本分子结构式
（a）Cy3；（b）Cy5

　　氟硼荧（BODIPY）染料也是一类高分子研究中常用到的染料，其母体结构如图 6.24 所示。BODIPY 类染料具有高的消光系数、高荧光量子产率、窄荧光发射光谱等优点，此外其光稳定性很高，对溶液 pH 值和溶剂分子极性等周围环境不敏感。通过多种简单的化学修饰，BODIPY 类染料的吸收和发射波长就能覆盖从紫外到近红外的大片区域。

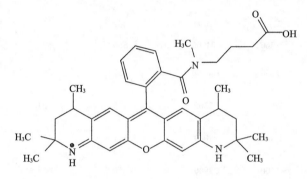

图 6.24　氟硼荧母体结构式

Atto 染料是一类新型阴离子荧光标记物，尤其适合于单分子成像的 OSRM 技术。Atto 染料在生物学领域已得到广泛应用，在高分子研究中也表现出独特优势。图 6.25 为一种 Atto 染料分子的结构式，图 6.26 为其水溶液的光学性质图。

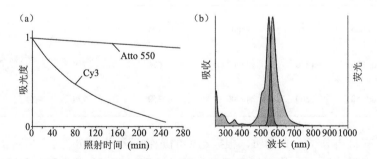

图 6.25　Atto 550 分子结构式

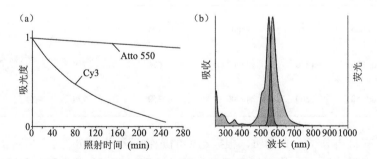

图 6.26　水溶液中 Atto 550 的光学性质
（a）照射时间对吸光度影响；（b）吸收光谱与荧光发射光谱

Alexa Fluor 染料为罗丹明或香豆素的衍生物，主要合成方法是利用磺酸或磺酸盐代替罗丹明或香豆素等染料中的氢原子。Alexa Fluor 染料包含一系列型号，它们的激发波长和发射光谱覆盖了大部分可见光和部分红外光谱区，这对绝大多数荧光显微镜都是适用的。

Alexa Fluor 染料具有激发光谱窄、发射光谱宽、量子产率高、光稳定性好等优点，此外还具有受温度、pH 影响小等优点。表 6.4 列出了多种型号的 Alexa Fluor 染料的性质参数及激发方式。

表 6.4　Alexa Fluor 染料的性质及激发方式

名称	分子量	消光系数 [L/(mol·cm)]	最大吸收波长 (nm)	发射波长 (nm)	激发方式
Alexa Fluor 350	410	19000	346	442	紫外
Alexa Fluor 405	1028	34000	402	421	蓝激光
Alexa Fluor 430	702	16000	434	540	蓝激光
Alexa Fluor 488	825	71000	495	519	488 nm 氩和氪/氩激光线
Alexa Fluor 532	721	81000	531	554	倍频 Nd-YAG 激光
Alexa Fluor 546	～1260	104000	556	573	汞灯、红色滤光片
Alexa Fluor 555	～1250	150000	555	565	Hg 灯和 543 nm 绿色 HeNe 激光
Alexa Fluor 568	792	91300	579	604	568 nm Kr/Ar 激光线
Alexa Fluor 594	820	73000	591	618	647 nm Kr/Ar 激光线
Alexa Fluor 647	～1300	23900	650	665	647 nm Kr/Ar 激光线
Alexa Fluor 660	～1100	132000	650	690	647 nm 或 633 nm 激光线
Alexa Fluor 680	～1150	184000	679	702	氪气或远红外二极管激光
Alexa Fluor 700	～1400	192000	696	719	氪气或远红外二极管激光
Alexa Fluor 750	～1300	240000	752	779	氪气或染料泵浦激光

对于有机小分子荧光物质，根据它们的光物理行为可分为三大类：①不可激活的荧光染料，如 Atto 染料；②可逆光活化的染料，如花菁染料；③不可逆的光活化染料，如一些具有笼状结构的染料。第一类染料分子适用于坐标定向显微方法，后两类染料分子主要适用于 SMLM 技术。在高分子的 OSRM 成像研究中，一些染料如 Alexa Fluor 647 和罗丹明衍生物已经成为广泛使用的荧光标记剂。Atto 647 和 550、BODIPY 和一些笼状结构荧光分子也被用于对高分子结构的 STED 和 SMLM 研究中。图 6.27 展示了在高分子 OSRM 研究中，按照探针的近似最大吸收波长和使用情况绘制的关系图。

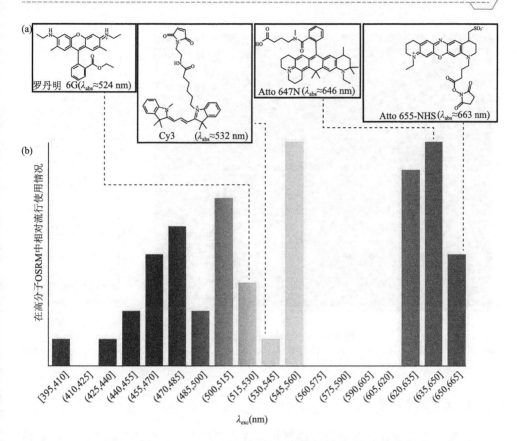

图 6.27 （a）按近似最大吸收波长排列的四种商用有机染料化学结构式；（b）在高分子 OSRM 研究中不同小分子探针的相对流行使用情况

2. 有机荧光粒子

虽然有机荧光粒子在高分子研究中很少使用，但有机荧光粒子是一类很有用的光学探针。其中高分子点既可以显示自荧光也可以结合上合适的有机染料分子。高分子点通常利用了交联诱导发光机制，一般是通过对非荧光高分子的功能化来实现荧光性质。虽然许多荧光高分子都是合成的，但有些纯天然或部分天然高分子粒子也已成为可用的荧光粒子材料。自荧光高分子纳米粒子具有可调节的化学和光物理性质，例如可通过 pH 来调控其荧光性能。从合成角度看，对高分子粒子的形状与尺寸进行精细控制是至关重要的。获得有机荧光粒子的典型方法包括聚集诱导荧光技术，即在非芳香型高分子粒子中用共价交联或物理聚集手段来控制粒子的相对发射强度，或者通过使用半导体高分子点来实现双色坐标随机成像（图 6.28）。

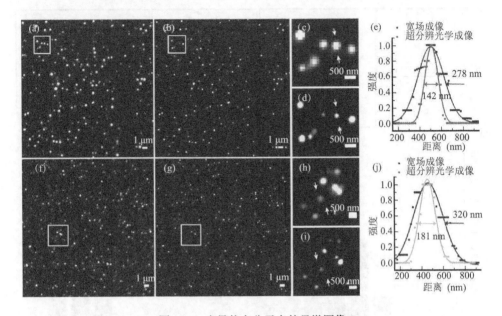

图 6.28　半导体高分子点的显微图像

（a）和（f）宽场成像；（b）和（g）超分辨光学成像；（c）和（h）为（a）和（f）的放大图；（d）和（i）为（b）和（g）的放大图；（e）和（j）白色箭头突出显示点的强度图

3. 无机纳米粒子

金属、金属硫化物和二氧化硅是构成许多无机光学探针的基础原料。由半导体或金属制成的纳米级无机粒子通常显示出与尺寸相关的光学特性，这些特性已在 OSRM 中得到应用。在用于荧光标记的无机半导体粒子中，尺寸限制效应能影响电子态并导致与尺寸相关的荧光发射现象。当把具有可调荧光的量子点半导体纳米晶体首次引入 OSRM 之后，就使光学成像领域发生了革命性变化。通常无机纳米粒子虽然比小分子染料尺寸大，但因其具有更高的 Φ_f 和 ε 值使其具有更高的光稳定性和更高的亮度。

上转换纳米粒子是三价稀土掺杂的六方纳米晶，其发射光谱可调。该类粒子通过反斯托克斯过程使得光子在一个能级上被吸收并在更高的能级上发射出来。此外，纳米金刚石可由氮和/或硅的空位发色中心发出荧光，这使得该物质即使在三维空间中也能获得极好的分辨率。使用表面增强拉曼散射（SERS）技术可使金或银中非弹性散射光子的信号输出得以增强（图 6.29）。这些非荧光金属纳米标记物也因此具有光学活性，并且没有困扰大多数传统荧光团的光漂白效应。与上转换纳米粒子一样，SERS 已经被用于生物学的成像传输过程，因此它们也使得高分子过程中的多色原位成像成为可能。

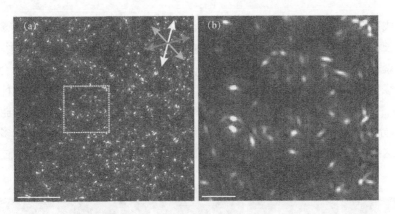

图 6.29 3D-SIM 图像显示出 SERS 纳米银探针因极化差异导致的不同颜色
(a) 低放大率（比例尺 5 μm）；(b) 高放大率（比例尺 1 μm）

新加入 OSRM 探针行列的还有可共价封装小分子染料的非晶态无机纳米粒子。虽然传统的量子点是纳米晶体结构，但采用非晶态纳米材料来制备新型探针也已得到实现，比如用非晶二氧化硅对单荧光染料分子封装后得到的超分辨点（srC'）。其不仅增强了荧光团的光物理性质，而且在没有闪烁光源诱导的情况下也能实现 SMLM（图 6.30）。

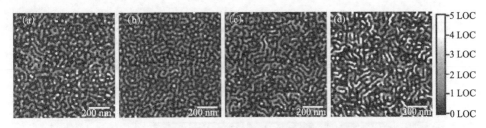

图 6.30 聚苯乙烯-嵌段-聚(烯丙基缩水甘油醚)薄膜表面的重建 STORM 图像
(a) 表面选择性附有 Cy3 染料；(b) 硫醇-烯 Cy3-srC'点；(c) NHS 酯-胺 Cy3-srC'点；(d) 炔-叠氮化物 Cy3-srC'点

6.6 OSRM 在高分子研究中的应用

OSRM 技术的独特性使其成为高分子原位结构和动力学性质研究的重要工具，在有些体系中还能提供出传统高分子表征技术无法获得的信息。本节介绍一些 OSRM 技术在高分子研究中的典型应用情况。

6.6.1 聚合领域

从根本上说聚合是高分子科学的前沿，因为单体化学和单体-单体相互作用决定了合成高分子的化学和物理性质。在将液态或气态单体聚合成黏性低聚物并最终形成长高分子链的过程中，不同的官能团引导反应沿着不同的路径进行并产生不同的聚合结果。OSRM 技术已经在超分子共聚合光学成像和自由基聚合过程中扩散成像方面得到了应用。例如用绿色和红色的笼状染料分别染色两种高分子均聚物，并使它们在给定的溶剂中具有低溶解度，在接下来的几天里能观察到染料-高分子形态发生明显变化。图 6.31 展示了利用 iPAINT 技术得到的多色静态图像，这些图像显示了两个具有不同手性的均聚物共聚成嵌段超分子的过程。

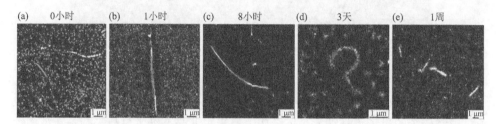

图 6.31　iPAINT 图像显示出两个高分子均聚物在 0 小时（a）、1 小时（b）、8 小时（c）、3 天（d）和 1 周（e）内的共聚过程

图 6.32 展示了几种超分子聚合的 SIM 图像以及所形成的微观结构示意图。通

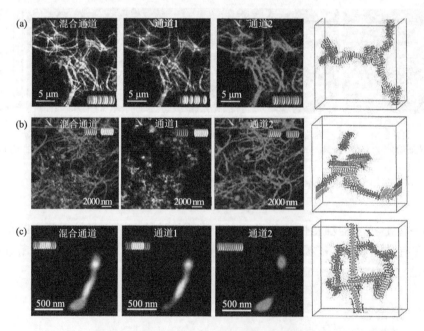

图 6.32　超分子聚合的 SIM 图像和结构示意图
（a）无规共聚物；（b）自分类均聚物；（c）嵌段共聚物

过这些 SIM 图像可以对聚合动力学和热力学进行研究。获得图像的显色方法是对附有萘二酰亚胺单体的碳酸胆固醇的核进行荧光分子取代，得到具有两种不同吸收和发射荧光性能的单体。然后根据不同的反应时间和温度，将核取代的萘二酰亚胺单体组装成超分子结构。其间利用具有双通道成像功能的设备可分别对不同颜色进行成像。

6.6.2　溶液中的行为

高分子在溶液中的行为取决于高分子与溶剂之间的相互作用，相互作用强度受高分子链的分子量、高分子链结构、溶剂溶解度参数、溶剂温度和添加剂等多个因素的影响。了解高分子链在溶液中的行为是非常重要的研究内容，至少很多高分子是在溶液中合成出来的。利用 OSRM 技术对水溶液中高分子动力学和高分子流动性的研究取得了成功，例如研究人员利用 OSRM 研究了超分子纤维在单体交换过程中的动力学行为。实验方法是将 1,3,5-苯三甲酰胺（BTA）与 BTA-Cy3（561 nm 激发）或 BTA 与 BTA-Cy5（647 nm 激发）的共组装产物进行混合，然后在水溶液中实现单体交换。通过双色 STORM 技术捕捉到了单体的迁移过程（图 6.33），结果表明溶液体系中发生的是均相交换而不是通常解释单体交换模型中假定的片段－融合和聚合－解聚机理。

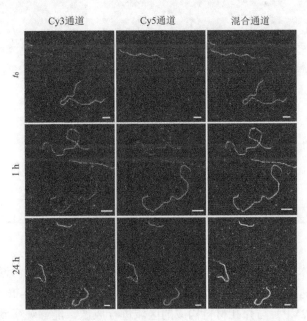

图 6.33　Cy3 和 Cy5 标记的 BTA 纤维在不同混合时间点的 STORM 图像（标尺 1 μm）

6.6.3 本体中的行为

因为高分子单链的性质和链长度的分布对于确定高分子在特定应用领域中的性能至关重要，所以揭示本体中高分子的行为是一个重要研究领域。除小角中子散射技术外，传统分析表征技术很难实现在本体中可视化单个高分子链或解析其三维结构，但 OSRM 已成功实现了这些目标。用 OSRM 表征本体高分子的结构已经成为一种新型的高分子研究方法。图 6.34 展示了 210 nm 厚聚甲基丙烯酸丁酯膜中单链的三组 PALM 图像，其二维视图达到了 15 nm 的空间分辨率。此外，在超薄薄膜中还实现了用超分辨荧光显微镜精确测量单个聚甲基丙烯酸甲酯（PMMA）的链端距。

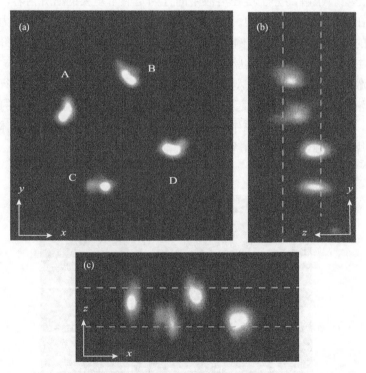

图 6.34　聚甲基丙烯酸丁酯膜中单链 PALM 图像，视场尺寸 1250 nm×1250 nm×600 nm
(a) xy 方向；(b) yz 方向；(c) xz 方向

OSRM 技术也有助于对介孔中的本体高分子结构进行研究。通过用荧光染料染色聚(2-乙烯基吡啶)（P2VP）（P2VP），再用 STED 技术对聚苯乙烯-嵌段-聚(2-乙烯基吡啶)（PS-*b*-P2VP）与介孔材料构成的区域进行成像，能够观察到由 P2VP 主导的溶胀诱导三维介孔内高分子的本体结构（图 6.35）。

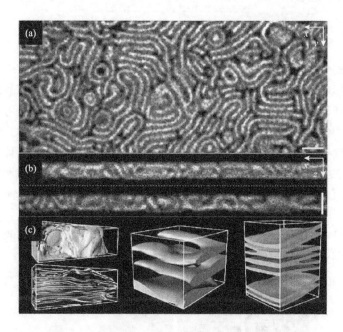

图 6.35　PS-*b*-P2VP 的 STED 图像和 3D 重建图

（a）*xy* 方向的 STED 图像；（b）*xz* 方向 2 个区域的 STED 图像；（c）3D 重建图

　　图 6.36 展示了一组用 SMLM 技术对聚苯乙烯-嵌段-聚环氧乙烷（PS-*b*-PEO）圆柱形胶束的溶剂退火过程进行的原位光学成像结果。通过对退火时间与分子结构变化的分析，能够对高分子链的动力学过程进行定量研究。

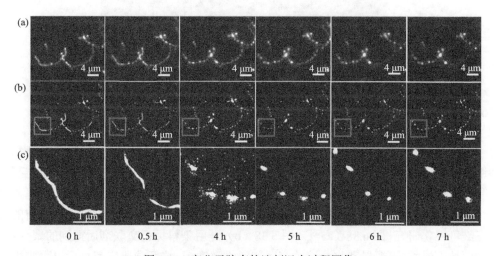

图 6.36　高分子胶束的溶剂退火过程图像

（a）原位时间分辨荧光法；（b）SMLM 法；（c）放大的 SMLM

6.6.4　结晶领域

高分子的结晶状态要受到高分子链结构、温度、压力与溶剂性质等方面的影响，结晶会影响高分子的密度、力学行为和光学性质。高分子的结晶能力可作为一种驱动力在自组装中发挥重要作用。使用双色 SMLM 和 STED 能可视化嵌段共聚物系统中由结晶驱动的自组装过程，同时还能研究其生长动力学。例如，对于一种聚二茂铁基二甲基硅烷-嵌段-聚二甲基硅氧烷（PFS-*b*-PDMS）体系，通过将溶解的嵌段共聚物添加到含晶种的溶液中，能够使体系出现低分散胶束型结晶 PFS 核。利用双色 SMLM 技术能够记录到接下来发生的嵌段共聚物自组装过程 [图 6.37（a）]。图像显示出微观结构从中间晶种位置开始逐渐增长，然后扩展到胶束两端并且在两端以相似的速率进行增长。通过图 6.37（c）所示的 STED 图像还能够对不同条件的自组装速率进行定量研究。

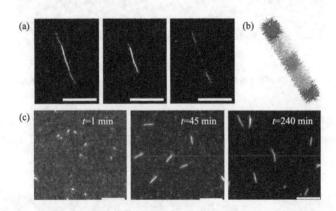

图 6.37　嵌段共聚物胶束自组装过程的 OSRM 图像

（a）嵌段共聚物胶束的双色 SMLM 图像（标尺 2 μm）；（b）胶束示意图；（c）不同时间的胶束自组装 STED 图像（标尺 4.8 μm）

6.6.5　凝胶中的行为

高分子凝胶具有结构不均匀、形态复杂的特点，其行为和性能较难被预测。由于高分子交联网络的结构直接影响到凝胶的黏弹性，因此研究交联剂分布与凝胶力学性能之间的关系有助于理解高分子凝胶的性质。例如，通过使用二芳基乙烯光开关作为交联剂，可实现对聚(*N*-异丙基丙烯酰胺)凝胶结构与交联剂分布的三维可视化研究[图 6.38（a）]。图 6.38（b）是用染料标记交联剂后得到的聚(*N*-异丙基丙烯酰胺)凝胶和水凝胶的交联剂三维密度图。这两项研究都显示出凝胶中交联剂的不均匀分布，表明交联剂在接近中心时密度增加。

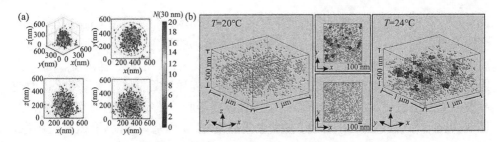

图 6.38　聚(N-异丙基丙烯酰胺)凝胶中交联剂分布三维剖面图
(a) 单个溶胀微凝胶中交联剂的三维分布；(b) 交联剂位置的等距图

　　凝胶的流变行为是解释凝胶形态复杂性的另一个基本特性。使用两种类型的染料对聚(N-异丙基丙烯酰胺)微凝胶进行标记后，通过将凝胶流变学实验数据与双色 STORM 图像对比，能够分析出具有不同结构的凝胶流动特性，并进一步得到凝胶的弹性、剪切性与凝胶质量分数的关系（图 6.39）。

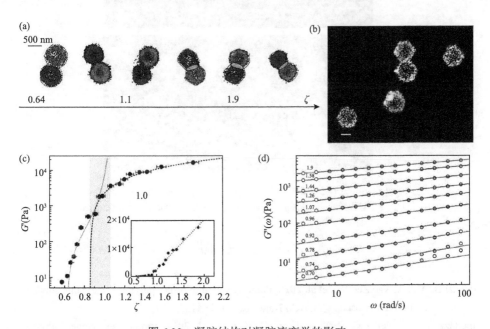

图 6.39　凝胶结构对凝胶流变学的影响
(a) 凝胶质量分数 ζ 对凝胶结构影响图；(b) 凝胶的双色 STORM 图（标尺 500 nm）；(c) 弹性剪切模量 G' 与 ζ 关系图；(d) 损耗剪切模量 $G''(\omega)$

6.6.6　相变领域

　　高分子的相变行为是决定其加工流变性能、机械性能和应用领域的重要因素。

高分子的相变过程主要包括在溶液中发生的相变和本体相变两个方面，此外还有凝胶中发生的相变。溶液相变主要是指由浓度驱动的相变，本体相变可以是由温度驱动的相变。对于高分子凝胶，通过引入或改变溶剂、温度、盐浓度、pH、光照或电场等条件都能触发相变，并且这些因素还能导致凝胶体积发生变化进而使凝胶性质发生变化。利用 OSRM 技术已经能够对凝胶的体积相变进行可视化研究。图 6.40 展示了使用三维 STORM 技术生成的聚(N-异丙基丙烯酰胺)微凝胶图像，可以明显看到添加甲醇后引起的微凝胶体积相变现象。

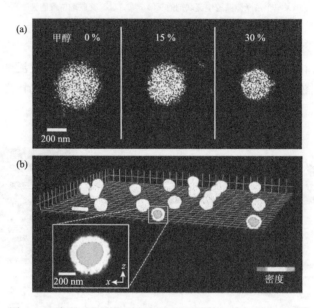

图 6.40　聚(N-异丙基丙烯酰胺)微凝胶的三维 STORM 图像
(a) 改变甲醇添加量；(b) 添加甲醇前微凝胶（网格尺寸 300 nm，标尺 600 nm）

参 考 文 献

Adelizzi B, Aloi A, Van Zee N J, et al. 2018. Painting supramolecular polymers in organic solvents by super-resolution microscopy [J]. ACS Nano, 12: 4431–4439.

Albertazzi L, van der Zwaag D, Leenders C M A, et al. 2014. Probing exchange pathways in one-dimensional aggregates with super-resolution microscopy [J]. Science, 344: 491–495.

Aoki H, Mori K, Ito S. 2012. Conformational analysis of single polymer chains in three dimensions by super-resolution fluorescence microscopy [J]. Soft Matter, 8: 4390–4395.

Bergmann S, Wrede O, Huser T, et al. 2018. Super-resolution optical microscopy resolves network morphology of smart colloidal microgels [J]. Physical Chemistry Chemical Physics, 20: 5074–5083.

Bewersdorf J, Schmidt R, Hell S W. 2006. Comparison of I^{5}M and 4Pi-microscopy [J]. Journal of

Microscopy, 222: 105–117.

Boott C E, Laine R F, Mahou P, et al. 2015. *In situ* visualization of block copolymer self-assembly in organic media by super-resolution fluorescence microscopy [J]. Chemistry－A European Journal, 21: 18539–18542.

Boott C E, Leitao E M, Hayward D W, et al. 2018. Probing the growth kinetics for the formation of uniform 1D block copolymer nanoparticles by living crystallization-driven self-assembly [J]. ACS Nano, 12: 8920–8933.

Chapman D V, Du H, Lee W Y, et al. 2020. Optical super-resolution microscopy in polymer science [J]. Progress in Polymer Science, 111: 101312.

Chen X, Liu Z, Li R, et al. 2017. Multicolor super-resolution fluorescence microscopy with blue and carmine small photoblinking polymer dots [J]. ACS Nano, 11: 8084–8091.

Conley G M, Nöjd S, Braibanti M, et al. 2016. Superresolution microscopy of the volume phase transition of pNIPAM microgels [J]. Colloids and Surfaces A: Physicochemical Engineering Aspects, 499: 18–23.

Conley G M, Zhang C, Aebischer P, et al. 2019. Relationship between rheology and structure of interpenetrating, deforming and compressing microgels [J]. Nature Communications, 10: 2436.

Gardinier T C, Turker M Z, Hinckley J A, et al. 2019. Controlling surface chemical heterogeneities of ultrasmall fluorescent core-shell silica nanoparticles as revealed by high-performance liquid chromatography [J]. Journal of Physical Chemistry C, 123: 23246–23254.

Gelissen A P H, Oppermann A, Caumanns T, et al. 2016. 3D structures of responsive nanocompartmentalized microgels [J]. Nano Letters, 16: 7295–7301.

Gong W-L, Yan J, Zhao L-X, et al. 2016. Single-wavelength-controlled *in situ* dynamic super-resolution fluorescence imaging for block copolymer nanostructures *via* blue-light-switchable FRAP [J]. Photochemical & Photobiological Sciences, 15: 1433–1441.

Gustafsson M G L. 2000. Surpassing the lateral resolution limit by a factor of two using structured illumination microscopy [J]. Journal of Microscopy, 198: 82–87.

Gustafsson M G L. 2005. Nonlinear structured-illumination microscopy: Wide-field fluorescence imaging with theoretically unlimited resolution [J]. PNAS, 102: 13081–13086.

Gustafsson M G L, Agard D A, Sedat J W. 1999. I^5M: 3D widefield light microscopy with better than 100 nm axial resolution [J]. Journal of Microscopy, 195: 10–16.

Gustafsson M G L, Shao L, Carlton P M, et al. 2008. Three-dimensional resolution doubling in wide-field fluorescence microscopy by structured illumination [J]. Biophysical Journal, 94: 4957–4970.

Harke B, Ullal C K, Keller J, et al. 2008. Three-dimensional nanoscopy of colloidal crystals [J]. Nano Letters, 8: 1309–1313.

Hell S W, Wichmann J. 1994. Breaking the diffraction resolution limit by stimulated emission: Stimulated-emission-depletion fluorescence microscopy [J]. Optics Letters, 19: 780–782.

Hennig S, Mönkemöller V, Böger C, et al. 2015. Nanoparticles as nonfluorescent analogues of fluorophores for optical nanoscopy [J]. ACS Nano, 9: 6196–6205.

Hinckley J A, Chapman D V, Hedderick K R, et al. 2019. Quantitative comparison of dye and ultrasmall fluorescent silica core-shell nanoparticle probes for optical super-resolution imaging of model block copolymer thin film surfaces [J]. ACS Macro Letters, 8: 1378−1382.

Huang B, Wang W, Bates M, et al. 2008. Three-dimensional super-resolution imaging by stochastic optical reconstruction microscopy [J]. Science, 319: 810−813.

Karanastasis A A, Zhang Y, Kenath G S, et al. 2018. 3D mapping of nanoscale crosslink heterogeneities in microgels [J]. Materials Horizons, 5: 1130−1136.

Knudsen J B, Liu L, Kodal A L B, et al. 2015. Routing of individual polymers in designed patterns [J]. Nature Nanotechnology, 10: 892−898.

Purohit A, Centeno S P, Wypysek S K, et al. 2019. Microgel PAINT − nanoscopic polarity imaging of adaptive microgels without covalent labelling [J]. Chemical Science, 10: 10336−10342.

Sarkar A, Sasmal R, Empereur-Mot C, et al. 2020. Self-sorted, random, and block supramolecular copolymers via sequence controlled, multicomponent self-assembly [J]. Journal of the American Chemical Society, 142: 7606−7617.

Siemes E, Nevskyi O, Sysoiev D, et al. 2018. Nanoscopic visualization of cross-linking density in polymer networks with diarylethene photoswitches [J]. Angewandte Chemie International Edition, 57: 12280−12284.

Ullal C K, Schmidt R, Hell S W, et al. 2009. Block copolymer nanostructures mapped by far-field optics [J]. Nano Letters, 9: 2497−2500.

Xu K, Zhong G, Zhuang X. 2013. Actin, spectrin, and associated proteins form a periodic cytoskeletal structure in axons [J]. Science, 339: 452−456.

第 7 章

反相气相色谱

反相气相色谱（inverse gas chromatography，IGC）是自 20 世纪 60 年代发展起来的一种表征高分子、测定高分子与液体分子之间相互作用的分析技术。采用通常的气相色谱仪就能实现 IGC 技术。利用 IGC 技术进行材料性质分析时主要包括测定探针保留时间和用保留时间计算性质两个步骤。用 IGC 能测定出高分子材料的表面色散自由能和路易斯酸碱常数，还能测定高分子的溶解度参数和玻璃化转变温度等本体性质，以及液体与高分子之间的 Flory 相互作用参数、液体分子在高分子中的扩散系数等。此外，该技术还能用于对无机或其他粉末与纤维状固体材料的分析。

7.1　基本原理与基本参数

7.1.1　基本原理与方法

在通常的气相色谱分析方法中色谱柱的作用是对进入其中的气体混合物进行分离。IGC 技术与通常的气相色谱技术最大不同之处是把待分析的材料制成色谱柱的固定相，然后将性质已知的单组分液体作为探针注入含有固定相材料的色谱柱中，利用探针的相对保留时间计算出保留体积，再通过保留体积计算出材料的性质。由于在通常的气相色谱方法中所分析的目标物质是流动相，而在 IGC 技术中所分析的目标物质是固定相材料，因此与气相色谱相比 IGC 的研究目标可以理解为是一种相反的相。但是 IGC 的反相含义不同于反相液相色谱技术中的反相概念，因为反相液相色谱技术是从固定相和流动相的极性角度进行定义的。

IGC 技术中制备高分子固定相的方法有三种，最常用的方法是色谱担体涂覆法。这种方法是把可溶性高分子材料用溶剂溶解后制成高分子稀溶液，再把溶液涂在色谱担体表面，溶剂挥发后就会得到具有薄薄高分子涂层的固定相担体。担体中高分子的质量分数一般为 2%～20%。与之相似的方法是把高分子稀溶液压入毛细管色谱柱内制成内壁带有高分子涂层的毛细管柱。对于不能溶解的粉末状高分子材料，需要采用直接装入不锈钢柱的方法制成填充型色谱柱。不论采用哪种固定相形式，都需要从探针的总保留时间中扣除掉待研究材料之外的其他因素产生的保留时间。IGC 技术要求气化后的探针分子之间在色谱柱内没有相互作用，仅在探针分子与固定相之间存在作用。这就要求进入色谱柱中液体探针的量要非常少，通常的进样量为 0.1～0.2 μL。载气一般为高纯氮气或者氢气。

7.1.2　基本参数

1. 净保留体积

保留体积是指注入色谱柱中的探针在载气作用下流出色谱柱后，被检测器检测到峰值信号时流过色谱柱的载气体积。保留体积等于载气流速与保留时间的乘积。探针的总保留时间为死时间和固定相吸附探针导致的相对保留时间 Δt 的加和。当探针分子不能渗入固定相的待分析材料内部时，得到的相对保留体积 V_N 称为净保留体积（net retention volume），计算公式为：

$$V_N = (t_r - t_0)F \tag{7.1}$$

式中，$t_r - t_0 = \Delta t$，t_r 为探针的总保留时间；t_0 为死时间；F 为载气流速。一般将甲烷的保留时间视为死时间。保留时间的单位为分钟，载气流速的单位为 mL/min，保留体积的单位为 mL 或者 cm^3。利用净保留体积可以计算出与固定相表面性质有关的参数。

2. 比保留体积

当探针分子能渗入固定相材料内部时，相对保留时间等于固定相材料表面引起的保留时间和体积引起的保留时间的加和。在这种情况下表面吸附作用产生的保留时间通常可以被忽略。相对保留时间近似与固定相材料的质量成正比。用净保留体积除以固定相材料的质量后得到比保留体积（specific retention volume）V_g：

$$V_g = \frac{V_N}{m} \tag{7.2}$$

式中，m 为高分子固定相质量。利用比保留体积可以计算出与固定相材料本体性质有关的一些参数。在研究固定相材料的本体性质时一般采用标准化的比保留体积进行计算，这有利于对不同研究工作中报道的材料性质进行比较。通常的做法是将载气的相对保留体积折算成 0℃、1 个大气压时的气体体积，也称为标准化的比保留体积，计算公式为：

$$V_g^0 = \frac{273.2\Delta t F J}{m T_{room}} \tag{7.3}$$

式中，T_{room} 为室温，单位为 K；J 为对探针分子进行非理想气体性质校正的压缩因子，计算公式为：

$$J = \frac{3}{2} \frac{(P_i/P_o)^2 - 1}{(P_i/P_o)^3 - 1} \qquad (7.4)$$

式中，P_i 与 P_o 分别为色谱柱的进口与出口压力，其中出口压力一般为大气压。表 7.1 列出了 21 个有机溶剂探针在醋酸丁酸纤维素–聚己内酯二醇共混物填充柱中的标准化比保留体积，利用这些数据可以计算出醋酸丁酸纤维素–聚己内酯的 Hansen 溶解度参数等性质。

表 7.1　测量温度为 343.15～403.15 K 时溶剂探针在醋酸丁酸纤维素–聚己内酯二醇共混物填充柱中的 V_g^0（cm³/g）

溶剂探针	343.15	353.15	363.15	373.15	383.15	393.15	403.15
正戊烷	15.70	13.83	12.31	11.59	10.54	9.65	8.19
正己烷	23.01	19.31	16.63	15.19	12.51	10.04	9.36
正庚烷	40.46	32.30	25.26	22.59	17.42	15.54	13.66
正辛烷	79.24	58.69	44.08	37.38	31.56	25.75	21.08
丙酮	65.23	47.73	34.28	27.98	23.31	19.86	16.00
乙醚	108.26	76.96	55.46	43.18	32.74	26.93	21.86
甲醇	79.03	55.85	40.55	33.58	25.67	20.64	14.05
乙醇	120.44	83.46	59.38	45.58	35.10	27.71	23.03
正丙醇	243.86	164.65	114.3	87.95	64.17	48.92	39.43
正丁醇	522.37	340.86	227.26	183.90	117.60	88.19	68.33
苯	127.75	97.26	71.15	59.17	46.88	39.49	33.57
甲苯	278.78	201.19	141.75	112.74	83.82	66.20	53.10
异丙醇	131.00	93.20	63.30	49.57	36.67	29.28	24.20
异丁醇	270.66	184.95	122.93	92.75	65.74	49.71	39.82
二氯甲烷	68.48	52.60	38.20	34.38	31.95	23.79	17.95
三氯甲烷	136.68	99.70	72.72	57.57	47.67	34.00	30.45
乙酸甲酯	66.04	50.98	38.99	32.78	28.03	23.79	14.83
乙酸乙酯	103.39	76.96	57.03	45.58	37.46	30.07	25.76
乙酸丁酯	402.20	279.15	191.96	147.92	108.96	83.48	65.59
1,4-二氧六环	394.08	275.09	193.53	145.52	106.60	82.69	64.81
四氢呋喃	–	81.02	57.03	45.58	35.88	28.50	24.20

图 7.1 为表 7.1 中所列部分溶剂探针的对数保留体积与温度关系图。探针的 $\ln V_g^0$ 值通常与温度的倒数呈线性关系。

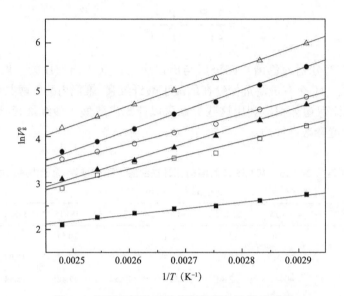

图 7.1　溶剂探针的对数保留体积与温度关系图
■正戊烷，□二氯甲烷，▲乙醚，△乙酸丁酯，○苯，●正丙醇

7.2　表面色散自由能

表面自由能是固体材料重要的表面性质参数。由于色散力是普遍存在的分子间作用力，所以表面色散自由能是所有固体材料都具有的基本表面性质参数。与其他技术相比，用 IGC 测定固体材料表面自由能最显著的优势是能精确测定粉末类、纤维类材料的表面自由能。对于只能以粉末形态存在的固体材料，IGC 技术几乎是唯一能测定出表面自由能的方法。由于气相色谱仪能够方便地控制色谱柱温度，所以用 IGC 测定表面自由能的另外一个优势是测量的温度范围宽。

7.2.1　探针

在各类液体中液体正烷烃的分子间作用力仅含有色散力成分。测定材料表面色散自由能的方法是以一系列正烷烃为探针，在得到净保留体积后再按照 Dorris-Gray 或者 Schultz 方法计算出测量温度下的表面色散自由能。通常采用的正烷烃探针有正己烷（C_6）、正庚烷（C_7）、正辛烷（C_8）、正壬烷（C_9），也可包含正戊烷（C_5）以及正癸烷（C_{10}）。随着正烷烃碳原子数的增加，它们的沸点升高、表面自由能增加。随着温度升高正烷烃的表面自由能降低。对于高分子固定相来说，测量温度必须在其玻璃化温度之下，然后根据测定时色谱气化室的工作温度来选择合适的正烷烃探针。

有两种计算表面色散自由能的理论方法，它们都需要利用到净保留体积与探针吸附吉布斯自由能 ΔG_a 之间的基本关系：

$$\Delta G_a = -RT \ln V_N + C' \tag{7.5}$$

式中，T 为色谱柱温度，单位 K；R 为理想气体常数；C' 为由体系状态决定的常数，在计算过程中不需要赋予具体的数值。

7.2.2 Dorris-Gray 方法

Dorris-Gray 方法计算表面色散自由能的原理如下。对于正烷烃分子的亚甲基（$-CH_2-$），由色散力导致探针分子在材料表面的吸附吉布斯自由能 ΔG^{CH_2}，能够通过探针分子的吸附吉布斯自由能 ΔG_a 与探针分子的碳原子数得到。当采用两个正烷烃为探针分子时，ΔG^{CH_2} 等于两个探针分子的 ΔG_a 之差与碳原子数之差的比值。当两个探针分子相差 1 个碳原子也就是相差 1 个亚甲基时，若它们的碳原子数分别为 n 和 $n+1$，则 ΔG^{CH_2} 的计算公式为：

$$\Delta G^{CH_2} = -RT \ln \left(\frac{V_{N,n+1}}{V_{N,n}} \right) \tag{7.6}$$

式中，$V_{N,n}$ 为碳原子数为 n 的正烷烃探针的净保留体积；$V_{N,n+1}$ 为碳原子数为 $n+1$ 的正烷烃探针的净保留体积。根据 Fowkes 提出的色散自由能黏附功关系式，可以给出亚甲基与固定相材料之间的黏附功为：

$$W_{a,CH_2} = 2\sqrt{\gamma_s^d \gamma_{CH_2}} \tag{7.7}$$

式中，γ_s^d 为固定相材料的表面色散自由能；γ_{CH_2} 为亚甲基的表面色散自由能。因为聚乙烯分子可以看作是全部由亚甲基构成的固体材料，所以 γ_{CH_2} 等同于聚乙烯的表面自由能。聚乙烯的表面自由能与温度间存在以下关系：

$$\gamma_{CH_2} = 35.6 - 0.058t \tag{7.8}$$

式中，t 为温度，单位 ℃。根据亚甲基的分子截面面积 a_{CH_2} 和黏附功，可由以下公式得到亚甲基的吸附吉布斯自由能：

$$-\Delta G^{\mathrm{CH_2}} = N_{\mathrm{A}} a_{\mathrm{CH_2}} W_{\mathrm{a,CH_2}} \tag{7.9}$$

式中，N_{A} 为阿伏伽德罗常数；$a_{\mathrm{CH_2}}$ 为 6 Å^2。公式（7.7）与（7.9）结合后可得到：

$$\gamma_{\mathrm{s}}^{\mathrm{d}} = \frac{1}{4\gamma_{\mathrm{CH_2}}} \left(\frac{-\Delta G^{\mathrm{CH_2}}}{N_{\mathrm{A}} a_{\mathrm{CH_2}}} \right)^2 \tag{7.10}$$

公式（7.6）与（7.10）合并后可得到计算固定相表面色散自由能的公式为：

$$\gamma_{\mathrm{s}}^{\mathrm{d}} = \frac{1}{4\gamma_{\mathrm{CH_2}}} \left(\frac{RT\ln\left(\dfrac{V_{\mathrm{N},n+1}}{V_{\mathrm{N},n}} \right)}{N_{\mathrm{A}} a_{\mathrm{CH_2}}} \right)^2 \tag{7.11}$$

当采用两个相邻液体正烷烃为探针时，就可以通过 IGC 实验得到的净保留体积、实验温度下的亚甲基表面色散自由能计算出固定相材料的表面色散自由能。图 7.2 为利用四个正烷烃探针获得 323.15 K 时加巴喷丁和普瑞巴林表面色散自由能的 IGC 测量结果，作图时采用了 Dorris-Gray 方法。

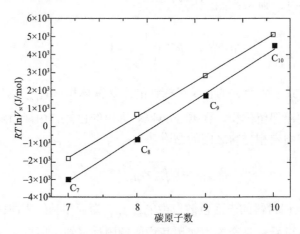

图 7.2　用 Dorris-Gray 方法获得 323.15 K 时固定相表面色散自由能的测量结果图
■加巴喷丁，□普瑞巴林

7.2.3　Schultz 方法

Schultz 方法计算表面色散自由能的原理如下。对于碳原子数为 n 的正烷烃探针，其在固定相表面的吸附吉布斯自由能 ΔG_{a} 为：

$$\Delta G_{a} = -RT \ln(V_{N,n}) + C' \tag{7.12}$$

根据 Fowkes 提出的色散自由能黏附功关系式，可得到用液体探针的表面色散自由能与固定相材料的表面色散自由能表示的黏附功为：

$$W_{a} = 2\sqrt{\gamma_{s}^{d}\gamma_{1}^{d}} \tag{7.13}$$

式中，γ_{1}^{d} 为液体正烷烃的表面色散自由能。由黏附功和分子截面面积可得到吸附吉布斯自由能为：

$$-\Delta G_{a} = N_{A}aW_{a} \tag{7.14}$$

式中，a 为烷烃分子的截面面积，可由以下公式计算出来：

$$a = 1.09 \times 10^{14} \times \left(\frac{M}{\rho N_{A}}\right)^{2/3} \tag{7.15}$$

式中，M 为正烷烃的相对分子质量；ρ 为正烷烃的密度。将公式（7.12）、（7.13）和（7.14）合并后得到：

$$RT \ln(V_{N,n}) = 2N_{A}a(\gamma_{1}^{d})^{0.5}(\gamma_{s}^{d})^{0.5} + C' \tag{7.16}$$

当利用 $RT \ln(V_{N,n})$ 对 $a\left(\gamma_{1}^{d}\right)^{0.5}$ 作图后可得到一条直线，从直线的斜率能计算出固定相材料的表面色散自由能。表 7.2 列出了 Schultz 方法中需要的正烷烃探针参数。

表 7.2　Schultz 方法中的正烷烃探针参数

名称	γ_{1}^{d}（mJ/m^2）	a（Å^2）	$a(\gamma_{1}^{d})^{0.5}$ [Å^2·(mJ/m^2)$^{0.5}$]
正己烷	17.90	51.5	217.9
正庚烷	19.80	57.0	253.6
正辛烷	21.14	63.0	289.7
正壬烷	22.38	69.0	326.4
正癸烷	23.37	75.0	362.6

图 7.3 为正烷烃探针分子的吸附吉布斯自由能与 $a(\gamma_{1}^{d})^{0.5}$ 的示意图，一般情况下实验数据点的线性相关度会接近 1。

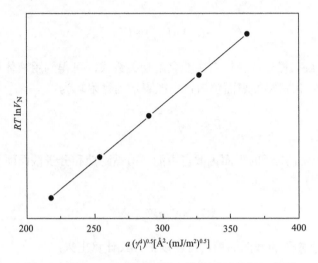

图 7.3　用 Schultz 方法获得表面色散自由能的示意图

7.2.4　Dorris-Gray 和 Schultz 方法的关系

通过对两个邻近正烷烃为探针的计算公式进行比较，可以给出用 Dorris-Gray 和 Schultz 方法计算表面色散自由能时两种方法的计算结果之间的内在关系。对于碳原子为 n 和 $n+1$ 的两个正烷烃，从图 7.3 所示的直线斜率能够得到固定相材料的表面色散自由能为：

$$\gamma_s^d = \frac{1}{4}\left(\frac{RT\ln\left(\dfrac{V_{N,n+1}}{V_{N,n}}\right)}{N_A(a_{n+1}\gamma_{l,n+1}^{0.5} - a_n\gamma_{l,n}^{0.5})}\right)^2 \tag{7.17}$$

将公式（7.11）和（7.17）相除后可得到两个方法的计算结果比值为：

$$\frac{\gamma_{s,\text{Dorris-Gray}}^d}{\gamma_{s,\text{Schultz}}^d} = \frac{(a_{n+1}\gamma_{l,n+1}^{0.5} - a_n\gamma_{l,n}^{0.5})^2}{\gamma_{CH_2}a_{CH_2}^2} \tag{7.18}$$

表 7.3 列出了公式（7.18）中需要的一些正烷烃探针分子的中间参数。

表 7.3　中间参数值

探针分子的 n 值	6	7	8	9
$a_{n+1}\gamma_{l,n+1}^{0.5} - a_n\gamma_{l,n}^{0.5}$	35.7	36.1	36.7	36.2

表 7.4 列出了两种方法在三个温度下的计算结果比值。用 Dorris-Gray 方法计算出的表面色散自由能总是比 Schultz 方法的结果偏高，随着温度的升高两者的比值加大。

表 7.4　Dorris-Gray 和 Schultz 方法的计算比值

温度（℃）	30	40	50
γ_{CH_2}（mJ/m^2）	33.86	33.28	32.70
$\gamma^d_{s,Dorris\text{-}Gray}$ / $\gamma^d_{s,Schultz}$	1.07	1.09	1.11

图 7.4 为五个正烷烃探针在聚苯乙烯-聚丙烯酸嵌段共聚物柱内的保留体积图。利用图 7.4 的实验数据，通过公式（7.11）和（7.16）的作图法得到的聚苯乙烯-聚丙烯酸嵌段共聚物表面色散自由能结果列于表 7.5 中。两种方法得到的表面色散自由能之比与表 7.4 中的计算比值是一致的。

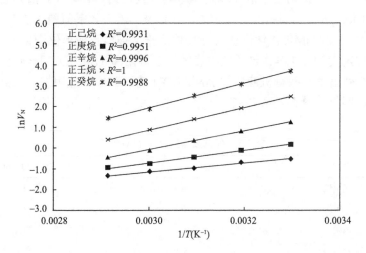

图 7.4　正烷烃探针在聚苯乙烯-聚丙烯酸嵌段共聚物柱内的保留体积图

表 7.5　聚苯乙烯-聚丙烯酸嵌段共聚物的表面色散自由能

T（K）	$\gamma^d_{s,Dorris\text{-}Gray}$（mJ/m^2）	$\gamma^d_{s,Schultz}$（mJ/m^2）
303	39.9	37.3
313	36.5	33.5
323	33.4	30.1
333	27.7	24.5
343	23.8	20.9

7.3 路易斯酸碱常数

路易斯酸碱（Lewis acid-base）作用是一类比较强的分子间作用，材料的路易斯酸常数 K_a 和碱常数 K_b 能够用于定量衡量材料之间的酸碱特性作用强度。用 IGC 测量材料路易斯酸碱常数的基本原理是利用多个已知路易斯酸碱性质的有机液体为探针，同时结合正烷烃探针的结果得到酸碱作用引起的特性吉布斯自由能。然后再利用不同温度下的特性吉布斯自由能得到特性吸附焓，最后用作图法得到固定相材料的路易斯酸碱常数。

7.3.1 有机液体的路易斯酸碱性

IGC 领域用到的定量表征有机液体路易斯酸碱性的方法是 donor-acceptor 两性参数法。该方法认为一个液体或固体即具有酸性又具有碱性。液体的酸性最初是用 AN（acceptor number）值表示的，它定义为将三乙基氧膦（Et$_3$PO）溶解在被测液体后 ^{31}P 的 NMR 化学位移值。AN 值后来又被修正成单位为 kJ/mol 的 AN*。液体的碱性定义为在 1,2-二氯乙烷中液体与五氯化锑（SbCl$_5$）混合时生成焓的负值。表 7.6 列出了一些有机液体的 AN* 和 DN 值，其中二氯甲烷、三氯甲烷、丙酮、乙醚、四氢呋喃、乙酸乙酯、苯是 IGC 实验中常用的酸碱探针。

表 7.6　有机液体的 AN* 和 DN 值

名称	AN*（kJ/mol）	DN（kJ/mol）
二氯甲烷	16.4	0
三氯甲烷	22.7	0
丙酮	10.5	71.4
乙醚	5.9	80.6
四氢呋喃	2.1	84.4
乙酸乙酯	6.3	71.1
甲醇	50.4	84.0
乙醇	43.3	79.8
甲酰胺	39.1	100.8
二甲基亚砜	13.0	125.2
二氧六环	0	62.2
苯	0.7	0.4

7.3.2　测量与计算方法

测量路易斯酸碱常数时采用的液体探针分为两类，一类是正烷烃液体探针，另一类是酸碱液体探针，也被称为极性探针。酸碱探针中通常要包含一个全酸性液体，如二氯甲烷或三氯甲烷；一个强碱性液体，如四氢呋喃；一个弱酸性液体，如苯；以及一个弱碱性液体，如丙酮、乙醚或乙酸乙酯。

1. 酸碱吉布斯自由能

酸碱探针在固定相材料表面的吸附吉布斯自由能 ΔG_a 是由色散吸附吉布斯自由能 ΔG_a^d 与酸碱吸附吉布斯自由能 ΔG_a^s 构成的，表达式为：

$$\Delta G_a = \Delta G_a^d + \Delta G_a^s \tag{7.19}$$

式中，ΔG_a^s 为利用对应态原理从系列正烷烃分子探针的吸附吉布斯自由能方程以及酸碱探针的 $a(\gamma_1^d)^{0.5}$ 值计算得到的。表 7.7 列出了五个常用酸碱探针的 $a(\gamma_1^d)^{0.5}$ 值。图 7.5 给出了采用对应态法获得酸碱探针（如三氯甲烷）的酸碱吸附吉布斯自由能示意图。

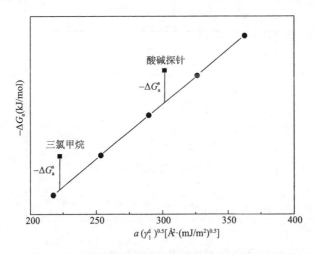

图 7.5　采用对应态法计算酸碱探针的酸碱吸附吉布斯自由能示意图

计算时首先要得到以系列正烷烃为探针时用 $a(\gamma_1^d)^{0.5}$ 为变量和实验 ΔG_a 值形成的直线方程。然后用酸碱探针（如三氯甲烷）的 $a(\gamma_1^d)^{0.5}$ 值计算出其在直线方程上的 ΔG_a^d 值。再利用测定出的酸碱探针（如三氯甲烷）的 ΔG_a 值减去其 ΔG_a^d 值，得到酸碱探针（如三氯甲烷）的 ΔG_a^s 值。采用同样步骤求取出其他酸碱探针的 ΔG_a^s 值。

表 7.7 常用酸碱探针的参数

名称	γ_1^d（mJ/m²）	a（Å²）	$a(\gamma_1^d)^{0.5}$ [Å²·(mJ/m²)^{0.5}]
三氯甲烷	25.9	44.0	223.9
丙酮	16.5	42.5	172.6
乙醚	15.0	47.0	182.0
乙酸乙酯	19.6	48.0	212.5
四氢呋喃	22.5	45.0	213.4

2. 酸碱探针的吸附焓

在得到至少四个温度下的酸碱探针的 ΔG_a^s 之后，要采用作图法得到每个酸碱探针在固定相材料表面的酸碱吸附焓 ΔH_a^s。作图法是根据基本热力学公式：

$$\Delta G_a^s = \Delta H_a^s - T\Delta S_a^s \tag{7.20}$$

式中，ΔS_a^s 是酸碱吸附熵。以 $1/T$ 为横坐标、$\Delta G_a^s/T$ 为纵坐标作图时可以得到每个酸碱探针的直线方程（图 7.6），方程的斜率是 ΔH_a^s。当 ΔH_a^s 为负值时意味着酸碱吸附过程是放热的。

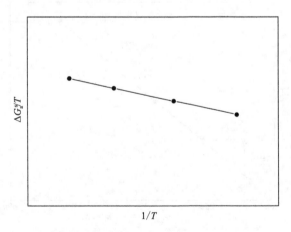

图 7.6 作图法得到酸碱吸附焓示意图

3. 固定相的路易斯酸碱常数

在得到至少三个酸碱探针的吸附焓之后，再通过作图法得到固定相的路易斯酸常数 K_a 和碱常数 K_b。此步作图法是基于以下关系式：

$$-\Delta H_a^s = K_a DN + K_b AN^* \tag{7.21}$$

　　图 7.7 是用作图法得到固定相路易斯酸碱常数的示意图。当以酸碱探针的 DN/AN^* 值为横坐标，$-\Delta H_a^s/AN^*$ 值为纵坐标作图后可以拟合出一条直线。直线的截距为固定相的路易斯酸常数 K_a，从直线的斜率能够计算出固定相的路易斯碱常数 K_b。酸碱常数值是没有单位的。

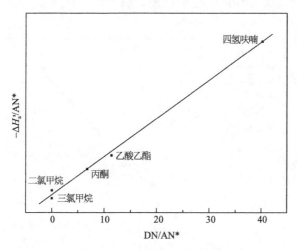

图 7.7　作图法得到固定相路易斯酸碱常数的示意图

　　图 7.8 为五个酸碱探针在聚苯乙烯-聚丙烯酸嵌段共聚物柱内的保留体积图。与图 7.4 中呈现的规律相似，图 7.8 的保留体积对数值和温度倒数之间也都存在高的线性相关性。

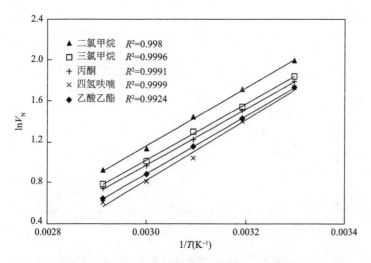

图 7.8　酸碱探针在聚苯乙烯-聚丙烯酸嵌段共聚物柱内的保留体积图

　　图 7.9 为利用图 7.5 所示方法得到的 303 K 时酸碱探针在聚苯乙烯-聚丙烯酸嵌段共聚物柱内的吸附吉布斯自由能图。获取其他温度下的结果与此过程类似。

　　图 7.10 为利用图 7.7 所示方法得到聚苯乙烯-聚丙烯酸嵌段共聚物酸碱常数的计算过程图，其直线的线性相关度较高。图 7.10 中的直线方程参数表明聚苯乙烯-聚丙烯酸嵌段共聚物的酸常数为 0.083，碱常数为 0.781。

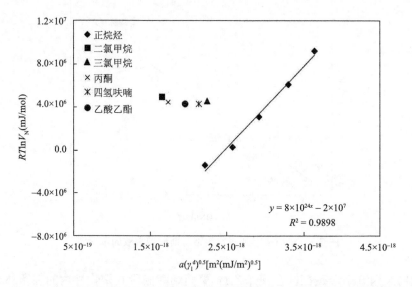

图 7.9　酸碱探针在聚苯乙烯-聚丙烯酸嵌段共聚物柱内的吸附吉布斯自由能图

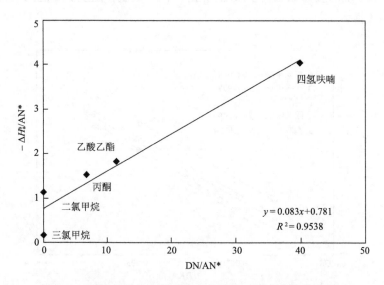

图 7.10　聚苯乙烯-聚丙烯酸嵌段共聚物酸碱常数计算过程图

表 7.8 列出了用 IGC 测定的一些高分子材料的路易斯酸碱常数。可见大部分材料是偏碱性的，这是因为赋予了酸碱探针较大 DN 值（表 7.6）。

表 7.8 一些高分子的路易斯酸碱常数

名称	K_a	K_b
甲基丙烯酸甲酯-丁二烯-苯乙烯三元共聚物	0.10	1.14
聚碳酸酯	0.09	0.48
聚对苯二甲酸丁二醇酯	0.49	0.96
聚甲基丙烯酸缩水甘油酯-乙二醇二甲基丙烯酸酯	0.61	1.25
聚吡咯	0.115	0.192
聚甲基丙烯酸甲酯	0.076	0.354
聚氯乙烯	0.149	0.218
聚苯胺	0.071	0.255
聚(3-辛基噻吩)	0.08	0.091
聚乙烯	0	0
聚酰胺	0.1	0.4
脱脂棉	0.063	0.261
聚醚砜	0.086	1.523
壳聚糖(50%乙酰度)	0.084	1.277
未处理的新闻纸纤维	0.65	0.16
马来酸酐处理的聚丙烯纤维	0.68	0.35
二氯二乙基硅烷处理的聚丙烯纤维	1.41	0.05
氨基硅烷处理的聚丙烯纤维	0.57	0.96
邻苯二甲酸酐处理的聚丙烯纤维	0.87	0.20

4. 特性作用参数

对于两种固体材料（分别标记为 1 和 2），它们之间由于路易斯酸碱作用产生的特性作用参数 I_{SP} 可表示为：

$$I_{SP} = K_{a,1}K_{b,2} + K_{a,2}K_{b,1} \tag{7.22}$$

表 7.9 列出了五种纤维和 PVC 之间的特性作用参数，以及它们构成的复合材料的拉伸强度。特性作用参数是利用表 7.8 中的数据和公式（7.22）计算得到的。可见特性作用参数大的复合材料具有较高的拉伸强度。

表 7.9　纤维和 PVC 之间的特性作用参数及复合材料拉伸强度

纤维	I_{SP}	拉伸强度（MPa）
未处理的新闻纸纤维	0.16	28.5 ± 0.8
马来酸酐处理的聚丙烯纤维	0.20	29.3 ± 2.2
二氯二乙基硅烷处理的聚丙烯纤维	0.31	30.0 ± 1.9
氨基硅烷处理的聚丙烯纤维	0.27	38.3 ± 3.1
邻苯二甲酸酐处理的聚丙烯纤维	0.22	29.4 ± 0.8

7.4　溶剂与高分子间的作用参数

　　用 IGC 方法能够测定出溶剂分子在高分子中的动力学扩散系数，以及溶剂与高分子之间的热力学作用强度。对于溶剂与高分子之间的热力学作用，主要的参数是溶剂的活度系数以及 Flory 相互作用参数。

7.4.1　溶剂分子的无限稀释扩散系数

　　由于在 IGC 柱内探针分子之间几乎没有相互作用，所以用 IGC 方法测定的探针分子在固定相材料中的扩散系数称为无限稀释扩散系数，单位为 m²/s，公式为：

$$D_{12}^{\infty} = \frac{8d_2^2}{\pi^2 C_{col}} \frac{k}{(1+k)^2} \tag{7.23}$$

式中，d_2 为担体颗粒上高分子涂层的平均厚度；k 为溶剂探针在柱内的分配比例，可用下面的公式计算得到：

$$k = \frac{t_1 - t_u}{t_u} \tag{7.24}$$

式中，t_1 为溶剂的保留时间；t_u 为不能被高分子固定相吸收的探针（比如甲烷）的保留时间；C_{col} 为与色谱柱状态有关的参数，要用塔板理论公式计算出来：

$$H = A_{col} + B_{col}/u + C_{col}u \tag{7.25}$$

式中，H 为理论塔板高度；A_{col} 为与探针分子在柱内的涡流扩散有关的常数，可用峰宽来表示；B_{col} 与气相扩散引起的峰宽度有关；u 为载气的线速度。在低气体流速时公式（7.25）的前两项起主要作用。在气体流速大时有：

$$C_{\text{col}} = \frac{8d_2^2}{\pi^2 D_{12}^\infty} \frac{k}{(1+k)^2} \tag{7.26}$$

H 是由实验的峰值计算出来的：

$$H = \left(\frac{l}{5.54}\right)\left(\frac{t_{1/2}}{t_1}\right) \tag{7.27}$$

式中，l 为色谱柱的长度；$t_{1/2}$ 为半峰宽。在得到多个温度下溶剂探针分子在高分子中的扩散系数之后，能够利用阿伦尼乌斯公式得到扩散活化能：

$$D_{12}^\infty = D_0 e^{-\Delta E_D/RT} \tag{7.28}$$

式中，D_0 为指前因子；ΔE_D 为溶剂分子在高分子中的扩散活化能。图 7.11 是一些气体分子在 PTMSP 柱中的实验 H 值与载气速度图。在载气流速达到一定值时各个分子的曲线都出现了最小值，这种现象普遍存在。只有在载气流速足够大时得到的扩散系数才是准确的。

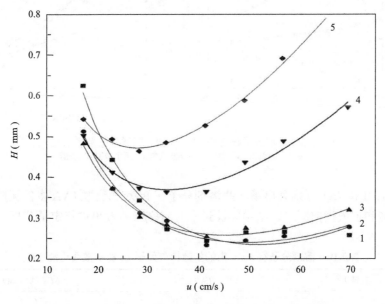

图 7.11　气体分子在 PTMSP 柱中的 H 值与载气速度关系图
（1）甲烷；（2）乙烯；（3）乙烷；（4）丙烯；（5）丙烷

图 7.12 和 7.13 分别为一些溶剂分子在 PVA 和交联 PVA 中的无限稀释扩散系数随温度变化关系图，可见扩散系数的对数值与温度倒数之间呈线性关系。

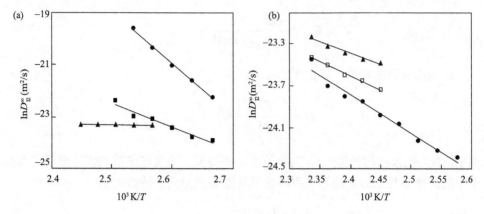

图 7.12 溶剂分子在 PVA 中的无限稀释扩散系数图
（a）●水，■甲醇，▲乙醇；（b）●异丙醇，□异丁醇，▲3-甲基-1-丁醇

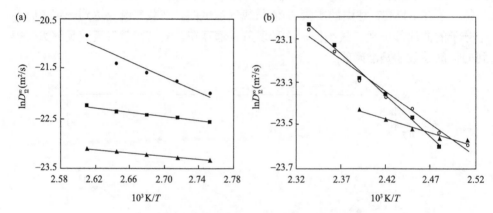

图 7.13 溶剂分子在交联 PVA 中的无限稀释扩散系数图
（a）●水，■甲醇，▲乙醇；（b）●正丙醇，○正丁醇，■正戊醇

　　表 7.10 和 7.11 分别列出了一些溶剂分子在 PVA 和交联 PVA 中的无限稀释扩散活化能和扩散指前因子，从中能够进一步对交联的效果进行定量分析。

表 7.10　溶剂分子在 PVA 内的扩散指前因子 D_0 和扩散活化能 ΔE_D

溶剂分子	D_0（m²/s）	ΔE_D（kJ/mol）
水	7.50×10^{13}	167.97
甲醇	1.60	75.90
乙醇	1.51×10^{-10}	2.13
正丙醇	1.04×10^{-9}	9.58
异丙醇	3.33×10^{-7}	30.73

续表

溶剂分子	D_0 （m²/s）	ΔE_D （kJ/mol）
正丁醇	1.14×10^{-7}	25.28
异丁醇	3.92×10^{-8}	22.69
正戊醇	8.49×10^{-7}	32.25
3-甲基-1-丁醇	1.23×10^{-8}	17.92

表 7.11　溶剂分子在交联 PVA 内的扩散指前因子 D_0 和扩散活化能 ΔE_D

溶剂分子	D_0 （m²/s）	ΔE_D （kJ/mol）
水	0.21	61.90
甲醇	6.71×10^{-8}	18.29
乙醇	6.45×10^{-9}	13.54

7.4.2　溶剂的无限稀释质量分数活度系数

以质量分数表示的溶剂在高分子中的无限稀释活度系数的定义式为：

$$\Omega_1^\infty = \left(\frac{a_1}{w_1} \right)^\infty \tag{7.29}$$

式中，a_1 为溶剂的活度；w_1 为溶剂的质量。计算无限稀释活度系数的公式为：

$$\Omega_1^\infty = \frac{273.2R}{V_g^0 M_1 \varphi_1 P_1^0} \tag{7.30}$$

式中，M_1 为溶剂的相对分子量；P_1^0 为溶剂在柱温下的饱和蒸汽压；φ_1 为溶剂的饱和逸度系数，可以用适合于溶剂体系的有关状态方程计算得到。另一个获得无限稀释活度系数的公式为：

$$\ln \Omega_1^\infty = \ln \left(\frac{273.2R}{V_g^0 P_1^0 M_1} \right) - \frac{P_1^0 (B_{11} - V_1)}{RT} \tag{7.31}$$

式中，B_{11} 为溶剂的第二位力系数；V_1 为溶剂的摩尔体积。当缺少测量温度时溶剂的 P_1^0 时，可以利用该溶剂的安东尼方程计算出所需温度下的饱和蒸汽压：

$$\log P_1^0 = A - \frac{B}{t + C} \tag{7.32}$$

式中，A、B、C 为溶剂的安东尼常数。当缺少溶剂的第二位力系数 B_{11} 时可用以下公式进行计算：

$$\frac{B_{11}}{V_C} = 0.43 - 0.886 \frac{T_C}{T} - 0.694 \left(\frac{T_C}{T}\right)^2 - 0.0375(n-1)\left(\frac{T_C}{T}\right)^{4.5} \tag{7.33}$$

式中，V_C 为溶剂的临界体积；T_C 为溶剂的临界温度；n 为溶剂分子的碳原子数。溶剂在柱温下的摩尔体积 V_1 可以从其分子量 M_1 和液体密度 ρ_L 计算得到：

$$V_1 = \frac{M_1}{\rho_L} \tag{7.34}$$

其中液体密度与气体密度 ρ_V 之间存在以下关系：

$$\rho_L + \rho_V = a' - b't \tag{7.35}$$

式中，常数 a' 和 b' 可以查物性手册得到。饱和蒸气密度的计算公式为：

$$\rho_V = \frac{P_1^0 M_1}{RT} \tag{7.36}$$

表 7.12 列出了用 IGC 测定的 100℃时水、甲醇、乙醇分子在交联 PVA 中的无限稀释质量分数活度系数，从中可以进一步对氢键的作用进行深入分析。

表 7.12　液体在 100℃ 交联 PVA 中的无限稀释质量分数活度系数

液体	水	甲醇	乙醇
Ω_1^∞	176.6	581.3	870.7

表 7.13 列出了多个温度下探针分子在聚醚酰亚胺中的无限稀释质量分数活度系数。通过对比表 7.12 和表 7.13 的数据，能明显看到对于亲水性 PVA，Ω_1^∞ 受分子大小和分子与材料间相互作用的影响非常大，对于聚醚酰亚胺来说温度对 Ω_1^∞ 的影响不明显。

表 7.13　液体在聚醚酰亚胺中无限稀释质量分数活度系数 Ω_1^∞

温度（℃）	260	265	270	275	280	285
乙苯	9.0	9.1	9.4	9.7	9.7	10.0
正丙苯	10.1	9.9	9.9	9.7	9.7	9.6
异丙苯	9.1	9.1	9.2	9.4	9.6	9.9

温度（℃）	260	265	270	275	280	285
氯苯	5.9	5.9	5.9	5.9	6.0	5.9
乙酸正丁酯	9.9	9.4	9.6	9.5	10.2	11.1
乙酸异戊酯	8.0	8.3	8.1	8.2	8.8	8.6
正壬烷	9.9	9.7	9.2	9.3	9.2	9.2
正癸烷	10.6	10.5	10.3	9.9	9.4	9.0
正十一烷	15.4	15.3	15.0	14.7	14.6	14.2
正十二烷	19.6	19.3	18.1	17.1	17.1	16.8
正十三烷	23.6	22.3	21.3	20.0	19.4	19.2

利用无限稀释质量分数活度系数可得到溶剂在高分子中的分数摩尔混合焓：

$$\Delta H_1^\infty = R \frac{\partial \ln \Omega_1^\infty}{\partial (1/T)} \tag{7.37}$$

以及溶剂在高分子中的摩尔混合自由能：

$$\Delta G_1^\infty = RT \ln \Omega_1^\infty \tag{7.38}$$

此外，类似的热力学参数还包括高分子对液体分子的分数摩尔吸收热：

$$\Delta H_{1,\text{sorp}} = -R \frac{\partial \ln V_g^0}{\partial (1/T)} \tag{7.39}$$

溶剂分子的摩尔蒸发热与分数摩尔混合焓、分数摩尔吸收热之间有以下关系：

$$\Delta H_V = \Delta H_1^\infty - \Delta H_{1,\text{sorp}} \tag{7.40}$$

表 7.14 列出了聚醚酰亚胺与一些溶剂分子在 260～285℃ 的分数摩尔吸收热、分数摩尔混合焓、摩尔蒸发热。这些结果是利用表 7.13 的数据和公式（7.37）、（7.39）和（7.40）计算得到的。

表 7.14　聚醚酰亚胺与溶剂分子的分数摩尔吸收热、分数摩尔混合焓、摩尔蒸发热

溶剂	$\Delta H_{1,\text{sorp}}$（kcal/mol）	ΔH_1^∞（kcal/mol）	ΔH_V（kcal/mol）
乙苯	9.1	−2.4	6.8
正丙苯	6.5	1.1	7.5

溶剂	$\Delta H_{1,\mathrm{sorp}}$（kcal/mol）	ΔH_1^{∞}（kcal/mol）	ΔH_{v}（kcal/mol）
异丙苯	9.2	−2.1	7.2
氯苯	7.0	−0.2	6.8
乙酸正丁酯	8.8	−2.8	6.1
乙酸异戊酯	9.0	−2.2	6.8
正壬烷	5.0	1.7	6.7
正癸烷	3.8	4.0	7.8
正十一烷	6.9	1.9	8.8
正十二烷	5.7	3.9	9.7
正十三烷	5.4	5.1	10.5

7.4.3 Flory 相互作用参数

由于在 IGC 方法中溶剂的进样量非常少，用 IGC 得到的 Flory 相互作用参数称为无限稀释相互作用参数，要用带有"∞"上标的 χ_{12}^{∞} 进行表示，计算公式为：

$$\chi_{12}^{\infty} = \ln\left[\frac{273.2 R v_2}{V_{\mathrm{g}}^0 V_1 P_1^0}\right] + \frac{V_1}{M_2 v_2} - \frac{P_1^0\left(B_{11} - V_1\right)}{RT} - 1 \tag{7.41}$$

式中，v_2 为固定相高分子的比体积；M_2 为固定相高分子的分子量。由于高分子的分子量非常大所以 $\frac{V_1}{M_2}$ 趋近于零，这样 $\frac{V_1}{M_2 v_2}$ 被忽略后会得到一个常用的表达式：

$$\chi_{12}^{\infty} = \ln\left[\frac{273.2 R v_2}{V_{\mathrm{g}}^0 V_1 P_1^0}\right] - \frac{P_1^0\left(B_{11} - V_1\right)}{RT} - 1 \tag{7.42}$$

表 7.15 列出了一些溶剂分子与聚醚酰亚胺之间的 Flory 相互作用参数 χ_{12}^{∞}，可见 χ_{12}^{∞} 随温度的变化趋势与表 7.13 中 Ω_1^{∞} 的情况大致相似。

表 7.15　溶剂分子与聚醚酰亚胺之间的 Flory 相互作用参数 χ_{12}^{∞}

温度（℃）	260	265	270	275	280	285
乙苯	0.657	0.651	0.672	0.690	0.672	0.684
正丙苯	0.790	0.758	0.754	0.719	0.705	0.684
异丙苯	0.671	0.662	0.666	0.669	0.682	0.694
氯苯	0.498	0.480	0.476	0.464	0.461	0.436

续表

温度（℃）	260	265	270	275	280	285
乙酸正丁酯	0.658	0.583	0.584	0.543	0.592	0.640
乙酸异戊酯	0.529	0.538	0.511	0.508	0.553	0.513
正壬烷	0.502	0.455	0.388	0.378	0.355	0.327
正癸烷	0.620	0.596	0.561	0.513	0.443	0.378
正十一烷	1.042	1.024	0.992	0.960	0.941	0.900
正十二烷	1.134	1.289	1.214	1.146	1.138	1.109
正十三烷	1.534	1.470	1.411	1.339	1.298	1.281

7.5　高分子的溶解度参数

7.5.1　Hilderbrand 溶解度参数

溶解度参数的概念是由 Hilderbrand 在 1950 年提出的，可用来表征分子间的相互作用强度。溶解度参数 δ 定义为内聚能密度的平方根：

$$\delta = \left(\text{CED}\right)^{\frac{1}{2}} = \left(\frac{E}{V}\right)^{\frac{1}{2}} \tag{7.43}$$

式中，E 为分子内聚能；V 为体积。用 IGC 技术测定高分子溶解度参数的方法建立在溶剂与高分子混合时不发生体积变化的基本假设上，同时符合以下关系式：

$$\Delta G_1^\infty = V_1\left(\delta_1 - \delta_2\right)^2 \tag{7.44}$$

式中，δ_1 为溶剂的溶解度参数；δ_2 为高分子的溶解度参数。根据 Flory 相互作用参数的基本公式：

$$\chi_{12}^\infty = \frac{V_1\left(\delta_1 - \delta_2\right)^2}{RT} \tag{7.45}$$

经变换后可得到以下公式：

$$\left[\frac{\delta_1^2}{RT} - \frac{\chi_{12}^\infty}{V_1}\right] = \left(\frac{2\delta_2}{RT}\right)\delta_1 - \frac{\delta_2^2}{RT} \tag{7.46}$$

当采用系列非极性分子为探针时，将公式（7.46）左边对探针分子的 δ_1 作图

后得到斜率为 $\dfrac{2\delta_2}{RT}$、截距为 $-\dfrac{\delta_2^2}{RT}$ 的直线，从直线的斜率或者截距得到高分子的溶解度参数。图 7.14 为乙丙橡胶在 30℃ 的溶解度参数图。从实验的直线斜率得到乙丙橡胶的 δ_2 为 7.70 MPa$^{0.5}$，从直线的截距得到 δ_2 为 7.80 MPa$^{0.5}$。

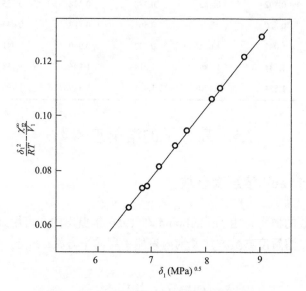

图 7.14　乙丙橡胶在 30℃ 的溶解度参数图

7.5.2　Hansen 溶解度参数

1967 年 Charles M. Hansen 将 Hilderbrand 溶解度参数扩展为三维的 Hansen 溶解度参数。在 Hansen 溶解度参数理论中总内聚能分为色散内聚能 E_d、极性内聚能 E_p 和氢键内聚能 E_h：

$$E = E_d + E_p + E_h \tag{7.47}$$

因此有：

$$\frac{E}{V} = \frac{E_d}{V} + \frac{E_p}{V} + \frac{E_h}{V} \tag{7.48}$$

可进一步得到：

$$(\delta^t)^2 = (\delta^d)^2 + (\delta^p)^2 + (\delta^h)^2 \tag{7.49}$$

式中，δ^d、δ^p、δ^h、δ^t 分别为色散、极性、氢键的 Hansen 溶解度参数分量，

以及总溶解度参数。表 7.16 列出了一些溶剂的 Hansen 溶解度参数，关于更多溶剂的 Hansen 溶解度参数值，可参阅 Hansen 溶解度参数手册。

表 7.16　溶剂的 Hansen 溶解度参数

溶剂	δ_2^d （MPa$^{0.5}$）	δ_2^p （MPa$^{0.5}$）	δ_2^h （MPa$^{0.5}$）
正戊烷	14.5	0	0
正己烷	14.9	0	0
正辛烷	15.3	0	0
正庚烷	15.5	0	0
丙酮	15.5	10.4	7.0
苯	18.4	0	2.0
乙醚	14.5	2.9	5.1
乙酸乙酯	15.8	5.8	7.2
四氢呋喃	16.8	5.7	8.0
异丙醇	15.8	6.1	16.4
正丁醇	15.2	5.1	14.7

用 IGC 测定 Hansen 溶解度参数的原理建立在以下描述溶剂与高分子间吸附自由能的基本公式上：

$$-\Delta G = V_1(\delta_1^d \delta_2^d + \delta_1^p \delta_2^p + \delta_1^h \delta_2^h) \qquad (7.50)$$

式中，1 表示溶剂，2 表示高分子。公式（7.50）意味着以下公式成立：

$$RT \ln V_g^0 = V_1 \delta_1^d \delta_2^d + V_1 \delta_1^p \delta_2^p + V_1 \delta_1^h \delta_2^h + C' \qquad (7.51)$$

利用多个具有不同溶解度参数的溶剂为探针就能得到高分子的 Hansen 溶剂度参数值。表 7.17 列出了醋酸丁酸纤维素-聚己内酯二醇共混物的 Hansen 溶解度参数，这些结果是从表 7.1 所列保留体积和公式（7.51）计算得到的。

表 7.17　醋酸丁酸纤维素-聚己内酯二醇共混物的 Hansen 溶解度参数

T（K）	δ_2^d（MPa$^{0.5}$）	δ_2^p（MPa$^{0.5}$）	δ_2^h（MPa$^{0.5}$）	δ_2^t（MPa$^{0.5}$）	r
343.15	16.59 ± 3.14	5.85 ± 2.98	5.55 ± 1.11	18.45 ± 3.08	0.952
353.15	15.82 ± 2.98	5.65 ± 1.99	5.24 ± 1.09	17.60 ± 3.75	0.950
363.15	14.64 ± 2.87	5.20 ± 1.97	5.03 ± 1.08	16.33 ± 3.64	0.945
373.15	13.87 ± 2.83	5.16 ± 2.00	4.80 ± 1.11	15.56 ± 3.64	0.939

续表

T（K）	δ_2^{d}（MPa$^{0.5}$）	δ_2^{p}（MPa$^{0.5}$）	δ_2^{h}（MPa$^{0.5}$）	δ_2^{t}（MPa$^{0.5}$）	r
383.15	13.22 ± 2.78	5.55 ± 2.00	4.18 ± 1.13	14.93 ± 3.61	0.932
393.15	12.91 ± 1.84	5.65 ± 2.11	4.30 ± 1.20	14.73 ± 3.05	0.928
403.15	11.44 ± 2.25	4.03 ± 1.78	4.09 ± 1.03	12.80 ± 3.05	0.930

图 7.15 是从表 7.17 数据得到的 Hansen 溶解度参数随温度变化图，外推到 298.15 K 时就可得到室温下醋酸丁酸纤维素-聚己内酯二醇共混物的 Hansen 溶解度。可见在较宽的温度范围内溶解度参数各个分量随温度呈现较高的线性相关性。

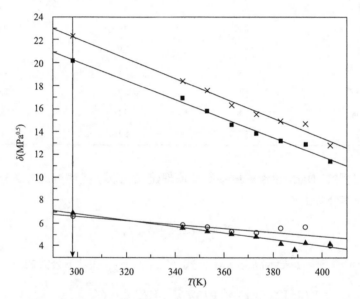

图 7.15　醋酸丁酸纤维素-聚己内酯二醇共混物 Hansen 溶解度参数随温度变化图
■色散分量，○极性分量，▲氢键分量，×总溶解度参数

7.6　高分子间的相互作用参数

用 IGC 技术可以测定出由两种高分子构成的混合物（分别标记为 2 和 3）中两个高分子间的相互作用参数。方法是首先得到溶剂探针分子 1 与高分子混合物之间的相互作用参数 $\chi_{1(23)}^{\infty}$：

$$\chi_{1(23)}^{\infty} = \ln \frac{273.15R(w_2 v_2 + w_3 v_3)}{V_g^0 V_1 P_1^0} - 1 - \frac{B_{11} - V_1}{RT} P_1^0 \tag{7.52}$$

式中，w_2 为高分子 2 的质量；w_3 为高分子 3 的质量；v_3 为高分子 3 的比体积。再根据以下的单组分相互作用参数与混合组分相互作用参数间的关系式：

$$\chi_{1(23)}^{\infty} = \left[\left(\frac{\chi_{12}}{V_1} \right) \phi_2 + \left(\frac{\chi_{13}}{V_1} \right) \phi_3 - \left(\frac{\chi_{23}}{V_2} \right) \phi_2 \phi_3 \right] V_1 \qquad (7.53)$$

以及表观相互作用参数 χ_{23}' 与 χ_{23} 间的关系式：

$$\chi_{23}' = V_1 \chi_{23} / V_2 \qquad (7.54)$$

得到高分子 2 和 3 之间的表观相互作用参数 χ_{23}' 为：

$$\chi_{23}' = \left[\ln \left(\frac{V_{g23}^0}{w_2 v_2 + w_3 v_3} \right) - \phi_2 \ln \left(\frac{V_{g2}^0}{v_2} \right) - \phi_3 \ln \left(\frac{V_{g3}^0}{v_3} \right) \right] / (\phi_2 \phi_3) \qquad (7.55)$$

以上三个公式中的 V_2 是高分子 2 的摩尔体积。V_{g23}^0 是高分子 2 和 3 混合固定相的标准化比保留体积，V_{g2}^0 是高分子 2 固定相的标准化比保留体积，V_{g3}^0 是高分子 3 固定相的标准化比保留体积，w_2 是高分子 2 的质量分数，ϕ_2 是高分子 2 的体积分数。

图 7.16 是采用 IGC 测定的 270℃ 时双酚 A 型聚酯 Ardel 和聚醚酰亚胺 Ultem

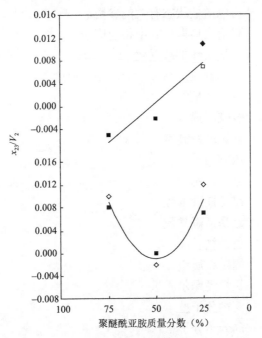

图 7.16　聚醚酰亚胺与双酚 A 基共聚聚酯间的 Flory 相互作用参数
◆正十二烷，□正十三烷，◇正乙 酸丁酯，■乙酸异戊酯

之间的 Flory 相互作用参数与聚醚酰亚胺质量分数的关系图。实验中采用了两类探针分子，一类是正烷烃，另一类是酯类分子。可见对于质量分数为50%的混合物，两类探针分子给出的测定结果基本相同。但对于随质量分数呈现的变化趋势，两类探针的测定结果间存在差异，这说明测量结果与探针性质存在一定的相关性。

主 要 参 数

A	溶剂安东尼常数
a	烷烃分子截面面积
a_{CH_2}	亚甲基截面面积，$6\ \text{Å}^2$
A_{col}	与涡流扩散有关的常数
a_1	溶剂活度
B	溶剂安东尼常数
B_{col}	气相扩散引起的峰宽度
B_{11}	溶剂第二位力系数
C	溶剂安东尼常数
C'	体系状态决定的常数
C_{col}	与色谱柱状态有关的参数
D_0	阿伦尼乌斯公式中指前因子
D_{12}^{∞}	无限稀释扩散系数
d_2	担体颗粒上高分子涂层平均厚度
E	分子内聚能
F	载气流速
H	理论塔板高度
J	压缩因子
k	分配比例
K_a	路易斯酸常数
K_b	路易斯碱常数
l	色谱柱长度
m	固定相质量
M	正烷烃摩尔质量
M_1	溶剂分子量
M_2	高分子分子量
n	探针分子碳原子数

N_A	阿伏伽德罗常数
P_i	色谱柱进口压力
P_o	色谱柱出口压力
P_1^0	溶剂饱和蒸汽压
R	理想气体常数
T	温度，单位 K
t	温度，单位 °C
T_C	溶剂临界温度
t_r	探针总保留时间
T_{room}	室温
t_u	未被固定相吸收的探针保留时间
t_0	死时间
t_1	溶剂保留时间
$t_{1/2}$	半峰宽
u	载气线速度
V	体积
V_C	溶剂临界体积
V_g	比保留体积
V_g^0	标准化比保留体积
V_{g23}^0	高分子 2 和 3 混合物的标准化比保留体积
V_{g2}^0	高分子 2 的标准化比保留体积
V_{g3}^0	高分子 3 的标准化比保留体积
V_N	净保留体积
$V_{N,n}$	碳原子数为 n 的正烷烃净保留体积
$V_{N,n+1}$	碳原子数为 $n+1$ 的正烷烃净保留体积
V_1	溶剂摩尔体积
V_2	高分子 2 摩尔体积
v_2	高分子 2 比体积
v_3	高分子 3 比体积
W_a	探针与固定相间黏附功
W_{a,CH_2}	亚甲基与固定相间黏附功
w_1	溶剂质量
w_2	高分子 2 质量

w_3	高分子 3 质量
γ_{CH_2}	亚甲基表面色散自由能
γ_1^d	液体烷烃表面色散自由能
γ_s^d	固定相表面色散自由能
ΔE_D	溶剂分子在高分子中的扩散活化能
ΔG_a	探针吸附吉布斯自由能
ΔG_a^d	探针色散吸附吉布斯自由能
ΔG_a^s	探针酸碱吸附吉布斯自由能
ΔG^{CH_2}	亚甲基吸附吉布斯自由能
ΔH_a^s	探针酸碱吸附焓
ΔH_V	摩尔蒸发热
ΔH_1^∞	摩尔混合焓
$\Delta H_{1,sorp}$	分数摩尔吸收热
ΔS_a^s	探针酸碱吸附熵
Δt	相对保留时间
δ_1	溶剂溶解度参数
δ_2	高分子 2 溶解度参数
ρ	正烷烃密度
ρ_L	溶剂密度
ρ_V	溶剂饱和蒸气密度
φ_1	溶剂饱和逸度系数
χ_{12}^∞	无限稀释 Flory 相互作用参数
$\chi_{1(23)}$	探针 1 与高分子混合物间相互作用参数
χ_{23}	高分子 2 和 3 间相互作用参数
χ_{23}'	高分子 2 和 3 间表观相互作用参数
ϕ_2	高分子 2 体积分数
ϕ_3	高分子 3 体积分数
Ω_1^∞	溶剂无限稀释质量分数活度系数

参 考 文 献

Adamska K, Bellinghausen R, Voelkel A. 2008. New procedure for the determination of Hansen solubility parameters by means of inverse gas chromatography [J]. Journal of Chromatography

A, 1195: 146–149.

Cakar F, Cankurtaran O. 2005. Determination of secondary transitions and thermodynamic interaction parameters of poly (ether imide) by inverse gas chromatography [J]. Polymer Bulletin, 55: 95–104.

Cakar F, Cankurtaran O, Karaman F. 2012. Relaxation and miscibility of the blends of a poly (ether imide) (Ultem™) and a phenol-a-based copolyester (Ardel™) by inverse gas chromatography [J]. Chromatographia, 75: 1157–1164.

Gamelas J A F. 2013. The surface properties of cellulose and lignocellulosic materials assessed by inverse gas chromatography: A review [J]. Cellulose, 20: 2675–2693.

Gutierrez M C, Rubio J, Rubio F, et al. 1999. Inverse gas chromatography: A new approach to the estimation of specific interactions [J]. Journal of Chromatography A, 845: 53–66.

Huang J-C. 2006. Anomalous solubility parameter and probe dependency of polymer–polymer interaction parameter in inverse gas chromatography [J]. European Polymer Journal, 42: 1000–1007.

Legras A, Kondor A, Alcock M, et al. 2017. Inverse gas chromatography for natural fibre characterisation: dispersive and acid-base distribution profiles of the surface energy [J]. Cellulose, 24: 4691–4700.

Mohammadi-Jam S, Waters K E. 2014. Inverse gas chromatography applications: A review [J]. Advances in Colloid and Interface Science, 212: 21–44.

Praveen Kumar B, Ramanaiah S, Madhusudana Reddy T, et al. 2014. Surface characterization of cellulose acetate propionate by inverse gas chromatography [J]. Polymer Bulletin, 71: 125–132.

Ramanaiah S, Sudharshan Reddy A, Reddy K S. 2013. Hansen solubility parameters of cellulose acetate butyrate–poly(caprolactone) diol blend by inverse gas chromatography [J]. Polymer Bulletin, 70: 1303–1312.

Santos J M R C A, Fagelman K, Guthrie J T. 2002. Characterisation of the surface Lewis acid–base properties of the components of pigmented, impact-modified, bisphenol A polycarbonate–poly (butylene terephthalate) blends by inverse gas chromatography–phase separation and phase preferences [J]. Journal of Chromatography A, 969: 119–132.

Santos J M R C A, Guthrie J T. 2005. Analysis of interactions in multicomponent polymeric systems: The key-role of inverse gas chromatography [J]. Materials Science and Engineering R, 50: 79–107.

Shi B. 2012. A method for improving the calculation accuracy of acid-base constants by inverse gas chromatography [J]. Journal of Chromatography A, 1231: 73–76.

Shi B. 2019. Problem in the molecular area of polar probe molecules used in inverse gas chromatography [J]. Journal of Chromatography A, 1601: 385–387.

Shi B, Wang Y, Jia L. 2011. Comparison of Dorris-Gray and Schultz methods for the calculation of surface dispersive free energy by inverse gas chromatography [J]. Journal of Chromatography A, 1218: 860–862.

Shi B, Zhang Q, Jia L, et al. 2007. Surface Lewis acid-base properties of polymers measured by inverse gas chromatography [J]. Journal of Chromatography A, 1149: 390–393.

Shi B, Zhao S, Jia L, et al. 2007. Surface characterization of chitin by inverse gas chromatography [J]. Carbohydrate Polymers, 67: 398–402.

Sreekanth T V M, Ramanaiah S, Reddi Rani P, et al. 2009. Thermodynamic characterization of poly (caprolactonediol) by inverse gas chromatography [J]. Polymer Bulletin, 63: 547–563.

Sreekanth T V M, Reddy K S. 2007. Analysis of solvent–solvent interactions in mixed isosteric solvents by inverse gas chromatography [J]. Chromatographia, 65: 325–330.

Sun C, Berg J C. 2003. A review of the different techniques for solid surface acid–base characterization [J]. Advances in Colloid and Interface Science, 105: 151–175.

Van Asten A, Van Veenendaal N, Koster S. 2000. Surface characterization of industrial fibers with inverse gas chromatography [J]. Journal of Chromatography A, 888: 175–196.

Voelkel A, Strzemiecka B, Adamska K, et al. 2009. Inverse gas chromatography as a source of physiochemical data [J]. Journal of Chromatography A, 1216: 1551–1566.

Wang D, Li J, Zeng C, et al. 2007. Measurement of the infinite dilute activity coefficients and diffusion coefficients of water and straight chain alcohols in cross-linked polyvinyl alcohol by inverse gas chromatography [J]. Journal of Chemical and Engineering Data, 52: 368–372.

Yampolskii Y, Belov N. 2015. Investigation of polymers by inverse gas chromatography [J]. Macromolecules, 48: 6751–6767.

Zeng C, Li J, Wang D, et al. 2006. Infinite dilute activity and diffusion coefficients in polymers by inverse gas chromatography [J]. Journal of Chemical and Engineering Data, 51: 93–98.

Zhang Q G, Liu Q L, Lin J, et al. 2007. Analyzing solubility and diffusion of solvents in novel hybrid materials of poly(vinyl alcohol)/γ-aminopropyltriethoxysilane by inverse gas chromatography [J]. Journal of Materials Chemistry, 17: 4889–4895.

Zhao C, Li J, Jiang Z, et al. 2006. Measurement of the infinite dilution diffusion coefficients of small molecule solvents in silicone rubber by inverse gas chromatography [J]. European Polymer Journal, 42: 615–624.